国家"十五"重大科技攻关项目
《电力系统信息安全示范工程》项目

成功实践经验 最新研究成果

网络信息安全工程
原理与应用

潘明惠 著

清华大学出版社
北　京

内 容 简 介

本书是作者在组织和主持国家"十五"重大科技攻关项目《电力系统信息安全示范工程》的实践中,运用社会发展系统动力学原理以及网络信息安全理论,指导大量网络信息安全工程实践取得成功经验,以及在应用工程理论和实践最新研究成果基础上编著的。

全书共分 9 章,第 1 章探讨网络信息安全与现代信息社会,信息安全工程主要研究方向以及云计算及云安全的现状及发展趋势。第 2 章介绍网络信息安全工程基本概念,网络信息安全工程有关基本原理,国际信息安全有关标准的研究与工程应用情况。第 3 章探讨网络信息安全总体框架、管理体系、技术体系的系统设计及应用实例。第 4 章探讨网络信息安全风险评估方法,风险评估目的及范围,安全风险评估及分析及应用实例。第 5 章探讨信息网络基础平台结构优化及应用实例。第 6 章探讨信息安全监视及管理平台的设计及应用实例。第 7 章探讨网络信息安全防护技术原理,网络信息安全防护体系的设计及应用实例。第 8 章探讨网络信息安全 PKI-CA/PMI 身份认证与授权管理系统及应用实例。第 9 章探讨数据存储备份与灾难恢复系统及应用实例。

本书的突出特点是系统总结了运用信息安全基本理论和作者最新研究成果,读者通过本书可以学习网络信息安全基本理论、掌握网络信息安全工程组织、管理和应用工程实践方法及系统应用实例。

本书封面贴有清华大学出版社防伪标签,无标签者不得销售。

版权所有,侵权必究。侵权举报电话:**010-62782989 13701121933**

图书在版编目(CIP)数据

网络信息安全工程原理与应用 / 潘明惠著. —北京:清华大学出版社,2011.6
ISBN 978-7-302-25517-8

Ⅰ. ①网… Ⅱ. ①潘… Ⅲ. ①计算机网络–安全技术 Ⅳ. ①TP393.08

中国版本图书馆 CIP 数据核字(2011)第 076969 号

责任编辑:冯志强
责任校对:徐俊伟
责任印制:李红英

出版发行:清华大学出版社		地 址:北京清华大学学研大厦 A 座	
http://www.tup.com.cn		邮 编:100084	
社 总 机:010-62770175		邮 购:010-62786544	
投稿与读者服务:010-62795954,jsjjc@tup.tsinghua.edu.cn			
质 量 反 馈:010-62772015,zhiliang@tup.tsinghua.edu.cn			

印 刷 者:北京鑫丰华彩印有限公司
装 订 者:北京市密云县京文制本装订厂
经 销:全国新华书店
开 本:185×260 印 张:18.25 插 页:1 字 数:459 千字
版 次:2011 年 6 月第 1 版 印 次:2011 年 6 月第 1 次印刷
印 数:1~5000
定 价:45.00 元

产品编号:041969-01

前　　言

　　信息化正在不断地推动着社会变革的进程和改变着人们的生产方式和生活方式。信息交换和共享推动了人类历史发展和社会进步。利用先进的信息技术、实现企业信息化、提高企业生存和发展能力以及企业市场竞争能力是现代化企业发展的必由之路。通过企业信息化，不断优化组织结构，调整企业管理体制和运行机制，建设流程型现代企业，实现信息和知识资源的共享，共享程度越高，信息和知识作为生产要素的价值越高，解放和提高生产力的能力就越大。

　　信息化以通信和计算机为技术基础，以数字化和网络化为技术特点。它有别于传统方式的信息获取、储存、处理、传输、使用，从而也给现代社会的正常发展带来了一系列的前所未有的风险和威胁。人们对信息安全的需求随着时代发展而不断地提高。信息化的现代文明使人类在知识经济的概念下，推动社会发展与进步的趋势已不可逆转，但与此同时"信息战"的阴影也已隐约升空。信息安全对现代社会健康有序发展，保障国家安全、社会稳定起着不可或缺的重要作用，对信息革命的成败有着关键的影响。不是在信息化中安全生存发展，就是在信息化中衰亡——美好和严酷就这样摆在我们的面前。

　　电力工业是国民经济的基础产业和公用事业。电力系统的安全稳定运行，关系到整个社会的各个行业和千家万户。电力系统的生产、经营和管理中，电网实时信息、企业经营管理等信息系统的安全直接关系到电力系统的安全稳定运行，关系到社会的稳定，关系到用户的安全供电、企业生存和发展的重大问题。在信息网络环境下，信息获取、储存、处理、传输、使用的保密性、完整性、不可否认性、可用性和可控性问题目前没有系统解决。电力系统信息安全是保证电力系统安全运行和对社会可靠供电十分重要的课题，是一项涉及面广，技术及管理复杂的系统工程。随着应用需求的不断提升，信息网络规模的不断扩大，网络及信息安全问题更为突出。

　　作者在组织和主持国家"十五"重大科技攻关项目《电力系统信息安全示范工程》子课题《辽宁电力系统信息安全示范工程》的实践中，运用社会发展系统动力学原理以及信息安全理论，探讨网络信息安全工程有关基本原理，国际信息安全有关标准的研究与工程应用情况，提出网络信息安全三大支柱的概念，即网络及信息安全防护体系——解决网络安全问题；身份认证与授权管理体系（PKI—CA/PMI）——解决信息交换与共享安全问题；数据备份及灾难恢复体系——解决数据备份、存储与恢复安全问题。组织实施了建立网络信息安全总体框架、管理体系、技术体系，网络信息安全风险评估分析，信息网络基础平台结构优化工程，构建网络信息安全监视及管理平台，建立完善的网络信息安全 PKI-CA/PMI 身份认证与授权管理系统和存储网络与备份容灾及灾难恢复系统并在工程实践中应用。

　　本书是在国家"十五"重大科技攻关项目《电力系统信息安全示范工程》子课题《辽宁电力系统信息安全示范工程》全面验收并获得国家、电力行业及国家电网公司科技进步奖后 2005 年开始编写的。信息化工程是一项涉及面广、复杂的系统工程。网络信息安全工程是涉及面更广、更为复杂的系统工程。作者给出 8 年信息化工程及网络信息安全工程应用理论和实践的成果,包括经验与教训供大家借鉴。在编写过程中作者 2006 年初调任省农电局负责安全工作副局长,328 次深入县(郊区)农电局调研,对安全工作在理论和实践有了更深刻的理解。2008 年初调任省公司信息通信公司副总经理兼总工程师,负责计划和安全工作,并负责组织和主持省公司 ERP 成熟套装软件项目实施与应用工作,对大型企业 ERP 系统信息安全重要性有更新的认识,2010 年 8 月调任省公司科技信息部兼智能电网部负责公司信息化工作,更感到信息安全工作的紧迫性,因此抓紧整理编著此书。为读者在今后的理论研究和工程实践提供借鉴。本书可供企业领导、信息化及信息安全工程技术及管理人员,用于指导信息系统建设、管理与应用工作;也可供 IT 厂商了解企业信息化及信息安全工程建设与应用的实际需求,有针对性的服务;对于大学教师和科研人员可以作为供信息化建设与应用的教学与科研参考用书。

全书共分 9 章,第 1 章探讨网络信息安全与现代信息社会,信息安全工程主要研究方向以及云计算及云安全的现状及发展趋势。第 2 章介绍网络信息安全工程基本概念,网络信息安全工程有关基本原理,国际信息安全有关标准的研究与工程应用情况。第 3 章探讨网络信息安全总体框架、管理体系、技术体系的系统设计及应用实例。第 4 章探讨网络信息安全风险评估方法,风险评估目的及范围,安全风险评估及分析及应用实例。第 5 章探讨信息网络基础平台结构优化及应用实例。第 6 章探讨信息安全监视及管理平台的设计及应用实例。第 7 章探讨网络信息安全防护技术原理,网络信息安全防护体系的设计及应用实例。第 8 章探讨网络信息安全 PKI-CA/PMI 身份认证与授权管理系统及应用实例。第 9 章探讨数据存储备份与灾难恢复系统及应用实例。

本书的编著出版,感谢国家电力公司科技信息部、信息中心、辽宁省电力有限公司领导和各部门、基层单位同志们的大力支持;感谢科技部及国密办组织专家、教授指导和帮助;感谢中国电力科学研究院、哈尔滨工业大学,中国科学院计算技术研究所、吉大正元公司、北京东华合创数码公司、辽宁傲联通公司工程技术人员的长期合作及共同辛勤工作。由于本人水平有限,书中的内容难免有不足之处,敬请读者批评与指教。

潘明惠

2011 年 1 月于沈阳

个 人 简 介

潘明惠，1955 年出生，毕业于哈尔滨工业大学电力系统及自动化专业，工学博士学位，教授级高级工程师，高级企业信息管理师，哈尔滨工业大学兼职教授。长期从事电力系统自动化、信息化应用研究与工程实践，是辽宁省政府信息化专家委员会成员，国家重大科技攻关项目专家组成员，组织和主持了多项国家、省部级科技攻关课题研究与开发和重大自动化、信息化工程。获得国家科技进步一等奖 1 项，二等奖 1 项；省、部级科技进步奖 11 项，被国务院授予《政府特殊津贴专家》、辽宁省委、辽宁省人民政府授予《辽宁省优秀专家》称号，先后发表科技论文 36 篇，其中：《电力信息化工程的理论与应用研究》在中国电机工程协会组织的《中国电机工程学报》百篇杰出学术论文评选中，被评选为杰出学术论文，出版了《信息化工程原理与应用》、《信息化工程技术问答 200 题》、《计算机及信息网络基础知识》等著作。

Author Introduction

Pan Minghui, born in 1955, graduated from Harbin Institute of Technology Power Systems and Automation with Ph.D of Engineering, Professor level senior engineer, senior information official of enterprise, and adjunct professor of Harbin Institute of Technology. Mr. Pan has been engaged in power system automation, information technology application research and engineering practice for a long time. He is also appointed member of Liaoning Provincial Committee of Experts on information technology, of Experts on major National Scientific and Technological Project, and organized and chaired countable numbers of national, provincial and ministerial scientific and technological issues of major research and development and automation, and information technology projects. He is awarded first prize once and second prize once in National Scientific and Technological Progress Award, eleven Provincial and ministerial level scientific and technological progress awards. Mr. Pan was awarded "Special Allowance from Chinese government" given by State Council, title of "Outstanding experts in Liaoning Province" awarded by Liaoning Provincial Committee, Liaoning Provincial People's Government. He has published 36 scientific papers, in which "Theory and Application of Electric Power Information Engineering" was selected as outstanding paper among "one hundred outstanding academic selection" organized by CSEE by Chinese Electrical Engineering Committee. Mr. Pan also published several books including "Principles and Applications of information technology projects", "200 Questions and Answers on information engineering", "Basic knowledge of computer and information networks".

目　　录

第1章 绪 论

1.1 背景及意义

随着计算机及信息网络技术的飞速发展，信息和网络已经成为人类进步和社会发展的重要基础。信息与网络涉及国家的政府、军事、科技、文教、企业等诸多领域，在计算机信息网络中存储、传输和处理的信息有许多是政府宏观调控决策、商业经济信息、银行资金转账、股票证券、能源资源数据、科研数据等重要信息，其中有很多是敏感信息甚至是国家机密，所以难免会吸引来自世界各地的各种人为攻击（例如，信息泄露、信息窃取、数据删除与添加、计算机病毒等）。因此计算机网络信息安全是一个关系国家安全和主权、社会的稳定、民族文化的继承和发扬、企业生存和发展等的重大问题，重要性正随着全球信息化步伐的加快而变得越来越重要。

从世界范围来看，黑色产业链越来越成为焦点，黑客的技术炫耀开始与经济利益越绑越紧；与此相对应，僵尸网络、木马等变得越来越活跃，而一般性质的蠕虫，尤其是大规模蠕虫则相比过去发生多种变异；由于几乎没有遇到太多法律上的对抗，导致黑客对网页的攻击越来越泛化，例如，钓鱼网站因域名劫持等手段的越来越高超而变得防不胜防。

随着网络的发展，技术的进步，信息安全面临的挑战也在增大。一方面对网络的攻击方式层出不穷，每两年间增加了十几倍，攻击方式的增加意味着对网络威胁的增大。随着硬件技术和并行技术的发展，计算机的计算能力迅速提高，针对安全通信措施的攻击也不断增大。另一方面网络应用范围的不断扩大，使人们对网络依赖的程度增大，对网络的破坏造成的损失和混乱会比以往任何时候都大。这些对网络信息安全保护提出了更高的要求，也使网络信息安全学科的地位显得更加重要，网络信息安全必然随着网络应用的发展而不断发展。网络信息安全工程既是一个理论问题，又是一个工程实践问题，是一项庞大和复杂的系统工程，探讨和研究网络信息安全理论与应用，指导工程实践是一个必须面对和急待解决的问题。

1.2 网络信息安全与现代信息社会

生产力的革命促进了人类的生存与发展。几千年的人类历史上，发生过三次伟大的生产力革命。

第一次是农业革命，它使人类从原始部落的游猎为生转化为依靠土地，男耕女织，以解决赖以为生的衣食问题。

第二次是工业革命，它使人类不但能够利用物质，而且学会利用能源。煤、油、电以及利用能源的机械大大延拓了人类劳动的器官，创造了空前的财富，带来了人类的现代文明。反映在自然科学上的成就是人类认识自然规律的研究能力超过了以往的几千年，数学、物理、化学的经典研究奠定了现代科学的基础。反映在人类的生产活动的成就是使人们创造财富和抵御自然灾害的能力大大增强。通过车（汽车、火车）船、飞机、电报、电话、电，人们的交往空间和时效大大提高，人类解决衣、食、住、行、用的能力超过以往任何时代，自然的人向自主的人大大迈进了一步。

第三次是信息革命，20 世纪的科学技术发展，特别是信息科学技术的发展，带来了生产力的又一次革命。这场革命早在工业化进程中就开始孕育。20 世纪 50 年代前的电报电话等通信技术的基础和计算机技术的出现，为 20 世纪 60 年代计算机联网实验提供了最初的条件，20 世纪 70 年代半导体微电子技术的飞跃，数字化技术的成熟，为计算机网络走出军事的封闭环境和研究所以及校园的象牙之塔奠定了技术基础。

美国著名的未来学家 Alvin Toffler 很早就预感到信息革命的巨大影响，出版了他的《第三次浪潮》等系列名著。他深刻地指出：电脑网络的建立与普及将彻底地改变人类的生存及生活模式，而控制与掌握网络的人就是人类未来命运的主宰。谁掌握了信息，控制了网络，谁就拥有整个世界。

信息是资源，它与物质、能源一起构成人类生存发展的三大支柱，是我们所处时代最重要、最主要的资源，已经成为越来越多的人们的共识。信息社会对人类的满足已经从物质生活的衣、食、住、行、用拓宽到深层精神生活的听、看、想、说、研。现代化的信息手段对于人类的社会管理、生产活动、经济贸易、科学研究、学校教育、文化生活、医疗保健以致战争方式都产生了空前深刻的巨大影响。

人类社会是一个有序运作的实体，理想、信念、道德、法规从不同层面维系社会秩序。传统的一切准则在电子信息环境中如何体现与维护，到现在为止并没有根本解决。理念、法规和技术都在发展完善的过程之中。信息化以通信和计算机为技术基础，以数字化和网络化为技术特点。它有别于传统方式的信息获取、储存、处理、传输、使用，从而也给现代社会的正常发展带来了一系列的前所未有的风险和威胁。

从 Internet 国际互联网的发展来看，它最初是美国军方出于预防核战争对军事指挥系统的毁灭性打击提出的研究课题，之后将其军事用途分离出去，并在科研、教育的校园环境中进一步完善，就变成了解决互连、互通、互操作的技术课题。校园环境理想的技术、信息共享使 Internet 的发展忽略了安全问题。20 世纪 90 年代后它从校园环境走上了社会应用，商业应用的需要使人们意识到了忽视安全的危害。尽管校园环境的孩子们涉世不深，缺乏社会责任感，但其中许多对计算机游戏钟爱至深，有相当一批后来成了技艺超群的电脑玩家（早年的黑客），有的成为当今社会信息产业界的开拓先驱，而有的则成为害群之马。他们的继承者越来越多，在网上存在利益的今天，他们的行为从另一个方面向人们揭示了信息系统的脆弱性，引起人们对信息安全的空前重视。

人们对信息安全的需求随着时代发展而不断地提高。首先人们意识到的是信息保密。在近代历史上已成为战争的情报军事手段和政府专用技术。在传统信息环境中，普通人通过邮政系统发送信件，为了个人隐私还要装上个信封。可是到了使用数字化电子信息的今天，以 0、1 比特串编码在网上传来传去，连个"信封"都没有，我们发的电子邮件都是"明信片"，那还有什么秘密可讲！因此就提出了信息安全中的保密性需求。

在传统社会中，不相识的人们相互建立信任需要介绍信，并且在上面签上名，盖上章。那么在电子信息环境中应如何签名盖章，怎么知道信息真实的发送者和接收者，怎么知道信息是真实的，并且在法律意义上做到责任的不可抵赖，等等，为此，人们归纳信息安全时提出了完整性和不可否认性的需求。

人们还意识到信息和信息系统都是它的所有者花费了代价建设起来的。但是，存在着由于计算机病毒或其他人为的原因可能造成的对主人的拒绝服务，被他人滥用机密或信息的情况。因而，又提出了信息安全中的可用性需求。

由于社会中存在不法分子，地球上各国之间还时有由于意识形态和利益冲突造成的敌对行为，政府对社会的监控管理行为（如搭线监听犯罪分子的通信）在社会广泛使用信息安全设施和装置时可能受到严重影响，以至不能实施，因而就出现了信息安全中的可控性需求。

信息化的现代文明使人类在知识经济的概念下推动社会发展与进步的趋势已初见端倪，但与此同时，"信息战"的阴影也已隐约升空。信息安全对现代社会健康有序发展，保障国家安全、社会稳定肩负着不可或缺的重要作用，对信息革命的成败有着关键的影响。不是在数字化中安全生存，就是在数字化中衰亡——美好和严酷就这样摆在我们的面前。

1.3　从密码技术发展历程认识信息安全的重要性

密码技术的发展大致可分为 3 个阶段：1949 年之前为第一个阶段，在这一阶段，密码学并不是一门科学，而被更多地视作一门艺术。1949～1976 年为第二个阶段，1949 年 Shannon 发表的"保密通信的信息理论"将密码学的研究纳入了科学的轨道。在这一阶段，密码学的发展很慢，公开的文献也很少。1976 年至今为第三个阶段，1976 年 Diffie 和 Hellman 发表的"密码学的新方向"提出了一种崭新的密码体制，冲破了长期以来一直沿用的单钥密码体制。新的双钥（公钥）密码体制可使通信双方之间无须事先交换密钥就可建立起保密通信。在这一阶段，密码技术的发展非常迅速。1977 年美国国家标准局（NBS）公布了数据加密标准（DES）。1993 年美国政府宣布了一项新的建议——Clipper 建议，该建议规定使用专门授权制造的且算法不予以公布的 Clipper 芯片实施商用加密。

密码技术是网络信息安全技术中的核心技术，它主要由密码编码技术和密码分析技术两个分支组成。密码编码技术的主要任务是寻求产生安全性高的有效密码算法，以满足对消息进行加密或认证的要求。密码分析技术的主要任务是破译密码或伪造认证码，实现窃取机密信息或进行诈骗破坏活动。这两个分支既相互对立，又相互依存。信息的安全性主要包括两个方面，即信息的保密性和信息的认证性。保密的目的是防止敌手破译系统中的机密信息。认证的目的有两个：一是验证信息的发送者是真正的，而不是冒充的；二是验证信息的完整性，即验证信息在传送或存储过程中未被窜改、重放或延迟等。信息的保密性和信息的认证性是信息的安全性的两个不同方面，认证不能自动地提供保密性，而保密也不能自然地提供认证功能。在用密码技术保护的现代信息系统的安全性主要取决于对密钥的保护，而不是对算法或硬件本身的保护，即密码算法的安全性完全寓于密钥之中。可见，密钥的保护和管理在数据系统安全中是极为重要的。

1.4 网络信息安全存在的主要问题

网络信息安全主要涉及网络信息的安全和网络系统本身的安全。在信息网络中存在着各种资源设施，随时存储和传输的大量数据，这些设施可能遭到攻击和破坏，数据在存储和传输过程中可能被盗用、暴露或篡改。另外，信息网络本身可能存在某些不完善之处，网络软件也有可能遭受恶意程序的攻击而使整个网络陷于瘫痪。同时网络实体还要经受诸如水灾、火灾、地震、电磁辐射等方面的考验。

1.4.1 影响计算机信息网络安全的因素

随着计算机信息网络技术的发展和应用，一方面网络提供了信息资源共享性、系统的可靠性、工作的效率和系统的可扩充性；同时也正是这些特点，增加了网络安全的脆弱性和复杂性，资源共享和分布增加了网络受威胁和攻击的可能性。对信息网络的威胁，主要有以下 4 个方面。

（1）信息网络硬件设备和线路的安全问题。例如：Internet 的脆弱性；电磁泄露；搭线窃听；非法终端；非法入侵；注入非法信息；线路干扰；意外原因；病毒入侵；黑客攻击等。

（2）信息网络系统和软件的安全问题。例如：网络软件的漏洞及缺陷；网络软件安全功能不健全或被安装了"特洛伊木马"；应加安全措施的软件未给予标识和保护；未对用户进行等级分类和标识；错误地进行路由选择；拒绝服务；信息重播；软件缺陷；没有正确的安全策略和安全机制；缺乏先进的安全工具和手段；程序版本错误等。

（3）信息网络管理人员的安全意识问题。例如：保密观念不强或不懂保密规则；操作失误；规章制度不健全；明知故犯或有意破坏网络系统和设备；身份证被窃取；否认或冒充；系统操作的人员以超越权限的非法行为来获取或篡改信息等。

（4）环境的安全因素。环境因素威胁着网络的安全，如地震、火灾、水灾、风灾等自然灾害或掉电、停电等事故。

从以上 4 个方面来看，影响网络安全的因素主要有以下几个方面。

① 局域网存在的缺陷和 Internet 的脆弱性。

② 网络软件的缺陷和 Internet 服务中的漏洞。

③ 薄弱的网络认证环节。

④ 没有正确的安全策略和安全机制。

⑤ 缺乏先进的网络安全技术和工具。

⑥ 没有对网络安全引起足够的重视，没有采取得力的措施，以致造成重大经济损失。这是最重要的一个原因。

因此，为了保证计算机信息网络的安全，必须高度重视，从法律保护和技术上采取一系列安全和保护措施。

1.4.2 Internet 网络存在的安全缺陷

Internet 网络不论在网络范围规模，还是方便快捷开放，是其他任何网络无法比拟的，但是，存在的信息网络安全缺陷也是十分严重的。因为，互联网是分散管理的，是靠行业协会标准和网民自律维系的一个庞大体系。Internet 原是一个不设防的网络空间，从学校进入社会及企业和政府以后，国家安全、企业利益和个人隐私的保护就日显突出。Internet 资源紧缺，如 IP 地址、域名和带宽，随着网络的膨胀，造成了域名抢注 IP 地址，垄断和信息严重受阻等现象。

Internet 上行为的法律约束脆弱，原有的法律不完全适用，适应网络环境的新法律还远远不配套，因此对网络犯罪、知识产权的侵犯和网上逃税等问题缺少法律的威慑和惩治能力。对网上的有害信息、非法联络违规行为都很难实施有效的监测和控制。Internet 的跨国协调困难，对过境信息流的控制及跨国黑客犯罪的打击非数字产品关税收缴等问题协调困难。Internet 上国际化与民族化的冲突日益突出，各国之间的文化传统、价值观念、语言文字的差异造成了网络行为的碰撞。

1.4.3 Internet 网络存在的主要安全问题

（1）TCP/IP 网络协议的设计缺陷。TCP/IP 协议是国际上最流行的网络协议，该协议在实现上因力求实效，而没有考虑安全因素，TCP/IP 本身在设计上就是不安全的。例如：容易被窃听和欺骗；脆弱的 TCP/IP 服务；很多基于 TCP/IP 的应用服务都在不同程度上存在着不安全的因素；缺乏安全策略；配置的复杂性。访问控制的配置一般十分复杂，所以很容易被错误配置，从而给黑客以可乘之机。

（2）薄弱的认证环节。例如：Internet 使用薄弱的、静态的口令。可以通过许多方法破译。其中最常用的两种方法是把加密的口令解密和通过监视信道窃取口令；一些 TCP 或 UDP（用户数据包协议）服务只能对主机地址进行认证，而不能对指定的用户进行认证。

（3）系统的易被监视性。例如：当用户使用 Telnet 或 FTP 连接在远程主机上的账户时，在 Internet 上传输的口令是没有加密的，那么侵入系统的一个方法就是通过监视携带用户名和口令的 IP 包获取；X Windows 系统允许在一台工作站上打开多重窗口来显示图形或多媒体应用。闯入者有时可以在另外的系统上打开窗口来读取可能含有口令或其他敏感信息的击键序列。

（4）网络系统易被欺骗性。主机的 IP 地址被假定为是可用的，TCP 和 UDP 服务相信这个地址。如果使用了"IP source routing"，那么攻击者的主机就可以冒充一个被信任的主机或客户。简单地说，"IP source routing"是一个用来指定一条源地址和目的地址之间的直接路径的选项。这条路径可以包括通常不被用来向前传送数据包的主机或路由器。

（5）有缺陷的局域网服务和相互信任的主机。例如：使用了诸如网络信息服务（Network Information Server，NIS）和 NFS 之类的服务。可以被有经验的闯入者利用以获得访问权；允许主机们互相"信任"。如果一个系统被侵入或欺骗，那么对于闯入者来说，获取那些信任它的访问权就很简单了。

（6）复杂的设备和控制。对主机系统的访问控制配置通常很复杂而且难于验证其正确性。因此，偶然的配置错误会使闯入者获取访问权。一些主要的 UNIX 经销商仍然配置成具有最大访问权的系统，如果保留这种配置的话，就会导致未经许可的访问。

1.5　网络信息安全工程基本策略

计算机信息网络的发展使信息的共享和应用日益广泛与深入，在建立系统的网络安全之前，必须明确需要保护的资源和服务类型、重要程度和防护对象等。安全策略是由一组规则组成的，对系统中所有与安全相关元素的活动作出一些限制性规定。系统提供的安全服务，其规则基本上都来自安全策略。

1.5.1　网络信息安全策略的含义

网络信息安全策略目的是决定一个计算机网络的组织机构怎样来保护自己的网络及其信息，一般来说，保护的政策应包括两部分：一个总的策略和一个具体的规则。总的策略用于阐明安全政策的总体思想，而具体的规则用于说明什么是被允许的，什么是被禁止的。

总的信息安全策略是制定一个组织机构的战略性指导方针，并为实现这个方针分配必需的人力和物力。一般由网络组织领导机构和高层领导来主持制定这种政策，以建立该机构的安全计划和基本的框架结构。

1.5.2　网络信息安全策略的作用

网络信息安全策略计划的目的和在该机构中设计的范围：把任务分配给具体部门和人员，并且实施这种计划；明确违反政策的行为及其处理措施。针对系统情况，可以有以下一些考虑。

（1）根据全系统的安全性，做统一规划，对安全设备统一选型。

（2）以网络作为安全系统的基本单元。

（3）以网络的安全策略统一管理。

（4）对网络采取访问控制措施。

（5）负责安全审计跟踪与安全警告报告。

（6）对网络间的数据传输，可以采用加密技术进行保护。

（7）整个系统采用统一的密钥管理措施。

（8）采用防电磁泄露技术，特别注意电磁辐射。

（9）采取抗病毒入侵和检测消毒措施。

（10）采取一切技术和非技术手段来保证系统的安全运行。

1.5.3　网络信息安全策略的等级

网络信息安全策略可分为以下 4 个等级。

（1）不把内部网络和外部网络相联，因此一切都被禁止。

（2）除那些被明确允许之外，一切都被禁止。

（3）除那些被明确禁止之外，一切都将被允许。

（4）一切都被允许，当然也包括那些本来被禁止的。

可以根据实际情况，在这 4 个等级之间找出符合自己的安全策略。当系统自身的情况发生变化时，必须注意及时修改相应的安全策略。

1.5.4　网络信息安全策略的基本内容

网络信息安全策略重点包括如下内容。

（1）网络管理员的安全责任：该策略可以要求在每台主机上使用专门的安全措施，登录用户名称，监测和记录过程等，还可以限制在网络连接中所有的主机不能运行应用程序。

（2）网络用户的安全策略：该策略可以要求用户每隔一段时间改变其口令；使用符合安全标准的口令形式；执行某些检查，以了解其账户是否被别人访问过。

（3）正确利用网络资源：规定谁可以使用网络资源，他们可以做什么，不应该做什么等。对于 E-mail 和计算机活动的历史，应受到安全监视，告知有关人员。

（4）检测到安全问题时的策略：当检测到安全问题时，应做什么?应该通知什么部门?这些问题都要明确。

1.5.5　网络信息的安全机制

网络信息的安全规则就是根据安全策略规定的各种安全机制，如身份认证机制、授权机制、访问控制机制、数据加密机制、数据完整性机制、数字签名机制、报文鉴别机制、路由控制机制、业务流填充机制等。

授权机制是针对不同用户赋予不同信息资源的访问权限。对授权用户控制的要求如下。

（1）一致性：即对信息资源的控制没有二义性，各种定义之间不冲突。

（2）统一性：对所有信息资源进行集中管理，安全政策统一、连贯。

（3）审计功能：可以对所有授权用户进行审计跟踪检查。

（4）尽可能提供相近粒度的检查。

1.6　信息安全工程主要研究方向

（1）一些政府试图延缓密码编制学的传播所采取的输出控制条例、密钥-契约计算等措施将被证明是无效的。原因很简单：人们将上亿美元用于 Internet 的商业化，而且商业化的 Internet 需要密码编制学。在大量的计算机安全诉讼案获得胜诉后，律师们将对有关计算机安全案件的胜诉前景产生足够的信心。案件追踪律师会大量介入 Internet，并努力寻找用以对抗计算机窃贼的系统缺陷、为"黑客"提供宿主的站点和未对私人信息提供足够保护的其他网络站点。某种保护个人数据隐私的法律法规将会建立。因为到那时，从事数据搜集的公司已将他们的业务转移到国外，并有服务机构专职出售信息，而其他服务机构则将过滤、修正甚至"放大"这些信息。

（2）Internet 没有国家界限，这使得政府如果不在网络上截断 Internet 与本国的联系就不可能控制人们的所见所闻。但对于像 AOL、Compuserve 及 Microsoft 这样具备国际性系统的网络，即使完全切断联系也没有用。个人卫星通信系统等将最终结束国家的数据界限。这将使针对网络通信量或交易量收税的工作产生有趣的和不可预期的效应。随着网络在规模和重要性方面的不断增长，系统和网络管理技术的发展将继续深入。由于很多现行的网络管理工具缺乏最基本的安全性，使整个网络将可能被入侵者完全破坏，达到其法定所有者甚至无法再重新控制它们的程度。最终，我们将认识到网络管理和安全管理是同一事物的不同方面，两者密不可分、相互关联。因系统提供商的标准之争和公众对于其私人信息与交易安全性的担心而被推迟了很长一段时间的在线商业，最终将会逐步繁荣起来。

（3）现在如果发生一次主计算机系统安全崩溃事故，那么将至少会有几个或更多亿的金融系统遭到破坏。随着货币在形式上变得越来越电子化，其流动也就越来越快。这种流动使得货币在容易携带的同时也更容易被偷窃。由于大多数至关重要的财经信息涌上网络，来自于内部的对于系统安全性的威胁将会变得越来越大。不道德的雇员将会偷走电子商品，投资者和存款人不得不让政府保护，这种偷窃行为必将增加财经领域中的计算机现行安全制度的压力。这种制度或由政府或由金融界的审计员来制定。

（4）一些软件公司将由于产品质量或连带责任的诉讼而遭受巨大的经济损失。软件质量的现权法将逐渐形成。目前软件的这种处于模糊状态的售出情况即使对于一个能支付得起大量金钱雇佣律师甚至收买法律制定者的软件公司来说，也会因诉讼的损失巨大而不能维持太久。随着当代没有技术知识的立法者和法官被新生的具有技术头脑的立法者和法官所取代，软件和网络安全现权法的时代也将到来了。

（5）软件将主要以 Java 或 Active X 这样可供下载的可执行程序的方式运作。网络安全管理系统的建造者们需要找到如何控制和维护可下载式程序的方法。同时他们也要编制一些必要的工具以防止某些可下载式有害程序的蔓延。这样的程序主要是病毒、特洛伊木马以及其他到目前为止仍无法想象出的一些程序。一些人利用其软件开发人员的工作在某些流行的网络化软件中留下了特洛伊木马。这使他们日后有能力攻击成千上万的网络系统，构成系统安全的严重危害。智能卡和数字认证将变得盛行。随着越来越多的系统利用密码技术，最终用户需要将密钥和验证码存放在不至丢失的地方。所以他们要用智能卡来备份以防硬盘损坏，并将智能卡广泛内置于个人数字助手（PDA）中。

（6）HTTP 文件格式将被越来越多的信息服务机构作为传递消息的方式。Point cast 现在就是按照 HTTP 格式的反馈要求来分渠道传送信息，可以预见，其他的信息机构也将相继效仿这种方法。防火墙对于将安全策略应用于数据流的作用将减低并会逐渐失去其效力。虚拟网络将与安全性相融合，并很有希望与网络管理系统结合起来。软件硬件将协同工作以便将带有不同类型的目的和特性与网络彼此隔离，由此产生的隔离体仍将被称作"防火墙"。

1.7　云计算及云安全的发展趋势

云计算（Cloud Computing），分布式计算技术的一种，其最基本的概念，是透过网络将庞大的计算处理程序自动分拆成无数个较小的子程序，再交由多部服务器所组成的庞大系统经搜寻、计算分析之后将处理结果回传给用户。透过这项技术，网络服务提供者可以在数秒之内，达成处理数以千万计甚至亿计的信息，达到和"超级计算机"同样强大效能的网络服务。云计算的广泛应用必然带了云安全问题，是我们必须面对的问题。

1.7.1　云计算基本概念和特点

最简单的云计算技术在网络服务中已经随处可见，稍早之前的大规模分布式计算技术即为"云计算"的概念起源。例如搜寻引擎、网络信箱等，使用者只要输入简单指令即能得到大量信息。未来如手机、GPS 等行动装置都可以透过云计算技术，发展出更多的应用服务。进一步的云计算不仅只做资料搜寻、分析的功能，未来如分析 DNA 结构、基因图谱定序、解析癌症细胞等，都可以透过这项技术轻易达成。

云计算时代，可以抛弃 U 盘等移动设备，只需要进入 Google Docs 页面，新建文档，编辑内容，然后直接将文档的 URL 分享给你的朋友或者上司，他可以直接打开浏览器访问 URL。再也不用担心因 PC 硬盘的损坏而发生资料丢失事件。

1. 狭义云计算

提供资源的网络被称为"云"。"云"中的资源在使用者看来是可以无限扩展的，并且可以随时获取，按需使用，随时扩展，按使用付费。这种特性经常被称为像水电一样使用 IT 基础设施。

2．广义云计算

这种服务可以是 IT 和软件、互联网相关的，也可以是任意其他的服务。这种资源池称为"云"。"云"是一些可以自我维护和管理的虚拟计算资源，通常为一些大型服务器集群，包括计算服务器、存储服务器、宽带资源等。云计算将所有的计算资源集中起来，并由软件实现自动管理，无需人为参与。这使得应用提供者无需为烦琐的细节而烦恼，能够更加专注于自己的业务，有利于创新和降低成本。这就好比是从古老的单台发电机模式转向了电厂集中供电的模式。它意味着计算能力也可以作为一种商品进行流通，就像煤气、水电一样，取用方便，费用低廉。最大的不同在于，它是通过互联网进行传输的。

云计算是并行计算（Parallel Computing）、分布式计算（Distributed Computing）和网格计算（Grid Computing）的发展，或者说是这些计算机科学概念的商业实现。云计算是虚拟化（Virtualization）、效用计算（Utility Computing）、IaaS（基础设施即服务）、PaaS（平台即服务）、SaaS（软件即服务）等概念混合演进并跃升的结果。

3．云计算具有的主要特点

（1）超大规模。"云"具有相当的规模，Google 云计算已经拥有 100 多万台服务器，Amazon、IBM、微软、Yahoo 等的"云"均拥有几十万台服务器。企业私有云一般拥有数百上千台服务器。"云"能赋予用户前所未有的计算能力。

（2）虚拟化。云计算支持用户在任意位置、使用各种终端获取应用服务。所请求的资源来自"云"，而不是固定的有形的实体。应用在"云"中某处运行，但实际上用户无需了解，也不用担心应用运行的具体位置。只需要一台笔记本或者一个手机，就可以通过网络服务来实现所需要的一切，甚至包括超级计算这样的任务。

（3）高可靠性。"云"使用了数据多副本容错、计算节点同构可互换等措施来保障服务的高可靠性，使用云计算比使用本地计算机可靠。

（4）通用性。云计算不针对特定的应用，在"云"的支撑下可以构造出千变万化的应用，同一个"云"可以同时支撑不同的应用运行。

（5）高可扩展性。"云"的规模可以动态伸缩，满足应用和用户规模增长的需要。

（6）按需服务。"云"是一个庞大的资源池，按需购买；云可以像自来水、电、煤气那样计费。

（7）极其廉价。由于"云"的特殊容错措施可以采用极其廉价的节点来构成云，"云"的自动化集中式管理使大量企业无需负担日益高昂的数据中心管理成本，"云"的通用性使资源的利用率较之传统系统大幅提升，因此用户可以充分享受"云"的低成本优势，经常只要花费几百美元、几天时间就能完成以前需要数万美元、数月时间才能完成的任务。

云计算可以彻底改变人们未来的生活，但同时也要重视环境问题，这样才能真正为人类进步做贡献，而不是简单的技术提升。

（8）潜在的危险性。云计算服务除了提供计算服务外，还必然提供了存储服务。但是云计算服务当前垄断在私人机构（企业）手中，而他们仅仅能够提供商业信用。对于政府机构、商业机构（特别像银行这样持有敏感数据的商业机构）对于选择云计算服务应保持足够的警惕。一旦商业用户大规模使用私人机构提供的云计算服务，无论其技术优势有多强，都不可避免地让这些私人机构以"数据（信息）"的重要性挟制整个社会。对于信息社会而言，"信息"是至关重要的。另一方面，云计算中的数据对于数据所有者以外的其他用户云计算用户是保密的，但是对于提供云计算的商业机构而言确实毫无秘密可言。这就像常人不能监听别人的电话，但是在电讯公司内部，他们可以随时监听任何电话。所有这些潜在的危险，是商业机构和政府机构选择云计算服务，特别是国外机构提供的云计算服务时，不得不考虑的一个重要的前提。

4. 判断云计算的基本标准

到底什么是云计算？这是大家比较关注的一个问题。现在有很多种不同的说法，到底什么是云，什么不是云，让人很费解。有人说公有云是云，私有云不是云；还有人说支持虚拟化叫云，不支持虚拟化不叫云，但是 Google 不支持虚拟化，而都认为 Google 是云；还有人说有 1000 台服务器是云，好像 999 台就不是云。现在有个别高性能计算中心，什么都没变，就是名字改成云计算中心。作为公众，需要鉴别哪些是真云，哪些是假云。

（1）用户所需的资源不在客户端而来自网络。这是云计算的根本理念所在，即通过网络提供用户所需的计算力、存储空间、软件功能和信息服务等。

（2）服务能力具有分钟级或秒级的伸缩能力。如果资源节点服务能力不够，但是网络流量上来，这时候需要平台在一分钟几分钟之内，自动地动态增加服务节点的数量，从 100 个节点扩展到 150 个节点。能够称之为云计算，就需要足够的资源来应对网络的尖峰流量，流量下来了，服务节点的数量在随着流量的减少而减少。现在有的传统 IDC 自称也能提供伸缩能力，但需要多个小时之后才能提供给用户。问题是网络流量是不可预期的，不可能等那么久。

（3）具有较之传统模式 5 倍以上的性能价格比优势。看了上面一条，有些人在想，没关系，多配一些机器，流量再大也应付得了。但这不是云计算的理念。云还有个性能价格比指标。云计算之所以是一种划时代的技术，就是因为它将数量庞大的廉价计算机放进资源池中，用软件容错来降低硬件成本，通过将云计算设施部署在寒冷和电力资源丰富的地区来节省电力成本，通过规模化的共享使用来提高资源利用率。国外代表性云计算平台提供商达到了惊人的 10～40 倍的性能价格比提升。国内由于技术、规模和统一电价等问题，暂时难以达到同等的性能价格比，暂时将这个指标定为 5 倍。拥有 256 个节点的云计算平台已经达到了 5～7 倍的性能价格比提升，其性能价格比随着规模和利用率的提升还有提升空间。

1.7.2　云计算的发展现状

早在 20 世纪 60 年代麦卡锡（John McCarthy）就提出了把计算能力作为一种像水和

电一样的公用事业提供给用户。云计算的第一个里程碑是，1999 年 Salesforce.com 提出的通过一个网站向企业提供企业级的应用概念。Amazon 使用弹性计算云（EC2）和简单存储服务（S3）为企业提供计算和存储服务。收费的服务项目包括存储服务器、带宽、CPU 资源以及月租费。月租费与电话月租费类似，存储服务器、带宽按容量收费，CPU 根据时长（小时）运算量收费。

Google 是最大的云计算的使用者。Google 搜索引擎就建立在分布在 200 多个地点、超过 100 万台服务器的支撑之上，这些设施的数量正在迅猛增长。Google 地球、地图、Gmail、Docs 等也同样使用了这些基础设施。采用 Google Docs 之类的应用，用户数据会保存在互联网上的某个位置，可以通过任何一个与互联网相连的系统十分便利地访问这些数据。IBM 在 2007 年 11 月推出了"改变游戏规则"的"蓝云"计算平台，为客户带来即买即用的云计算平台。它包括一系列的自动化、自我管理和自我修复的虚拟化云计算软件，使来自全球的应用可以访问分布式的大型服务器池。使得数据中心在类似于互联网的环境下运行计算。IBM 正在与 17 个欧洲组织合作开展云计算项目。欧盟提供了 1.7 亿欧元作为部分资金。该计划名为 RESERVOIR，以"无障碍的资源和服务虚拟化"为口号。2008 年 8 月，IBM 宣布将投资约 4 亿美元用于其设在北卡罗来纳州和日本东京的云计算数据中心改造。IBM 计划在 2009 年在 10 个国家投资 3 亿美元建 13 个云计算中心。

微软紧跟云计算步伐，于 2008 年 10 月推出了 Windows Azure 操作系统。Azure（译为"蓝天"）是继 Windows 取代 DOS 之后，微软的又一次颠覆性转型——通过在互联网架构上打造新云计算平台，让 Windows 真正由 PC 延伸到"蓝天"上。微软拥有全世界数以亿计的 Windows 用户桌面和浏览器，现在它将它们连接到"蓝天"上。Azure 的底层是微软全球基础服务系统，由遍布全球的第四代数据中心构成。

云计算的新颖之处在于它几乎可以提供无限的廉价存储和计算能力。纽约一家名为 Animoto 的创业企业已证明云计算的强大能力。Animoto 允许用户上传图片和音乐，自动生成基于网络的视频演讲稿，并且能够与好友分享。该网站目前向注册用户提供免费服务。2008 年年初，网站每天用户数约为 5000 人。4 月中旬，由于 Facebook 用户开始使用 Animoto 服务，该网站在三天内的用户数大幅上升至 75 万人。Animoto 联合创始人 Stevie Clifton 表示，为了满足用户需求的上升，该公司需要将服务器能力提高 100 倍，但是该网站既没有资金，也没有能力建立规模如此巨大的计算能力。因此，该网站与云计算服务公司 RightScale 合作，设计能够在亚马逊的网云中使用的应用程序。通过这一举措，该网站大大提高了计算能力，而费用只有每服务器每小时 10 美分。这样的方式也加强创业企业的灵活性。当需求下降时，Animoto 只需减少所使用的服务器数量就可以降低服务器支出。

在我国，云计算发展也非常迅猛。2008 年 6 月 24 日，IBM 在北京 IBM 中国创新中心成立了第二家中国的云计算中心——IBM 大中华区云计算中心；世纪互联推出了 CloudEx 产品线，包括完整的互联网主机服务 "CloudEx Computing Service"，基于在线存储虚拟化的 "CloudEx Storage Service"，供个人及企业进行互联网云端备份的数据保全服务等系列互联网云计算服务；易度在线工作平台 everydo .com 在云计算领域发展也很快，多款云计算产品，包括文档、项目、工作管理等，致力于解决中小企业的软件领域问题。

1.7.3　云安全的发展趋势

云安全通过网状的大量客户端对网络中软件行为的异常监测，获取互联网中木马、恶意程序的最新信息，推送到服务端进行自动分析和处理，再把病毒和木马的解决方案分发到每一个客户端。云安全的策略构想是：使用者越多，每个使用者就越安全，因为如此庞大的用户群，足以覆盖互联网的每个角落，只要某个网站被挂马或某个新木马病毒出现，就会立刻被截获。

云安全的发展像一阵风，瑞星、趋势、卡巴斯基、MCAFEE、SYMANTEC、江民科技、PANDA、金山、360 安全卫士、卡卡上网安全助手等都推出了云安全解决方案。瑞星基于云安全策略开发的 2009 新品，每天拦截数百万次木马攻击，其中 2009 年 1 月 8 日更是达到了 765 万余次。趋势科技云安全已经在全球建立了五大数据中心，几万部在线服务器。据悉，云安全可以支持平均每天 55 亿条点击查询，每天收集分析 2.5 亿个样本，资料库第一次命中率就可以达到 99%。借助云安全，趋势科技现在每天阻断的病毒感染最高达 1000 万次。

云安全的核心思想是建立一个分布式统计和学习平台，以大规模用户的协同计算来过滤垃圾邮件：首先，用户安装客户端，为收到的每一封邮件计算出一个唯一的"指纹"，通过比对"指纹"可以统计相似邮件的副本数，当副本数达到一定数量，就可以判定邮件是垃圾邮件；其次，由于互联网上多台计算机比一台计算机掌握的信息更多，因而可以采用分布式贝叶斯学习算法，在成百上千的客户端机器上实现协同学习过程，收集、分析并共享最新的信息。反垃圾邮件网格体现了真正的网格思想，每个加入系统的用户既是服务的对象，也是完成分布式统计功能的一个信息节点，随着系统规模的不断扩大，系统过滤垃圾邮件的准确性也会随之提高。用大规模统计方法来过滤垃圾邮件的做法比用人工智能的方法更成熟，不容易出现误判假阳性的情况，实用性很强。反垃圾邮件网格就是利用分布互联网里的千百万台主机的协同工作，来构建一道拦截垃圾邮件的"天网"。反垃圾邮件网格思想提出后，被 IEEE Cluster 2003 国际会议选为杰出网格项目，在 2004 年网格计算国际研讨会上作了专题报告和现场演示，引起较为广泛的关注，受到了中国最大邮件服务提供商网易公司的重视。既然垃圾邮件可以如此处理，病毒、木马等亦然，这与云安全的思想就相距不远了。

第 2 章　网络信息安全工程基本理论

　　网络信息安全工程是一项涉及面广、极其复杂的系统工程，是一个工程实践问题，又是一个理论问题，探讨和研究网络信息安全工程理论与应用，指导工程实践是一个现实和重大的课题。

　　本章的主要内容包括网络信息安全工程基本概念，安全体系结构与安全服务、机制的分层配置，网络信息安全机制，密码技术基本原理，信息服务的可用性原理，OSI 与 TCP/IP 参考模型，介绍国际网络信息安全有关标准的研究与工程应用。

2.1　网络信息安全工程基本概念

　　什么是信息安全？网络信息安全工程的主要内容，网络信息系统安全威胁的分类及网络信息安全工程的有关问题是本节要介绍的主要内容。

2.1.1　网络信息安全的概念

　　信息安全是指信息网络的硬件、软件及其系统中的数据受到保护，不受偶然的或者恶意的原因而遭到破坏、更改、泄露，系统连续可靠正常地运行，信息服务不中断。信息作为一种资源，它的普遍性、共享性、增值性、可处理性和多效用性，使其对于人类具有特别重要的意义。信息安全的实质就是要保护信息系统或信息网络中的信息资源免受各种类型的威胁、干扰和破坏，即保证信息的安全性。信息安全是一门涉及计算机科学、网络技术、通信技术、密码技术、信息安全技术、应用数学、数论、信息论等多种学科的综合性学科。网络信息安全工程是在网络环境下，保证信息存取、处理、传输和服务中安全的保护工程。

2.1.2　网络信息安全工程的主要内容

　　（1）网络信息安全工程是实现网络中保证信息内容在存取、处理、传输和服务的保密性（机密性）、完整性和可用性以及信息系统主体的可控性和真实性等特征的系统辨别、控制、策略和过程。

　　（2）保密性主要是指信息只能在所授权的时间、地点暴露给所授权的实体，即利用密码技术对信息进行加密处理，以防止信息泄露。

　　（3）完整性是指信息在获取、传输、存储和使用的过程中是完整的、准确的和合法的，防止信息被非法删改、复制和破坏，也包括数据摘要、备份等。

（4）可用性是指信息与其相关的服务在正当需要时是可以访问和使用的。

（5）可控性是指信息网络系统主体可以全程控制信息的流程和服务（如检测、监控、应急、审计和跟踪）。

（6）真实性是指信息网络系统主体身份（如人、设备、程序）的真实合法（如鉴别、抗否认）。

2.1.3　网络信息系统安全威胁的分类

网络信息系统本身存在着脆弱性，常被非授权用户利用，他们对计算机网络信息系统进行非法访问，这种非法访问使系统中存储信息的完整性受到威胁，导致信息被破坏而不能继续使用，更为严重的是系统中有价值的信息被非法篡改、伪造、窃取或删除而不留任何痕迹。另外，计算机还易受各种自然灾害和各种误操作的破坏。网络信息系统安全威胁的分类可以简单地分成自然威胁和人为威胁两种。

（1）自然威胁是指因自然力造成的地震、水灾、风暴、雷击等，它可以破坏计算机系统实体，也可以破坏信息，自然威胁可以分为自然灾害、自然损坏、环境干扰等。自然损坏是由系统本身的脆弱性而造成的，例如，元器件失效、设备（包括计算机、外围设备、通信及网络、供电设备、空调设备等）故障、软件故障（含系统软件和应用软件）、设计不合理、保护功能差和整个系统不协调等。环境干扰是诸如高低温冲击、电压降低、过压或过载、振动冲击、电磁波干扰和辐射干扰等环境因素对计算机系统造成的破坏。

（2）人为威胁分为无意和有意两种。无意威胁是过失性的，例如操作失误、错误理解无意造成的信息泄露或破坏。有意威胁是指攻击，如直接破坏建筑设施或设备、盗窃资料及信息、非法使用资源、施放病毒或使系统功能改变等，这是应该引起特别注意的。有意威胁又可分成被动和主动两类。被动攻击包括只对信息进行监听而不修改，主动攻击包括对信息进行篡改等。主要的威胁包括渗入式威胁（内部威胁、假冒、旁路等）和植入式威胁（特洛伊木马、逻辑炸弹、后门等）。另外，人员的疏忽、窃听、业务流分析等潜在威胁也很重要。

2.1.4　网络信息安全工程有关问题

（1）网络信息安全的相关性。网络信息安全既是一个理论问题，又是一个工程实践问题，网络信息安全也是一个完整的系统概念。单一的信息安全机制、技术和服务及其简单组合，不能保证网络信息系统的安全、有序和有效地运行。忽视信息系统运行、应用和变更对信息安全的影响而制定的安全策略，无法获得对信息系统及其应用发生变化所出现的新的安全脆弱性和威胁的认识，这样的安全策略是不完整的，只有充分考虑并认识到信息系统运行、应用和变更可能产生新的安全风险和风险变化，由此制定的安全策略才是完整的，这就是网络信息安全的相关性问题。

（2）网络信息安全的动态性。安全策略必须能根据风险变化进行及时调整。一成不变的静态策略，在信息系统的脆弱性以及威胁技术发生变化时将变得毫无安全作用，因此安全策略以及实现安全策略的安全技术和安全服务，必须具有"风险检测→实时响应→策略调整→风险降低"的良性循环能力，这就是网络信息安全的动态性问题。

（3）网络信息安全的相对性。网络信息安全策略的完整实现，完全依赖技术并不现实，而且有害。因为信息安全与网络拓扑、信息资源配置、网络设备、安全设备配置、应用业务，用户及管理员的技术水平、道德素养、职业习惯等变化性因素联系密切。因此，强调完整可控的安全策略实现必须依靠管理和技术的结合，这样才符合信息安全自身规律。必要时以牺牲使用方便性、灵活性或性能来换取信息系统整体安全是值得的，同时再完善的网络信息安全方案也有可能出现意想不到的安全问题，这就是网络信息安全的相对性问题。

（4）网络信息安全的系统性。只有经过对网络进行安全规划，对信息进行保护优先级的分类，对信息系统的安全脆弱性（包括漏洞）进行分析，对来自内外部威胁带来的风险进行评估，建立起 PP-DRR（策略、保护、检测、响应和恢复）的安全模型，形成人员安全意识、安全政策法律环境、安全管理和技术的安全框架，才是符合信息系统自身实际的科学合理的信息安全体系,这就是网络信息安全的系统性问题。

2.2　安全体系结构与安全服务、机制的分层配置

本节介绍网络中的 5 类安全服务体系结构及分层配置，将各种安全机制和安全服务映射到 TCP/IP 的协议中，形成一个基于 TCP/IP 协议的网络安全体系结构的内容。

2.2.1　OSI 安全体系结构与分层配置

ISO7498-2 中规定的网络中的 5 类安全服务如下。

（1）鉴别服务（也叫认证服务）：提供某个实体（人或系统）的身份的保证，包括对等实体鉴别和数据源鉴别。

（2）访问控制服务：保护资源以免对其进行非法使用和操纵。

（3）机密性服务：保护信息不被泄露或暴露给未授权的实体，包括连接机密性、无连接机密性、选择字段机密性和业务流保密。

（4）完整性服务：保护数据以防止未授权的改变、删除或替代，包括具有恢复功能的连接完整性、没有恢复功能的连接完整性、选择字段连接完整性、无连接完整性、选择字段无连接完整性。

（5）抗否认服务（也叫抗抵赖服务）：防止参与某次通信交换的一方事后否认本次交换曾经发生过，包括源发方抗否认、接收方抗否认。

安全服务可以通过某种安全机制单独提供，也可以通过多种安全机制联合提供：一种安全机制可用于提供一种安全服务，也可以用于提供多种安全服务。在 OSI 7 层协议层中除第 5 层（会话层）外，每 1 层均规定有相应的安全服务，实际上安全服务最适宜

配置于物理层、网络层（或传输层）和应用层。随着信息安全的发展，后来安全界又提出了审计安全服务。

2.2.2　TCP/IP 模型与分层配置

因为 OSI 参考模型与 TCP/IP 模型之间存在对应关系，就可以根据 ISO7498-2 的安全体系结构框架，将各种安全机制和安全服务映射到 TCP/IP 的协议集中，从而形成一个基于 TCP/IP 协议的网络安全体系结构，如表 2-1 所示。

表 2-1　TCP/IP 协议模型中提供的安全服务

安全服务	TCP/IP 协议层			
	物理层	网络层	传输层	应用层
对等实体鉴别		Y	Y	Y
数据源鉴别		Y	Y	Y
访问控制服务		Y	Y	Y
连接机密性	Y	Y	Y	Y
无连接机密性	Y	Y	Y	Y
选择字段机密性				Y
流量保密性	Y	Y		Y
具有恢复功能的连接完整性			Y	Y
没有恢复功能的连接完整性		Y	Y	Y
选择字段连接完整性				Y
无连接完整性		Y	Y	Y
选择字段非连接完整性				Y
源发方抗否认				Y
接收方抗否认				Y
说明：Y = 服务应作为选项并入该层的标准之中。				

基于网络安全体系结构的指导，近年来国内外许多网络安全研究机构和生产厂商针对各层次上的安全隐患，不断推出新的安全协议、标准和产品，这反过来又使网络安全体系结构的理论不断充实与完善，两者互相促进着向前发展。

2.3　网络信息安全机制

安全服务体现于安全体系结构配置层上的协议中或嵌入协议中，但协议中的安全服务仅是安全服务输入和输出参数，并不作内部处理，所有处理由安全机制完成，独立于协议的安全机制完成安全服务的实现和处理，是安全服务的基础，只有有了安全的安全机制，才可能有可靠的安全服务，因此，安全机制也是信息系统获得安全的基础。ISO7498-2 中规定网络中的 8 类安全机制是：加密机制、访问控制机制、数据完整性机制、鉴别交换机制、数字签名机制、抗否认机制、路由选择控制机制、公证机制。

2.3.1 加密机制

加密就是把可懂的明文信息通过加密算法的变换变成不可懂的密文的过程。加密机制提供数据存储、传输的保密以及数据流量的保密。

2.3.2 访问控制机制

访问控制的目标是防止对信息系统资源的非授权访问和防止非授权使用信息系统资源。访问控制策略决定了访问控制的判决控制，决定判决结果，是判决的主要依据，表示在一种安全区域中的安全要求，一个系统中可以有多个组合的访问控制策略。访问控制策略可分为 3 种：基于规则的访问控制策略、基于身份的访问控制策略、基于上述两种策略的组合。

访问控制机制分为以下几类：基于访问控制表的访问控制机制、基于能力的访问控制机制、基于标签的访问控制机制、基于上下文的访问控制机制。

访问控制的方法包括：面向主体的访问控制、面向客体的访问控制、访问控制矩阵、能力表。

2.3.3 数据完整性机制

数据完整性指的是数据没有遭受以未授权方式所做的篡改或未经授权的使用，即数据完整性服务可以保证接收者收到的信息与发送者发送的信息完全一致。数据完整性是针对数据的值和数据的存在可能被改变的威胁的。

数据完整性可分为单个数据单元或字段的完整性和数据单元流或字段流的完整性，第一类完整性服务虽然是第二类完整性服务的前提，但两种完整性服务通常由不同机构提供。

数据完整性机制可以使用安全标签、对称/非对称加密，通过纠错码和检错码、复制等方式实现。

2.3.4 鉴别交换机制

鉴别是以交换信息的方式来确认实体身份的一种安全机制。鉴别的目的就是防止假冒（指某 实体伪称另一实体），但并不是所有鉴别方式都与假冒方式相对应。鉴别方式分对称和不对称鉴别法和一般鉴别法。

鉴别基于以下 4 种原理。

（1）已知的，如一个秘密的口令。

（2）所拥有的，如 IC 卡。

（3）不可改变的特性，如用肉眼可以观察到的特性。

（4）可信的第三方，他已建立了鉴别。

鉴别机制是根据它们所对抗的威胁分类的，某些机制只实用于两方鉴别，某些只适于多方鉴别，而有一些则两种都适用。鉴别机制有 3 大类型：0 类（无保护）、1 类（抗暴露保护）和 2 类（抗重放和重放保护）。

2.3.5　数字签名机制

数字签名是附加在数据单元上的一个数据，或对数据单元进行的密码变换。通过这一数据或密码变换，使数据单元的接收者能够证实数据单元的来源及其完整性，同时对数据进行保护。它提供了用户身份鉴别、数据源鉴别、对等实体鉴别、数据完整性和抗否认等安全服务。

完善的数字签名应有以下基本功能：签名者事后不能否认自己对信息的签名；接收者和其他人不能伪造这个签名，如果当事人双方对签名真伪发生争执时，能在公正的仲裁者面前通过验证签名来确定真伪。

数字签名机制分两个基本过程：对信息（数据）进行签名的过程，简称为签名，对数字签名的验证过程。

2.3.6　抗否认机制

抗否认机制利用了不同种类的可信第三方（TTP），不同形式的证据以及各种不同的保证方法。提供证据的方法主要有两种：需要可信第三方（TTP）对每份文电都记录一些信息，联机的 TTP，不需要任何 TTP 记录文电的信息。抗否认分为通信类和非通信类两种。

2.3.7　路由选择控制机制

路由选择控制机制可使信息发送者选择特殊的路由，以保证数据安全。其基本功能如下。

（1）路由可以动态选取也可以预定，以便仅使用物理上安全的子网络、中继或链路。

（2）在监测到持续的操纵攻击时，端系统可能会通知网络服务提供者另选路由建立连接。

（3）安全保证策略可能禁止携带安全保证标记的数据通过某些子网络、中继或链路。连接的发起者可以提出有关路由选择的警告，要求回避某些特定的子网络、链路或中继。

2.3.8　公证机制

在两个或多个实体间通信的数据特性（如完整性、源点、时间和目的地）可以由公证机构加以保证，这种保证由第三方公证人提供。

公证人为通信实体所信任并掌握必要的信息，以可以证实的方式提供所需要的保证。根据公证人提供的服务，每个通信实体可采用数字签名、加密和完整性机制。当调用上述机制时，数据可通过受保护的通信实体和公证人在各通信实体之间进行通信。

2.4　密码技术基本原理

密码技术是信息安全技术中的关键技术之一，密码技术的发展历程，密码技术的基本原理，现代密码学的基本原则是本节介绍的主要内容。

2.4.1　密码技术发展及基本原理

密码技术在前科学时代（古代到 1948 年）主要是隐写术，包括藏头诗之类；科学时代（1948 年到 1976 年），以香农（EShan-non）发表《通信保密与数学基础》为里程碑，主要研究对称密码算法和分析；现代密码学时代（1976 年到现在），以提出非对称（公钥）密码思想为标志，非对称密码体制及相关技术迅速发展，并得到广泛应用。

密码技术的基本原理是在不依赖通信网络的物理安全性前提下实现信息安全，通过对网络传输数据的变换信息的表示形式（加密）来伪装需保护的敏感信息。根据加密密钥作用方式的不同，数据加密技术分为对称型加密和非对称型加密，目前在分布式系统环境下已经广泛使用和部署的主要加密技术有：RSA、DES、IDEA、PGP、RC4、MD5、IPSec 认证、用户/密码认证、摘要算法的认证、PKI 的认证以及数字签名等。

密码技术包括密码编码和密码分析，密码编码是将明文变成密文和把密文变成明文的技术，密码分析是指在未知加密算法中使用的原始密钥情况下把密码转换成明文的步骤和运算。加密算法（或称密码算法）是在密钥控制下的一族数学运算。密码技术主要研究通信保密，而且目前仅限于计算机及其保密通信。它的基本思想就是伪装信息，使未授权者不能理解截获数据的含义。所谓伪装，就是对信息系统的信息（如数据、软件中的指令）进行一组可逆的数学变换。伪装前的原始信息称为明文（Piaintext-P），伪装后的信息称为密文（Cipkertert-C），伪装的过程称为加密（Encryption–E），加密要在加密密钥（Key-K）的控制下进行。用于对信息进行加密的一组数学变换，称为加密算法。发信者将明文数据加密成密文，然后将密文数据存储、传输。授权的接收者收到密文数据之后，进行与加密相逆的变换，去掉密文的伪装，恢复明文的过程称为解密（Decryption-D）。解密是在解密密钥的控制下进行的，用于解密的一组数学变换称为解密算法。对明文进行加密的主体叫加密者，接收密文的主体叫接收者，加密和解密过程组成加密系统，明文和密文统称为报文。加密系统采用的基本工作方式称为密码体制，它是密码技术中的关键概念。密码体制的基本要素是密码算法和密钥，其中密码算法是一些公式、法则或程序，而密钥则可看成是密码算法中的可变参数。

2.4.2 现代密码学的基本原则

现代密码学的基本原则是：一切秘密寓于密钥之中，即加密系统总是假定密码算法可公开，真正保密的只是密钥。密码算法的基本要求是在已知密钥条件下的计算应是简洁有效的，而不知道密钥条件下的解密计算是不可行的。理论上通过穷尽所有可能的密钥值（密钥的长度有限）总可以破译密文的内容，但是若密钥长度足够，穷举法不能在所需的时间或可承受的成本内完成，破译就没有意义。宏观评估加密算法的安全性主要考虑：破译的代价是否大于可能获得的结果；破译的时间是否大于结果的有效期；是否能产生足够多的数据供破译使用。

加密系统在网络环境下可能会受到主动（篡改、干扰、重放、假冒）攻击和被动（窃听）攻击。按照攻击的目标（彻底攻破、全局推演、实例推演或信息推演），对密码系统可采取下列攻击方法，如图 2-1 所示。

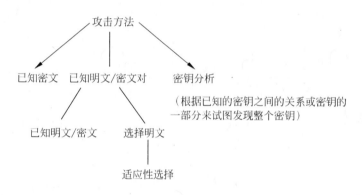

图 2-1　对加密系统的常用攻击方法

被动攻击的首要目的在于试图了解密文和密钥的内容，包括：未知算法仅从密文进行破译；在已知算法的前提下根据密文进行破译；在已知算法的前提下，攻击者拥有部分密文和对应的明文来对密钥破译；攻击者已掌握了装有加密密钥的加密装置，无法获得密钥，但能有选择地收集到任意出现的明文和与之对应的密文信息；攻击者已拥有装有解密密钥的解密装置，希望能够找出加密密钥。

主动攻击的意图在于篡改或伪造密文，以达到伪造明文的目的，包括：攻击者可以（像合法用户一样）发送加密的信息；攻击者可以截获或重发信息（重放）；攻击者可以任意篡改信息。另外，破译某种密码算法的能力意味着今后可获得更多的明文，很有意义，因此破译者大多不会主动承认对某种密码算法的破译能力。各种攻击的存在使得完整的加密系统要有数据鉴别和数据完整性保护设施。加密系统的各元素及其关系如图 2-2 所示。

需要注意的是，加密算法的安全强度可以用数学的方法来保证，但攻击者采用社会工程套取密钥、密码甚至明文来攻击密码系统往往要容易得多。

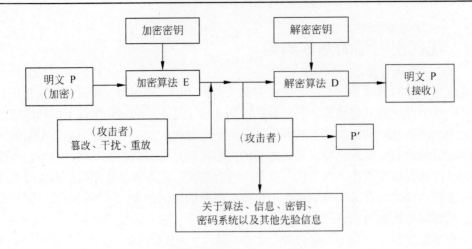

图 2-2　加密系统中各元素的关系

密码编码学基于算法的分类如图 2-3 所示，从中可以比较宏观地把握密码编码学的总体框架。每种算法在信息安全保障中都有不同的应用，一个分布式网络环境的应用系统，为保障信息的机密性、完整性、可用性可能需要组合使用图 2-3 中的 3 大类算法（非密钥系列、对称密钥系列、公开密钥系列）和相关技术，应掌握密码学的分类方法。

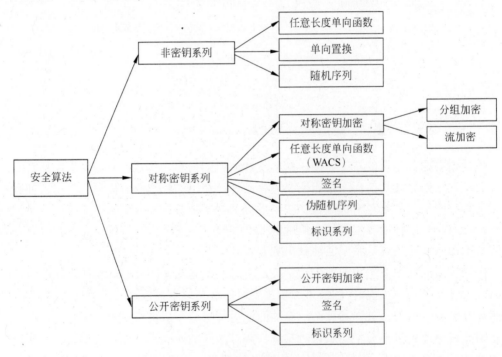

图 2-3　密码编码学基于算法的分类

自身密钥式密码算法（连锁替换式密码算法）加密时先利用数据中前面的字母作为相邻后面字母的密钥进行加密，然后再把前面的密文字母作为后面相邻明文字母的密钥逐次进行加密。这种使数据内容彼此相关的方法已广泛地被现代基于计算机处理的加密算法用来进行数据完整性保护。

2.5　信息服务的可用性原理

信息服务的可用性是信息系统发展的必要条件，本节主要介绍信息服务可用性和高可用性基本原理概念，信息服务可用性的主要目标，实现信息网络系统的高可用性主要应用技术。

2.5.1　信息服务可用性基本概念

可用性是指系统的一个或多个部件发生故障导致系统性能下降或客户服务中断的程度。可用性（availability）这个词的字面意义。可用性（名词）是指需要时，可以获得的质量。换句话说，信息服务的可用性是指需要时信息服务可以使用。这个定义简单且意义深刻。比如，当您登录到一个交易处理系统或者浏览一个网站时，希望能够进入交易或者看到站点应当提供的信息。工作人员在上班时间可以接入交易处理系统或 Web 服务，而在非工作日可将系统关闭，进行备份或其他维护。

可用信息服务设计的基本原理：需要时，信息服务必须尽可能可用。也就是说，对于只在白天上班的工作人员，信息服务没有必要在晚间也保持持续可用性。同样道理，路由电话呼叫或提供紧急服务的系统却必须每天二十四小时都可用。可用信息服务设计的关键在于，准确分析服务的可用性需求，然后设计系统和操作程序，使系统能够满足上述需求。

2.5.2　信息服务可用性的主要目标

（1）影响信息服务可用性的两个重要因素。

① 性能：许多系统尽管在功能上可用，但性能水平却因部分功能的丧失而下降。当一个网上购物站点的硬盘或集群处理器发生故障时，虽然仍然能够接收订单，但其整体服务效能却会下降。当今系统的设计通常都可以做到当某些部件发生故障时，仍然可以继续提供服务，但性能水平则会下降。

② 功能：即使故障使系统不能按设计的正常状态运行，但它还能够提供某些价值。比如，当一个预定系统的交易数据库正在备份，可能暂时不能接受新的预定，但它仍然能够检查预定状态并回复其他询问。

（2）设计可用信息服务的目标主要。

① 当需要使用时。

② 故障环境下具有足够的性能。

③ 故障环境下具有足够的功能。

并不是所有系统都必须每天二十四小时可用，并保持其所有功能的最佳性能水平。可用性的基本作用是能够让可用系统的设计者设计出满足企业可用性需求的系统，同时是负担得起的。

2.5.3 信息服务的高可用性

随着企业的成功越来越依赖于他们的信息技术服务，而实际上是，企业信息服务的可用性对于企业的生存越来越重要。信息服务管理人员很容易相信，仅有可用系统是远远不够的。如果信息服务对企业的生存很重要，很显然，企业的信息服务应当基于高可用系统而不是低可用系统。

国际存储网络工业协会（The Storage Networking Industry Association，SNIA）在线辞典定义的高可用性：系统在相当长的一段时间内连续（没有中断）执行其功能的能力。这个相当长的时间是指该系统的各部件的正常运营时间比业界建议的可靠运行时间还要长。高可用性大多数情况下通过容错来实现。高可用性是一个不容易量化的术语。无论是系统高可用性的范围，还是高可用性的程度，都必须按照个案分析的原则才能清楚理解。

通常信息服务高可用性是：系统能够让其用户及时完成他们的工作任务，即使某些功能发生故障，只有这样，该系统才具有高可用性。应当通过以下两个方面确定系统的可靠性程度：一是系统的重要性；二是系统使用的频率。对于一个只在八小时工作日使用的系统，每天晚间（停机）将它的数据库复制到一个远程站点用于灾难恢复是适当的，而对于一个需要连续使用的系统而言，这种方法就不适合。

2.5.4 实现网络信息系统的高可用性

使系统具有高可用性而采用的主要技术如下。

（1）用现有组件配置计算机系统。

（2）确定最可能发生故障的系统组件。

（3）为已经确定为容易发生故障的组件安装、配置冗余组件，这样某一个组件出现故障另一个组件可以接管它。系统组件，无论多么可靠，最终都会失效。增加冗余组件配置，能够自动替换，防止部件故障导致严重系统停机。系统能够自动替换故障组件，而不需要中断系统，等待手工替换。高可用系统很大程度上依赖于监控系统组件的软件，并在必要时将功能切换到冗余组件。

软件通过几种形式使计算机系统具有高可用性。

（1）磁盘子系统固件和基于服务器的卷管理器，监控磁盘镜像并在故障发生时重新定向输入/输出数据流。

（2）运行在服务器端或智能存储设备上的多路径软件（如 VERITAS 的卷管理器或EMC 的 PowerPath）检测存储设备的故障，并响应和重定向输入/输出请求到预备路径。

（3）故障冗余管理软件监控应用，如果同一服务器或其他服务器上的应用不能响应时则重新启动。

（4）网络软件检测到远端计算机的响应故障时，输入/输出请求将被重定向到备用网络路径。

（5）网络交换机和路由器相互监控，当检测到故障时，会将流量自动路由到备用路径。

2.5.5　部件故障和宕机

计算机系统中的任何组件都可能出现故障。设计高可用系统的关键是预测最可能发生的故障，并以此配置系统的硬件、软件和程序，这样，当某个组件发生故障时，系统才能尽快恢复。

（1）最常见的部件故障如下。

① 系统崩溃。

② 应用程序崩溃。

③ 磁盘崩溃。

④ 磁盘已满。

⑤ 网络故障。

⑥ 断电。

⑦ 数据中心故障。

⑧ 建筑物灾难。

⑨ 较大范围的灾难。

高可用性技术的一个明显优势就是能够让系统保持运营（尽管系统的性能级别可能下降），并且能够从第二次故障或灾难中恢复，当然需要采取完全恢复措施，如图 2-4 所示。

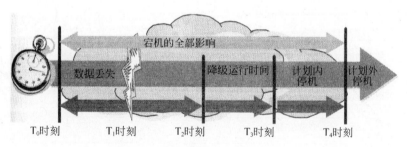

图 2-4　全部宕机时间示意图

（2）全部宕机时间。我们关心降级运行时间，主要是因为如果在降级运行期间发生第二次故障，再从第二次故障或灾难中恢复几乎不可能，从而导致更长的停机时间，是指系统宕机时间 T_2 到系统恢复服务时间 T_3 之间的间隔。时间 T_3 和时间 T_4 之间的间隔，也是灾难恢复要考虑的最后一个时段。这一时段代表了完成从故障或灾难的恢复必须安排的计划内停机。对于磁盘故障，计划内停机是必需的，以便替换机柜中的故障磁盘。对于毁坏数据中心的灾难，当被毁的数据中心重新组建和重新设置之后，通常需要计划内停机，这样信息服务便能够从恢复站点转回主要站点。

在宕机的 4 个时段中，时间长短与成本和复杂性此消彼长。目前的技术可以将每一个时段缩减到最小，但在某些情况下，采用这些技术的实际成本会非常高。设计信息服务可用性策略时，必须考虑宕机的每一个时段对服务恢复的重要性。

① 恢复时间。

② 数据实时性或恢复点。

③ 降级运行时间。

④ 计划内停机。

缩短这几个时段非常重要，因此有必要根据企业的信息服务要求、企业希望防护的故障或灾难类型进行投资。

从以上例子看出，规划信息服务的灾难恢复相当于规划较简单的局部故障恢复，换句话说，从信息技术的角度来看，对系统提供灾难保护相当于对数据中心提供故障保护（显然，使整个数据中心瘫痪的灾难事件对个人和整个企业的后勤保障都会产生影响：而一般情况下，数据中心内部的事故影响没有这么大）。灾难恢复策略是与企业提供高可用信息服务必不可缺的部分。

不同的信息服务有不同的可用性要求。有些系统对企业的运营十分关键，哪怕是短暂的宕机都不能接受。对于有些服务，长时间的宕机可能会造成违法事件或者企业的全盘瘫痪。有的服务非常重要，必须防止宕机，但可以接受短时或适度宕机。然而有的服务对可用性的要求并不高，可以容忍长时间岩机，至少在某些非关键时间可以容忍。用于提高信息服务可用性的技术及投资成本如图 2-5 所示。

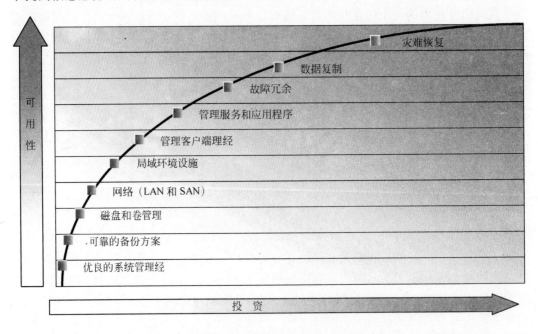

图 2-5　用于提高信息服务可用性的技术及投资成本

可用性的高成本是企业运营在关键信息服务方面的投资。企业投资开发和运营信息服务，是因为信息服务或多或少对企业很重要。由于预料之外的故障或灾难引起宕机是企业规划的失误。关键系统必须受到适当级别的容错和容灾保护,从而提供必要的可用性。由于更高级别的容错系统更复杂,需要的资源更多,因此可用性成本的增长速度比可用性的增长更快。通常的规则是:服务系统的可用性每增加一个级别,提供特定信息服务的成本就增加 10 倍,图 2-5 显示了这个规则。图 2-5 表明了使用某些特定技术实现高级别可用性成本。我们强调:灾难可恢复性通常建立在高可用局域系统基础之上,从而保障系统能够从局域故障中恢复。

2.6　OSI 与 TCP/IP 参考模型

OSI 参考模型定义了开放系统的层次结构和各层所提供的服务。它清晰地分开了服务、接口和协议这 3 个容易混淆的概念。TCP/IP 模型包含了一簇网络协议,TCP 和 IP 是其中最重要的两个协议,它们虽然都不是 OSI 的标准协议,但事实证明它们工作得很好,已经被公认为事实上的标准,也是国际互联网所采用的标准协议。

2.6.1　开放系统互连参考模型

开放系统互连参考模型(Open Systems Interconnection Reference Model)简称 OSI 参考模型,由国际标准化组织 ISO 在 20 世纪 80 年代初提出,即 ISO/IEC7498,定义了网络互联的基本参考模型。它最大的特点是开放性。不同厂家的网络产品,只要遵照这个参考模型,就可以实现互连、互操作和可移植性,也就是说,任何遵循 OSI 标准的系统,只要物理上连接起来,它们之间都可以互相通信。

OSI 参考模型定义了开放系统的层次结构和各层所提供的服务。它清晰地分开了服务、接口和协议这 3 个容易混淆的概念。服务描述了每一层的功能,接口定义了某层提供的服务如何被高层访问,而协议是每一层功能的实现方法。通道区分这些抽象概念,OSI 参考模型将功能定义与实现细节分开来,概括性高,使它具有普遍的适应能力。

OSI 参考模型是有 7 个层次的框架,如图 2-6 所示。

从下向上的 7 个层次分别是物理层、数据链路层、网络层、传输层、会话层、表示层和应用层。该模型有下面几个特点。

(1)每层的对应实体之间都通过各自的协议通信。

(2)各个计算机系统都有相同的层次结构。

(3)不同系统的相应层次有相同的功能。

(4)同一系统的各层次之间通过接口联系。

(5)相邻的两层之间,下层为上层提供服务,同时上层使用下层提供的服务。图 2-6 中点划线框内是通信子网,它和网络硬件(如网卡、交换机和路由器)的关系密切;而从传输层开始向上,不再设计通信子网的细节,只考虑最终通信者之间端到端的通信问题。

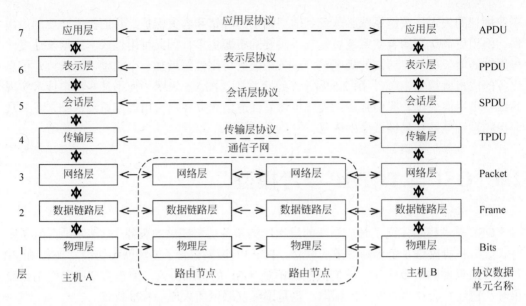

图 2-6　OSI 参考模型示意图

1. 物理层

物理层（Physical Layer）负责在计算机之间传递数据位，它为在物理媒体上传输的比特流建立规则。该层定义电缆如何连接到网卡上，以及需要用何种传送技术在电缆上发送数据；同时还定义了位同步及检查。物理层表示软件与硬件之间的实际连接，定义其上一层——数据链路层所使用的访问方法。

物理层是 OSI 参考模型的最低层，向下直接与物理传输介质相连接。物理层协议是各种网络设备进行互连时必须遵守的低层协议。设立物理层的目的是实现两个网络物理设备之间二进制比特流的透明传输，对数据链路层屏蔽物理传输介质的特性，以便对高层协议有最大的透明性。

物理层主要特点如下。

（1）物理层主要负责在物理连接上传输二进制比特流。

（2）物理层提供为建立、维护和释放物理连接所需要的机械、电气、功能与规程的特性。

在几种常用的物理层标准中，通常将具有一定数据处理及发送、接收数据能力的设备称为数据终端设备（Data Terminal Equipment，DTE），而把介于 DTE 与传输介质之间的设备称为数据电路终端设备（Data Circuit-terminating Equipment，DCE）。DCE 在 DTE 与传输介质之间提供信号变换和编码功能，并负责建立、维护和释放物理连接。DTE 可以是一台计算机，也可以是一台 I/O 设备。DCE 的典型设备是与电话线路连接的调制解调器。

在物理层通信过程中，DCE 一方面要将 DTE 传送的数据，按比特流顺序逐位发往传输介质，同时也需要将从传输介质接收到的比特流顺序传送给 DTE。因此在 DTE 与 DCE 之间，既有数据信息传输，也应有控制信息传输，这就需要高度协调地工作，需要制定 DTE 与 DCE 接口标准，而这些标准就是物理接口标准。

物理接口标准定义了物理层与物理传输介质之间的边界与接口。物理接口的 4 个特性如下。

（1）机械特性。物理层的机械特性规定了物理连接时所使用可接插连接器的形状和尺寸，连接器中引脚的数量与排列情况等。

（2）电气特性。物理层的电气特性规定了在物理连接上传输二进制比特流时线路上信号电平高低、阻抗及阻抗匹配、传输速率与距离限制。早期的标准定义了物理连接边界点上的电气特性，而较新的标准定义了发送和接收器的电气特性，同时给出了互连电缆的有关规定。新的标准更有利于发送和接收电路的集成化工作。

（3）功能特性。物理层的功能特性规定了物理接口上各条信号线的功能分配和确切定义。物理接口信号线一般分为：数据线、控制线、定时线和地线。

（4）规程特性。物理层的规程特性定义了信号线进行二进制比特流传输线的一组操作过程，包括各信号线的工作规则和时序。不同物理接口标准在以上 4 个重要特性上都不尽相同。

2. 数据链路层

数据链路层（Data-link Layer）是 OSI 模型中极其重要的一层，它把从物理层来的原始数据打包成帧。帧是放置数据的、逻辑的、结构化的包。数据链路层负责帧在计算机之间的无差错传递。

数据链路层是 OSI 参考模型的第二层，它介于物理层与网络层之间。设立数据链路层的主要目的是将一条原始的、有差错的物理线路变为对网络层无差错的数据链路。为了实现这个目的，数据链路层必须执行链路管理、帧传输、流量控制、差错控制等功能。

在 OSI 参考模型中，数据链路层向网络层提供以下基本的服务。

（1）数据链路建立、维护与释放的链路管理工作。

（2）数据链路层服务数据单元帧的传输。

（3）差错检测与控制。

（4）数据流量控制。

（5）在多点连接或多条数据链路连接的情况下，提供数据链路端口标识的识别，支持网络层实体建立网络连接。

（6）帧接收顺序控制。

数据链路层的服务用户是网络层实体，它为网络层提供服务，同时它又使用物理层所提供的服务。数据链路层对等实体间的通信一般要经过数据链路建立、数据传输与数据链路释放 3 个阶段。

数据链路连接与物理连接的关系如下。

（1）当链路两端节点处于关闭状态时，连接这两个节点的物理线路处于静止状态。

（2）当链路两端节点开机后，由于物理层协议的作用，这两个节点之间已经可以通过物理线路进行比特流传输；但是由于没有建立数据链路，因此传输是不可靠的。在节点开机后至未建立数据链路的这段时间物理线路处于空闲状态。

（3）数据链路从建立到释放阶段称为物理线路活动状态，这段时间称为数据链路生存期。

（4）链路两端的节点从开机到关机的时间段称为物理连接生存期。

3．网络层

网络层（Network Layer）定义网络层实体通信用的协议，它确定从源节点沿着网络到目的节点的路由选择，并处理相关的控制问题，如交换、路由和对数据包阻塞的控制。

数据链路层协议是相邻两个直接连接节点间的通信协议，设置网络层的主要目的就是要为报文分组以最佳路径通过通信子网到达目的主机提供服务，而网络用户不必关心网络的拓扑结构与所使用的通信介质。

OSI 参考模型规定网络层的主要功能有以下三点。

（1）路径选择与中继。在点—点连接的通信子网中，信息从源节点出发，要经过若干个中继节点的存储转发后，才能到达目的节点。通信子网中的路径是指从源节点到目的节点之间的一条通路，它可以表示为从源节点到目的节点之间的相邻节点及其链路的有序集合。一般在两个节点之间都会有多条路径选择。路径选择是指在通信子网中，源节点和中间节点为将报文分组传送到目的节点而对其后继节点的选择，这是网络层所要完成的主要功能之一。

（2）流量控制。网络中多个层次都存在流量控制问题，网络层的流量控制则对进入分组交换网的通信量加以一定的控制，以防因通信量过大造成通信子网性能下降。

（3）网络连接建立与管理。在面向连接服务中，网络连接是传输实体之间传送数据的逻辑的、贯穿通信子网的端对端通信通道。

4．传输层

传输层（Transport Layer）的任务是向用户提供可靠的、透明的、端到端（End to End）的数据传输，以及差错控制和流量控制机制。由于它的存在，网络硬件技术的任何变化对高层都是不可见的，也就是说，会话层、表示层、应用层的设计不必考虑底层硬件细节，因此传输层的作用十分重要。

所谓端到端是相对链接而言的。OSI 参考模型的四层到七层属于端到端方式，而一到三层属于链接方式。在传输层，通信双方的两机器之间，有一对应用程序或进程直接对话，它们并不关心底层的实现细节，底层的链接方式就不一样，它要负责处理通信链路中的任何相邻机器之间的通信。

网络层通过网络层与传输层的接口向传输层提供服务，同样传输层也通过与高层的接口向高层提供服务。传输层提供服务的类型是在连接建立时确定的，最重要的服务是端到端的、可靠的、面向连接的字节流服务，在这种方式下，信息单元的传递是严格按照发送顺序执行的。传输层的协议必须能够在不可靠的通信子网上进行连接管理：包括"三次握手"（three-way hand shake）式的连接建立、维护连接，以及释放连接。即便在比较可靠的通信子网上，传输层的协议也有大量工作要做，如处理服务原语、维护连接等。

传输层的功能是在网络层提供服务的基础上建立的。一般情况下，传输层为每一条传输连接生成一条网络连接，需要高吞吐率的传输连接可以同时占用多条网络连接，相反，为了节省网络带宽及降低费用，也可以有多条传输连接复用同一条网络连接。

传输层的另一个重要功能是流量控制，因为本层的流量控制是关于通信主机端到端之间的，所以与其他层的流量控制有明显不同。

5. 会话层

会话层（Session Layer）允许在不同机器上的两个应用建立、使用和结束会话，在会话的两台机器间建立对话控制，管理哪边发送、何时发送、占用多长时间等。

会话层建立在传输层之上，由于利用传输层提供的服务，使得两个会话实体之间不考虑它们之间相隔多远、使用什么样的通信子网等网络通信细节，进行透明的、可靠的数据传输。当两个应用进程进行相互通信时，希望有第三者的进程能组织它们的通话，协调它们之间的数据流，以便使应用进程专注于信息交互，设立会话层就是为了达到这个目的。从 OSI 参考模型看，会话层之上各层是面向应用的，会话层之下各层是面向网络通信的。会话层在两者之间起到连接的作用。会话层的主要功能是向会话的应用进程之间提供会话组织和同步服务，对数据的传送提供控制和管理，以达到协调会话过程、为表示层实体提供更好的服务。

会话层与传输层有明显的区别。传输层协议负责建立和维护端到端的逻辑连接。传输服务比较简单，目的是提供一个可靠的传输服务。但是由于传输层所使用的通信子网类型很多，并且网络通信质量差异很大，这就造成传输协议的复杂性。而会话层在发出一个会话协议数据单元时，传输层可以保证将它正确地传送到对等的会话实体，从这点看，会话协议得到了简化。但是为了达到为各种进程服务的目的，会话层定义的为数据交换用的各种服务是非常丰富和复杂的。

会话层定义了多种服务可选择，并将相关的服务组成了功能单元。目前定义有 12 个功能单元，每个功能单元提供一种可选择的工作类型，在会话建立时可以就这些功能单位进行协商。最重要的功能单元提供会话连接、正常数据传送、有序释放、用户放弃与提供者放弃 5 种服务。为了方便用户选择使用合适的功能单元，会话服务定义了如下 3 个子集。

（1）基本组合子集。为用户提供会话连接建立、正常数据传送、令牌（TOKEN）的处理及连接释放等基本服务。

（2）基本同步子集。在基本组合子集的基础上增加为用户通信过程同步功能，能在出错时从双方确认的同步点重新开始同步。

（3）基本活动子集。在基本组合子集的基础上加入了活动的管理。会话服务可分为两个部分：会话连接管理和会话数据交换。会话连接管理服务使得一个应用进程在一个完整的活动或事务处理中，通过会话连接与另一个对等应用进程建立和维持一条会话通道。

在已经建立会话连接上的正常数据交换方式是双工方式。会话层同时允许用户定义另外两种工作方式：单向通信与半双工方式。

6．表示层

表示层（Presentation Layer）包含了处理网络应用程序数据格式的协议。表示层位于应用层的下面和会话层的上面，它从应用层获得数据并把它们格式化以供网络通信使用。该层将应用程序数据排序成一个有含义的格式并提供给会话层。这一层也通过提供诸如数据加密的服务来负责安全问题，并压缩数据以使得网络上需要传送的数据尽可能少。

表示层位于 OSI 参考模型的第六层。比它的低五层用于将数据从源主机传送到目的主机，而表示层则要保证所传输的数据经传送后其意义不改变。表示层要解决的问题是：如何描述数据结构并使之与机器无关。在计算机网络中，互相通信的应用进程需要传输的是信息的语义，它对通信过程中信息的传送语法并不关心。表示层的主要功能是通过一些编码规则定义在通信中传送这些信息所需要的传送语法。

7．应用层

应用层（Application Layer）是最终用户应用程序访问网络服务的地方。应用层是 OSI 参考模型的最高层，它为用户的应用进程访问 OSI 环境提供服务。OSI 关心的主要是进程之间的通信行为，因而对应用进程所进行的抽象只保留了应用进程与应用进程间交互行为的有关部分。这种现象实际上是对应用进程某种程度上的简化。经过抽象后的应用进程就是应用实体（Application Entity，AE）。对等应用实体间的通信使用应用协议。应用协议的复杂性差别很大，有的涉及两个实体，有的涉及多个实体，而有的应用协议则涉及两个或多个系统。目前已成为 OSI 标准的应用层协议有如下几种。

（1）文件传送、访问与管理协议（File Transfer,Access and Management，FTAM）。

（2）公共管理信息协议（Common Management Information Protocol，CMIP）。

（3）虚拟终端协议（Virtual Terminal Protocol，VTP）。

（4）事务处理协议（Transaction Processing，TP）。

（5）远程数据库访问协议（Remote Database Access，RDA）。

（6）制造业报文规范协议（Manufacturing Message Specificationhmsh，MMS）。

（7）目录服务协议（Directory Service，DS）。

（8）报文处理系统协议（Message Handling System，MHS）。

2.6.2 OSI 参考模型中的数据传输

图 2-7 是 OSI 参考模型中数据的传输方式。所谓数据单元是指各层传输数据的最小单位。图 2-7 中最右边一列交换数据单元名称，是指各个层次对等实体之间交换的数据单元的名称。所谓协议数据单元（PDU）就是对等实体之间通过协议传送的数据。应用层的协议数据单元为 APDU（Application Protocol Data Unit），表示层的用户数据单元叫 PPDU，以此类推。网络层的协议数据单元，通常称为分组或数据包（Packet），数据链路层是数据帧（Frame），物理层是比特。图 2-7 中自上而下的实线表示的是数据的实

际传送过程。发送进程需要发送某些数据到达目标系统的接收进程，数据首先要经过本系统的应用层，应用层在用户数据前面加上自己的标识信息（H7），叫作头信息。H7 加上用户数据一起传送到表示层，作为表示层的数据部分，表示层并不知道哪些是原始用户数据、哪些是 H7，而是把它们当作一个整体对待。同样，表示层也在数据部分前面加上自己的头信息 H6，传送到会话层，并作为会话层的数据部分。这个过程一直进行到数据链路层，数据链路层除了增加头信息 H2 以外，还要增加一个尾信息 T2，然后整个作为数据部分传送到物理层。物理层不再增加头（尾）信息，而是直接将二进制数据通过物理介质发送到目的节点的物理层。目的节点的物理层收到该数据后，逐层上传到接收进程，其中数据链路层负责去掉 H2 和 T2，网络层负责去掉 H3，一直到应用层去掉 H7，把最原始用户数据传递给了接收进程。

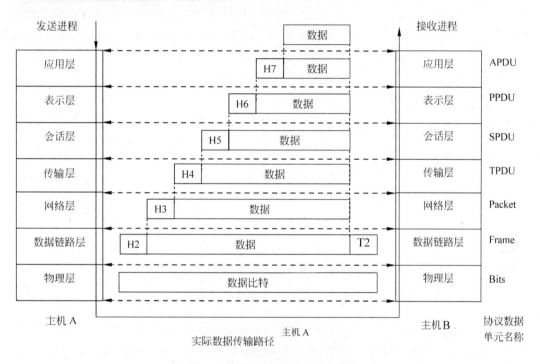

图 2-7　OSI 参考模型中的数据传输

　　这个在发送节点自上而下逐层增加头（尾）信息，而在目的节点又自下而上逐层去掉头（尾）信息的过程叫作封装（eIleapsulation），封装是在网络通信中很常用的手段。
　　协议数据单元主要用于描述同一层次中的对等实体之间的虚连接，如图 2-7 中的横向带箭头虚线所示。纵向传输的数据用接口数据单元（IDU）表示。接口数据单元指相邻层次之间通过接口传递的数据，它分为两部分，即接口控制信息和服务数据单元。其中，接口控制信息只在接口局部有效，不会随数据一起传递下去，而服务数据单元，是真正提供服务的有效数据，它的内容基本上与协议数据单元一致。用简单的公式表示就是：接口数据单元 = 控制信息 + 服务数据单元。
　　服务数据单元是用于层与层接口的概念，而协议数据单元用于描述同一层次对等实体之间交换的数据，是一个逻辑上的概念，实际上，第 N 层的协议数据单元要作为 N 层与 N-1 层接口的服务数据单元传递给 N-1 层。

2.6.3　TCP/IP 参考模型

ARPANET 的主要目的是为了应付第二次世界大战以后美苏两个超级大国冷战的需要，保证一旦网络受到部分破坏，其他部分仍然能够正常工作。当时 ARPANET 已经实现了异种机互连，而且数据传输方式也多种多样。最初，它的网络连接方式只有租用线路一种，后来随着卫星微波等多种通信手段的加入，最初的协议设计已不能满足不断变化的需求。因此需要设计一种灵活的、可靠的、能够对异种网络实现无缝连接的体系结构，它就是 TCP/IP 参考模型。如图 2-8 所示，TCP/IP 模型包含了一簇网络协议，TCP 和 IP 是其中最重要的两个协议，它们虽然都不是 OSI 的标准协议，但事实证明它们工作得很好，已经被公认为事实上的标准，也是国际互联网所采用的标准协议，如图 2-8 所示。

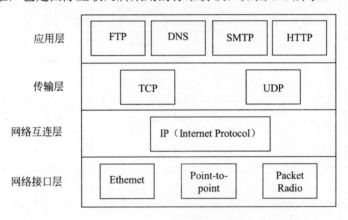

图 2-8　TCP/IP 参考模型示意图

TCP/IP 参考模型中的各个协议在 RFC（Request For Comments）文档中都有详细的定义。RFC 主要是关于国际互联网协议标准及建议草案等方面的技术文档。

1．网络接口层

网络接口层（Host-tbnetwork Layer），也称为主机—网络层。在 TCP/IP 参考模型中没有详细定义这一层的功能，只是指出通信主机必须采用某种协议连接到网络上，并且能够传输网络数据分组。具体使用哪种协议，在本层里没有规定。实际上根据主机与网络拓扑结构的不同，局域网基本上采用了 IEEE 802 系列的协议，如 IEEE 802.3 以太网协议、IEEE 802.5 令牌环网协议；广域网较常采用的协议有 PPP（Point-to-Point）、帧中继、X.25 等。

2．网络互连层

网络互连层（Internet Layer）的主要功能是负责在互联网上传输数据分组。网络互连层与 OSI 参考模型的网络层相对应，相当于 OSI 参考模型中网络层的无连接网络服务。

网络互连层是 TCP/IP 参考模型中最重要的一层，它是通信的枢纽，从底层来的数据包要由它来选择继续传给其他网络节点或是直接交给传输层，对从传输层来的数据包，要负责按照数据分组的格式填充报头，选择发送路径，并交由相应的线路发送出去。

在网络互连层，主要定义了网络互连协议（Internet Protocol，IP）及数据分组的格式。它的主要功能是路由选择和拥塞控制。另外，本层还定义了地址解析协议 ARP、反向地址解析协议 RARP 及 ICMP 协议。

3. 传输层

传输层（Transport Layer）的主要功能是负责端到端的对等实体之间进行通信。它与 OSI 参考模型的传输层功能类似，也对高层屏蔽了底层网络的实现细节，同时它真正实现了源主机到目的主机的端到端的通信。TCP/IP 参考模型的传输层完全是建立在包交换通信子网基础之上的。TCP/IP 的传输层定义了两个协议：传输控制协议（Transport Control Protocol，TCP）；用户数据报协议（User Datagram Protocol，UDP）。

TCP 协议是可靠的、面向连接的协议。它用于包交换的计算机通信网络、互连系统及类似的网络上，保证通信主机之间有可靠的字节流传输。UDP 协议是一种不可靠的、无连接协议。它最大的优点是协议简单，额外开销小，效率较高；缺点是不保证正确传输，也不排除重复信息的发生。

需要可靠数据传输保证的应用应选用 TCP 协议；相反，对数据精确度要求不是太高，而对速度、效率要求很高的环境，如音频和视频的传输，应该选用 UDP 协议。

4. 应用层

应用层（Application Layer）是 TCP/IP 协议簇的最高层。它包含了所有 OSI 参考模型中会话层、表示层和应用层这些高层协议的功能。目前，互联网上常用的应用层协议有以下几种。

（1）简单邮件传输协议（SMTP）：负责互联网中电子邮件的传递。

（2）超文本传输协议（HTTP）：提供 Web 服务。

（3）远程登录协议（TELNET）：实现对主机的远程登录功能，常用的电子公告牌系统 BBS 使用的就是这个协议。

（4）文件传输协议（FTP）：用于交互式文件传输，如下载软件使用的就是这个协议。

（5）网络新闻传输协议（NNTP）：为用户提供新闻订阅功能，每个用户既是读者又是作者。

（6）名字服务（DNS）：实现逻辑地址（如 IP 地址）到域名地址的转换。

（7）简单网络管理协议（SNMP）：对网络设备和应用提供相应的管理。

（8）路由协议（如 RIP/OSPF）：完成网络设备间路由信息的交换和更新。

其中：网络用户经常直接接触的协议是 SMTP、HTTP、TELNET、FTP、NNTP。另外，还有许多协议是最终用户不需直接了解但又必不可少的，如 DNS、SNMP、RIP/OSPF

等。随着计算机网络技术的发展,不断有新的协议添加到应用层的设计中来。

2.6.4 OSI 与 TCP/IP 参考模型的比较

OSI 参考模型和 TCP/IP 参考模型有相同的地方，如都采用了层次结构的概念，但是它们的差别是很大的，不论在层次划分还是协议使用上，都有明显不同。它们都有自己的优点和缺点。

1. 但与 TCP/IP 参考模型的对照关系

如图 2-9 所示，OSI 参考模型与 TCP/IP 参考模型都采用了层次结构，但 OSI 采用的是七层模型，而 TCP/IP 采用的是四层结构。

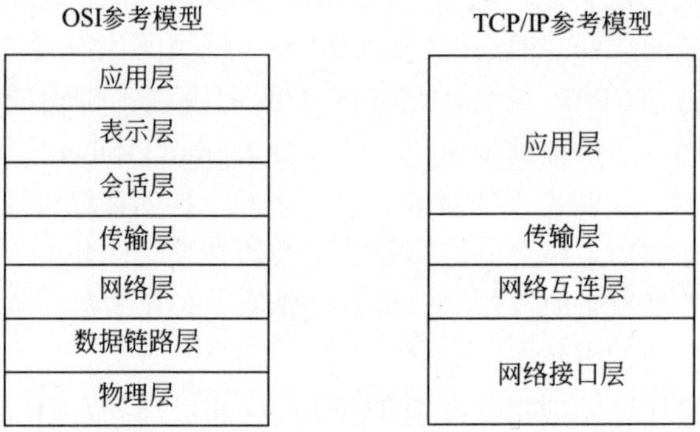

OSI参考模型   TCP/IP参考模型

OSI参考模型	TCP/IP参考模型
应用层	应用层
表示层	
会话层	
传输层	传输层
网络层	网络互连层
数据链路层	网络接口层
物理层	

图 2-9　OSI 与 TCP/IP 参考模型

如前所述，TCP/IP 参考模型的网络接口层实际上并没有真正的定义，只是一些概念性的描述。而 OSI 参考模型不仅分了两层，而且每一层的功能都很详尽，甚至在数据链路层又分出一个介质访问子层，专门解决局域网的共享介质问题。TCP/IP 的网络互连层相当于 OSI 参考模型网络层中的无连接网络服务。

OSI 参考模型与 TCP/IP 参考模型的传输层功能基本类似，都是负责为用户提供真正的端到端通信服务，也对高层屏蔽了底层网络的实现细节。所不同的是 TCP/IP 参考模型的传输层是建立在网络互连层基础之上的，而网络互连层只提供无连接的服务，所以面向连接的功能完全在 TCP 协议中实现，当然 TCP/IP 的传输层还提供无连接的服务，如 UDR 相反 OSI 参考模型的传输层是建立在网络层基础之上的，网络层既提供面向连接的服务，又提供无连接服务，但传输层只提供面向连接的服务。

在 TCP/IP 参考模型中，没有会话层和表示层，事实证明，这两层的功能可以完全包容在应用层中。

2. OSI 与 TCP/IP 参考模型的差异

两个参考模型的优缺点。

OSI 参考模型的抽象能力高，适合于描述各种网络，它采取的是自顶向下的设计方式，先定义参考模型，然后再逐步定义各层的协议，由于定义模型的时候对某些情况预计不足，造成了协议和模型脱节的情况；TCP/IP 正好相反，它是先有了协议之后，人们为了对它进行研究分析，才制定了 TCP/IP 参考模型。当然这个模型与 TCP/IP 的各个协议吻合得很好。但它不适用于描述其他非 TCP/IP 网络。

OSI 参考模型的概念划分清晰，详细地定义了服务、接口和协议的关系，优点是概念清晰，普遍适应性好；缺点是过于繁杂，实现起来很困难，效率低。TCP/IP 参考模型在服务、接口和协议的区别上不清楚，功能描述和实现细节混在一起，因此它对采取新技术设计网络的指导意义不大，也就使它作为模型的意义逊色很多。

TCP/IP 参考模型的网络接口层并不是真正的一层，在数据链路层和物理层的划分上基本是空白，而这两个层次的划分是十分必要的；OSI 参考模型的缺点是层次过多，事实证明会话层和表示层的划分意义不大，反而增加了复杂性。

总之，OSI 参考模型虽然一直被人们所看好，但由于没有把握好时机，技术不成熟，实现起来很困难，迟迟没有一个成熟的产品推出，大大影响了它的发展。相反，TCP/IP 参考模型虽然有许多不尽人意的地方，但近 30 年的实践证明它是比较成功的，特别是近年来国际互联网的飞速发展，也使它获得了巨大的支持。

2.7　国际网络信息安全有关标准的研究与工程应用

信息安全方面的国际标准在网络信息安全工程中起着指导作用，为网络信息安全工程的实施指明了方向。

2.7.1　BS 7799-1：1999 标准的主要内容及工程应用

BS 7799 标准系列有两部分，其中第一部分 BS 7799-1 已被 ISO 采纳为国际标准，标准号为 ISO / IEC 17799-信息安全管理的实施准则。

（1）BS7799 标准为信息系统的安全标准提供基本依据和有效的安全管理实践，使人们有足够的信心去处理组织内部事物。提出管理系统应确立一个明确的政策方向，并且通过在组织中应用和采用该安全政策，这样才可以有效地支持系统信息的安全性。

（2）基本术语和定义。

① 信息安全（information security）：保密性的保持（preservation of confidentiality）。

② 信息的完整性（integrity of information）：信息的可应用性（availability of information）。

③ 保密性：是指确保只有特定权限的人才能够访问到信息。完整是指要保证信息和处理方法的正确和完整。可应用性是指确保哪些已被授权的用户在他们需要的时候，确实可以访问得到信息以及相关内容。

④ 风险评估：即系统信息或者是信息处理系统遭受攻击的可能性，对于这些威胁产生的可能性及其后果的评估。

⑤ 风险管理：即付出可以接受的代价，从而识别、控制和减少影响信息系统安全的风险的过程。

（3）安全组织的目标：管理组织内部的信息安全。

一个管理框架应该是为初始化并控制实现组织内部的信息安全而建立的。合适的系统的管理应支持信息安全政策，指定安全系统中的各类角色，并协调组织内各项因素，以实现信息安全。必要时，在系统内应具备一些专用的信息安全知识，供组织内部使用。同时，完备的信息安全系统应时时与组织外部的安全专家联络，跟踪最新动向，监测标准和评估方法，并在处理安全事件时，提供适当的解决办法。在信息安全系统中应鼓励采用多重接入的方法，例如，在涉及经理、用户、管理者、应用设计者、审计人员和安全职员之间的协作关系时，应根据不同的需求来不同对待，或者在保险及风险管理等领域，需要更专门的技术来实现。

（4）财产划分和控制。

① 财产责任的目标：对组织财产进行适当的保护。

要对所有主要的信息财产负责，所有的财产都应有名义上的所有者。财产责任有助于确保财产受到适当的保护。所有的财产都应明确归属于某个所有者，并划分其维护责任，对其进行适当的控制。实施控制的责任必须委派。财产所有者应负有财产责任。

② 信息划分的目标：确保信息财产得到相应等级的保护。

信息应根据需要、优先级划分为相应的保护等级。信息具有不同的敏感性和危险程度。某些项目需要特别的保护和特殊的处理。信息系统用来定义一系列适当的保护级别，并声明哪些地方需要特别的保护措施。

（5）个人安全。

① 工作定义和资源的安全性的目标：减低人为错误、盗窃、欺骗和系统的滥用。

在招募新员工时，应提及安全责任，并在雇用合同中注明，并在服务期间监督实施。应对即将成为新员工的成员进行观察，尤其在涉及一些敏感的工作时。所有的员工及信息处理设施的第三方的用户应签署保密（不泄露）协议。

② 用户培训的目标：确保用户关注信息安全威胁，并在实际的工作中支持组织的安全政策。

应对用户培训关于安全处理程序的内容，和信息处理设备的正确用法，以减少安全风险。

③ 对安全事件和故障的反应的目标：减少安全事件和故障对系统造成的损害，并从中吸取教训。

影响安全的事件应通过正常的管理渠道尽快汇报。所有的员工和合同人员都应知晓不同类型事件（系统泄露、威胁、弱点或故障）的报告程序，这些事件会对安全和组织财产产生一定的影响。他们应该对观察到的疑点尽快向指定的联络点进行汇报。组织应建立正式严格的纪律来处理那些造成安全泄露的人。为正确地审查整个事件，在事件发生后尽快地收集证据是必要的。

（6）物理及环境安全。

① 安全区域的目标：防止未经授权的访问，破坏及对扰乱商务约定和信息的行为。

重要的或敏感的商务信息处理系统应当局限在安全区域以内,有一定的边界保护,并设置适当的安全屏障和出入控制。在物理环境上远离未授权访问,破坏及干扰。这些保护的级别与其可能遭受的风险是相称的。应制定明确的隔离政策以确保降低对论文,媒质和信息处理系统的未授权访问或破坏所造成的风险。

② 设备安全的目标:防止财产的丢失、损害和危险,和对商务活动的中断。

应对设备进行物理保护,以防安全威胁和环境灾难。为降低未授权访问的风险,和防止数据的丢失和破坏,对设备的保护(包括那些备用的设备)是很必要的。还应考虑设备的放置和安排。为防止未授权访问和灾难,应考虑一些特别的控制方式,以保护支持系统,如电源供应和电缆基础设施。

③ 通用控制的目标:防止对信息和信息处理设备的损害和偷窃。

应对信息和信息处理设备加以保护,以防被未经授权的人泄露,改写或盗窃,并采取措施以降低损失。

(7)通信和操作管理。

① 操作规程和责任的目标:确保正确和安全地操作信息处理设备。

应当建立对所有信息处理设备的管理与操作的责任和程序。这包括适当的操作指南和事故处理程序的开发。应实施责任的划分,适当的时候,应降低疏忽或故意的系统误操作带来的风险。

② 系统计划和验收的目标:降低系统失效带来的风险。为确保获得充足的容量和资源,应提前进行计划和准备。

应进行未来容量需求的计划,减少系统过载的风险。应建立新系统的运行需求,在验收和使用以前进行记录和测试。

③ 对恶意攻击软件的防护的目标:保护软件和信息的完整性。

应加强预防,以防止和检测恶意攻击软件的引入。软件和信息处理设备对易受到恶意软件的攻击,如计算机病毒、网络蠕虫、特洛伊木马和逻辑炸弹。应警告用户未经授权和恶意软件的危险,适当的情况下,管理者应引入特殊的控制以检测和防止其进入系统。特别重要的是实施预防措施,防止和检测在个人电脑的计算机病毒。

④ 日常管理的目标:保持信息处理和通信业务的完整性和可用性。

应建立日常程序,以实施有效的备份策略,备份数据、事件和故障的日志,并试着重装一下确保备份正确,适当的时候,监视系统设备环境。

⑤ 网络管理的目标:确保对网络内的信息和支撑基础设施进行有效的保护。

需要注意可能跨越组织界限方面的安全管理。对在公共网络上进行传送的敏感信息,要考虑进行特别的控制。

⑥ 媒质处理和安全的目标:防止对资产的破坏和对商业活动的中断。存储媒质应加以控制,并进行物理上的保护。

应建立适当的维护程序来保护文档、计算机媒质(磁带、磁盘及卡带等)、输入/输出数据系统文件免受破坏,盗窃和未授权访问。

⑦ 信息和软件的交换的目标:防止在组织间交换的信息丢失,被篡改或滥用。

组织间的信息交换应予以控制,并符合相关立法的要求。交换应依据合同进行。应建立用于保护交换中的信息和媒质的程序和标准。与电子数据交换、电子商务、电子邮件相关的商业和安全影响应加以考虑，并加以适当的控制。

（8）访问控制。

① 访问控制的商业需求的目标：控制对信息的访问。

应在商业和安全需求的基础上，实施对信息访问和商业处理活动的控制。应考虑信息发行和授权的政策。

② 用户访问管理的目标：防止对信息系统的未授权访问。

应建立正式的程序来控制访问信息系统和业务的权利的分配。该程序应覆盖用户访问期间的各个阶段，从新用户的注册到用户销户，即用户无须访问信息系统和业务的时候。应特别注意控制那些能够实施系统控制的访问特权的分配。

③ 用户责任的目标：防止未授权用户访问。

授权用户的协作对有效的安全是十分重要的。用户应知道他们维护有效访问控制的责任，尤其是口令的使用和用户设备的安全性。

④ 网络访问控制的目标：对网络服务进行保护。

应对内部和外部的网络服务的访问进行控制。必须确保能够访问网络和网络服务的用户，不会对网络的安全进行破坏，应注意以下内容。

a．组织网络和其他组织的网络，或公共网络之间有适当的接口。

b．应有对用户和设备进行身份确认的机制。

c．控制用户对信息服务的访问。

⑤ 操作系统访问控制的目标：防止未授权的计算机访问。

应对操作系统加以安全保护，以限制对计算机资源的访问。这些措施应包含如下内容。

a．鉴别和验证身份，必要时对每个授权用户的方位和终端进行鉴别。

b．记录成功和失败的系统访问。

c．提供身份确认的适当手段，如果采用了口令管理系统，应确保使用有质量的口令。

d．适当的时候，限制用户的连接时间。

e．具有一定商业风险的情况下，可采用其他访问控制手段，如对话/应答系统（challenge-response）。

⑥ 应用访问控制的目标：防止对信息系统的信息进行未授权访问。

应采用安全设备来严格控制应用系统内的访问。对软件和信息的逻辑访问应被限制在授权用户的范围内。

a．按照确定的商业访问控制政策，控制用户对信息和应用系统功能的访问。

b．提供对能够改写系统和应用控制的工具和操作系统软件的保护，以防止未授权访问。

c．不会破坏与其他信息系统共享的信息系统安全。

d．可以为拥有者，授权的个人或特殊的用户组，提供对信息系统的访问。

⑦ 监视系统访问和使用的目标：用来发现未授权活动。

应对系统进行监视，以发现违反访问控制政策的活动，并记录可监视的事件，在发生安全事件时，提供证据。系统监视允许用来检查的控制活动的效力，和用来验证访问控制模型的一致性。

⑧ 移动计算和远程工作的目标：当使用移动计算和远程工作设备时，确保信息安全。

这些保护应与这些特定工作方式造成的风险相匹配。当使用移动计算时，应考虑在无保护的环境下进行工作的风险，并进行适当的保护。在远程工作的情况下，组织应对远程工作的地点进行保护，并确保这种工作方式的适当安排。

（9）系统开发与维护。

① 系统的安全需求的目标：确保在信息系统中实现了安全防护。

该项内容包括基础设施，商业应用和用户开发的应用。支持这些应用和服务的商业程序的设计和实现，对于系统的安全性是至关重要的。应在信息系统的开发之前，就明确系统的安全需求并达成一致。

所有的安全需求，包括一些后备的安全需求，应在工程的需求设计阶段提出和确定，达成一致，并作为信息系统的商业文档的一部分加以记录。

② 应用系统中的安全的目标：为防止应用系统中数据的丢失、篡改和滥用。

在应用系统的设计中，应考虑适当的控制和审查记录或活动日志，包括用户手写的应用。这些内容应包括，输入数据、内部处理和输出数据的正确性。

对于处理或与敏感、有价值或重要的组织财产相关的系统需要附加的控制。这种控制应基于安全需求和风险评估来决定。

③ 密码控制的目标：保护信息的保密性、真实性和完整性。

在其他的控制手段不能提供充分的保护时，可以采用密码系统和技术来保护信息。

④ 系统安全的催促的目标：为了保证 IT 项目和支持活动以一种安全的方式被实施。

对系统文件的访问应该被控制。应用系统或者软件的所有者-用户组,研发人员，应对保持系统完整性负责。

⑤ 研发和支持过程的安全问题的目的：为了保持应用系统软件和信息的安全。

应被严格地控制。应用系统的管理人员也应该对工程及其环境的安全性负责，他们必须确认系统及其环境无安全性问题。

（10）BS 7799-1：1999 标准在信息安全示范工程中应用。

对于信息安全管理的实践 BS 7799-1：1999 提出的十大项内容，以及一百二十多条具体的实施细则，本次示范工程中，管理体系和技术体系的开发与运行参考了 BS 7799-1 中定义的信息安全管理实施细则，覆盖或部分覆盖了以下控制类。

① 信息安全方针——为信息安全提供管理方向和保障。

② 组织安全——建立组织内的管理体系以便安全管理。

③ 资产分类和控制——维护组织资产的适当保护系统。

④ 人员安全——减少人为造成的风险。

⑤ 实物和环境安全——防止对 IT 服务的非法介入，损伤和干扰服务。

⑥ 通信和操作管理——保证通信和操作设备的正确和安全维护。

⑦ 访问控制——控制对业务信息的访问。

⑧ 系统开发和维护——在安全系统框架下进行系统开发和维护。

⑨ 业务持续性管理——防止商业活动中断及保护关键商业过程不受重大失误或灾难事故的影响。

⑩ 法律的遵从——避免违反法令、法规、合同约定及其他安全要求的行为。

2.7.2　BS 7799-2：1999 标准的主要内容及工程应用

BS 7799-2：1999 制定了对信息安全管理系统（ISMS）进行建立、执行和文档化的规则和要求，并且规定了如何根据独立个体的需求执行安全管理，为第一部分中提出的实施细则的实现指明途径。

1. 信息管理系统需求

组织将建立并且保持 ISMS 文档。重点在于受保护的对象：风险管理，控制对象，控制和信用度。

（1）建立管理框架

以下步骤用于对控制对象和控制进行识别和管理。

① 定义信息安全政策。

② 信息安全管理系统的范围将被定义，将利用组织、位置、资产、技术等方面的技术对其界限进行定义。

③ 适当的风险评估将被采取。风险评估将通过识别对资产的威胁、对组织的弱点和影响来确定风险的程度。

④ 将要管理的风险区域将被识别基于组织的信息安全政策和所需的确信程度。

⑤ 组织将选择适当的控制目标和控制，并证明选择正确。

⑥ 适用性声明将被准备。被选用的控制对象和控制，以及选用的理由将以文档形式保存在适用性声明中。

（2）执行

组织将有效执行被选用的控制对象和控制。检测者将对其执行效率进行检查。

（3）文件

ISMS 文件包括下列的信息。

① 所采取的行动按规定执行。

② 管理框架的总结，包括信息安全政策和控制目标，并执行适用性声明中提出的控制。

③ 控制执行流程。这些将描述责任和有关的行动。

④ 覆盖 ISMS 的管理和操作的流程。其描述了描述责任和有关的行动。

（4）文件控制

组织将为控制所有需要的文件建立并且维护流程。保证文件如下所示。

① 容易使用。

② 周期性地回顾和修订必与组织的安全政策一致。

③ 保持版本控制，所有使用 ISMS 的地方，都需对文档进行版本控制。

④ 当丢弃不用的时候，及时收回。

⑤ 识别和保存一过时的文档，以作为法律或保留之用。

⑥ 在一段时期之内，文件应是易懂，注明日期（并注明更改日期）和容易辨认的，用一种有序方式保存。

⑦ 建立和保留不同类型文档的流程和责任。

（5）记录

① 记录是 ISMS 操作的证明，将被保持作系统和组织按照 BS7799 进行操作的证明，e.g.访问者登记，检查记录和批准进入。

② 组织将建立并且维护用于识别，维护，保持和部署记录的进程。

③ 有关活动的记录应是易懂，可辨认和可追踪的。记录将被存储和保持在这样一种方法中他们容易恢复和保护以免受到破坏，恶化或者损失。

2．细节控制

（1）信息安全政策的目标：提供管理方向并支持信息安全。

信息安全政策文件经由管理部门确认，在确保其正确性的前提下，传达给所有部门。定时对政策进行检查，在条件有变的情况下，保持其正确性。

（2）信息安全基础的目标：在机构内进行信息安全管理。

① 信息管理安全论坛是为了给信息安全管理制定方向，并提供可见的管理支持。根据机构的大小，由各相关部分代表组成的具有交互功能的管理论坛将负责协调信息安全各部分的执行。

② 分配信息安全管理责任是对保护个人资产和实行特定安全管理的责任下定义。

③ 信息处理设施的批准过程是对新的信息处理设施建立权威管理。

④ 专业信息安全意见是由专家顾问或单位内部提供的信息安全建议应被通知给单位中每个人。

⑤ 组织之间的合作是保持于法律权威，管理单位，信息服务供应者和电讯运营商之间的联系。

⑥ 信息安全的独立检查是信息安全政策的执行情况将独立地被检查。

（3）第三方接入安全政策的目标：为了保持被第三方访问的组织的信息处理设施和信息资产的安全。

① Utird 方接入风险识别是由第三方接入组织时，给信息处理设施带来的风险将由适当的信息控制进行管理。

② 第三方合同的安全要求是第三方对组织内信息管理系统的访问应在正式的合同中予以注明，以满足安全性需求。

③ 外购合同的安全要求是外购企业控制和管理全部或一部分信息系统，网络台式机，这些都应在供应方和购买方的合同上注明。

（4）责任或者资产的目标：对组织的资产进行适当保护。

资产目录是建立并维护重要的资产的有关目录。

（5）信息分类的目标：为了保证信息资产收到适当的程度的保护。

① 分类方针是分类政策和信息相关的保护控制应满足商业上对信息共享和保密的需要以及相关后果。

② 信息标识和处理是根据组织采用的分类政策，将针对信息标识和处理建立一整套处理流程。

③ 员工安全政策

（6）工作中的安全要求的目标：为了减少人类差错，偷窃行为，欺骗或者误用设施的风险。

① 工作责任中的安全管理是组织信息安全政策中所规定的各种角色和责任应与工作分工联系在一起。

② 员工筛选政策是当雇员申请某项工作时，应确保其能达到此工作的安全性要求。

③ 保密协议是雇员被录用时，应签署保密协议。

④ 雇佣条件是雇佣合同中应注明员工在信息安全方面所承担的责任。

（7）用户培训的目标：确保用户对保证信息安全的重要性有足够认识。在日常工作中，具有足够的知识以确保组织安全政策的实施。

信息安全教育及培训是组织机构内的所有雇员和相关的第三方用户，必须接受正确的培训，并根据组织政策和进程的改变，随时更新自己的知识。

（8）对安全事件和故障作出反应的目标：最大限度地减少安全事件和事故带来的损失，并且对此种事件进行监控，避免其发生。

① 报告安全事件是一旦发现安全隐患，将及时通过适当的管理通道进行报告。

② 报告安全管理的弱点是用户应随时注意，并及时报告任何可疑的安全弱点或者威胁。

③ 报告软件故障是建立并遵循报告软件故障的进程。

④ 是从事故中获得经验并建立适当的机制使事件和故障的类型，卷和费用能够量化并得到监控。

⑤ 违规处理是雇员对组织的安全政策和过程的违反行为将通过正式的违规进程进行处理。

（9）物理上和环境上的安全的目标：为了防止未经许可的接入破坏保存处理措施的区域。

① 物理安全周边是组织将使用安全周边保护包含信息处理设施的区域。

② 物理的进入控制是通过适当的输入保护控制来确保安全区域仅仅接受授权人员的接入。

③ 办公室安全政策是根据保安要求，设立安全区域以确保办公室、房间和设施的可靠性。

④ 在安全的区域上工作是安全区域中附加的工作安全控制和方针提高物理方式对安全区的保护。

⑤ 隔离运送和装载区域是运送和装载区域应处在严密控制之下；同时，如果可能，

与信息处理设施隔绝，避免未经许可的接近。

（10）设备安全的目标：为了防止资产的流失、损坏而中断商业活动。

① 设备安装和保护是设备应被妥善安装和保护以减少环境的威胁和危险，以及未经许可的接近的机会。

② 电源：保护设备以免掉电和其他异常。

③ 电缆安全：保护供电及通信电缆免遭干扰和破坏。

④ 设备维护：依据制造厂的指令和/或相关进程文档，确保设备的继续使用和完整性。

⑤ 户外设备安全政策：遵守安全流程和控制政策保护外部设备。

⑥ 设备废弃及再使用安全政策：在设备废弃和再使用之前，须擦除其所含信息。

（11）一般控制的目标：为了防止未经许可的接入破坏，保存处理措施的区域。

① 保持办公环境整洁：组织应要求雇员保持办公环境整洁以减少未经许可接入的风险，并防止损失破坏信息。

② 财产丢失：设备和属于组织的信息或者软件不允许被擅自移去。

（12）操作流程和责任的目标：为了确认信息处理设施的正确性和操作的安全性。

① 文件操作流程：根据定义的安全政策所制定的操作流程应存档，并得到维护。

② 操作的变化控制：对信息处理设施和系统进行的修改应处在控制之下。

③ 事故管理流程：应建立事故管理责任和处理流程以确保能迅速，有效和有秩序地对安全事故作出反应。

④ 职责的分离：所负责的区域和承担的责任之间应有明确的权限划分，以减少未授权修正或者误用信息、服务所引起的危险。

⑤ 分隔开发和操作：开发和测试设施将在操作上予以分隔。

⑥ 外部设施管理：在使用外部设施之前，应与合同单位对于风险承担达成一致，并保存在合同中。

（13）系统计划和接受的目标：最大限度地减少系统失败。

① 容量和计划：监控容量要求是否得到满足，以确保满足项目未来会出现的扩容需求，如供电量和存储能力。

② 系统接受：指对新的信息系统的接受标准，在系统升级或采用新版本之前，应进行适当的系统测试。

（14）避免受到恶意的软件的侵害的目标：保护软件和信息的完整性。

对于恶意的软件的控制：进行检查和预防控制保护以免受到恶意的软件的侵袭，执行适当的用户警告流程。

（15）持家的目标：为了保持信息处理和通信服务的完整性和实用性。

① 信息备份：周期性对重要的商业信息和软件进行备份。

② 操作人员日志：应将操作人员每天的活动记入日志。

③ 故障记录：故障将被报告，并及时得到矫正。

（16）网络管理的目标：确认网络信息安全，以及对网络结构的维护。

网络控制：为确保网络安全，应执行一定量的控制。

（17）媒介处理和安全的目标：为了防止破坏资产和中断商业活动。

① 可拆卸的计算机媒介的管理：可拆卸的计算机媒介的管理，诸如磁带、盘、盒式磁带和打印报告将被控制。

② 媒介的配置：媒介被废弃前，清空所存信息。

③ 信息处理流程：建立信息的存储和处理流程，使之免受未经许可的泄露或者误用。

④ 系统文档的安全：保护系统文档不受非法访问。

（18）信息和软件的交换的目标：为了防止信息在组织间交流时发生丢失，修改或者误用。

① 信息和软件交换协议：组织之间电子或者手工交换信息和软件应遵守一定的规则，其中的一些是正式协议。

② 运输中的媒介安全：搬运过程中，应保护媒介不受到未授权接入，误用或破坏。

③ 电子商业安全：保护电子商业受到欺骗性的活动，合同争论揭露或者修正信息的危害。

④ 电子邮件的安全：制定针对电子邮件的安全政策，减少电子邮件带来的不安全影响。

⑤ 电子办公系统的安全：针对电子办公系统，制定一定的政策和方针，减少商业安全风险。

⑥ 公共可用系统：在将信息对公众开放之前，须建立一套正式权威的处理流程，以保证信息完整性，不被非法修改。

⑦ 通过使用声音，传真和视频通信设施交换信息时，应建立相应流程和控制体系，以确保其安全。

（19）接入控制的商业要求的目标：为了控制信息的接入。

接入控制政策：定义接入控制的商业要求，并存档。在接入控制政策中，规定如何限制接入动作。

（20）用户接入管理的目标：为了防止未经许可用户接入信息系统。

① 用户登记：对于多用户信息系统和服务，为授权接入定义规范的用户登记流程。

② 特权管理：特权的分配和使用将被限制和控制。

③ 用户口令管理：口令的分配将通过正式的管理流程被控制。

④ 用户访问权力的检查：定期检查用户的访问权限。

（21）用户责任的目标：避免非法用户接入。

① 口令使用：用户被要求在选择和使用口令时遵循安全守则。

② 系统不能进行安全控制的用户设备：用户应自己对系统不能进行安全控制的设备提供适当的保护。

（22）网络接入控制的目标：保护网络服务。

① 网络服务使用政策：用户只能使用被允许使用的服务。

② 接入途径控制：控制从用户终端连接到计算机服务器的途径。

③ 外部用户接入授权：经过授权，远端用户才能接入系统。

④ 节点鉴别：鉴定远程接入的计算机系统。

⑤ 远程的诊断节点保护：诊断节点的接入将受安全控制。

⑥ 网络划分：网络中不同的信息服务，用户和信息系统被分隔开。

⑦ 网络连接控制：依据指定的控制政策，限制公用网络中接入用户的连接能力。

⑧ 网络路由控制：共享网络应建立路由控制以保证计算机关系和信息流不违反指定的商业应用的接入控制政策。

⑨ 网络服务的安全：提供被组织使用的所有网络服务的安全属性的清楚的定义。

（23）操作系统访问控制的目标：为了防止未授权的计算机接入系统。

① 自动终端识别：自动终端识别将把关系用于鉴定特定的位置和便携式设备的接入。

② 终端报告流程：接入信息服务按使用安全访问流程。

③ 用户识别和鉴别：用户拥有个人使用的一个唯一标识符（用户 ID），这样任何活动都能被找到责任个体。

④ 口令管理系统：口令管理系统是在适当位置上提供的一种有效的，交互式的措施，确保口令的有效。

⑤ 系统例程调用：对系统例程的调用将被限制并受到严密控制。

⑥ Duress 警报，捍卫用户：为 coercion 目标用户提供 Duress 警报。

⑦ 终端超时：在一段规定时间不使用后，处于较危险位置或服务于高风险系统的终端应断开连接，防止未授权接入。

⑧ 连接时间限制：对用户连接高风险服务的时间应加以限制。

（24）应用接入控制的目标：防止未授权用户访问信息系统中的信息。

① 信息访问限制：依据规定的访问控制政策，对信息安定应用系统的访问进行限制。

② 隔离敏感系统：敏感系统需要一种专用（被孤立）的计算环境。

（25）监控系统的访问和使用的目标：为了发现未经许可的活动。

① 事件记录：为帮助将来的调查和访问监控，保持例外情况和其他相关安全事件的记录。

② 使用监控系统：建立对信息处理措施的监控流程，定期检查监控结果。

③ 时钟同步：为实现记录的精确化，计算机时钟同步。

（26）移动计算和通信工作的目标：为了确保使用移动计算和通信设施时的信息安全。

① 移动计算：制定官方政策，采取适当的控制以减少移动计算设施工作的风险，特别是在没有防卫的环境中。

② 通信工作：制定政策和工作流程，对通信工作进行授权和控制。

③ 系统发展和维护：制定发展规划与计划，建立系统运行维护制度与规范。

（27）系统安全要求的目标：确保信息系统中建立安全体系。

安全要求分析和说明：对新系统的商业要求，或者增强现有系统的能力将规定对控制的要求。

（28）应用系统的安全的目标：为了防止损失，修改或者误用应用系统中的用户数据。

① 输入数据有效：输入应用系统的数据应是正确和适当的。

② 内部进程的控制：系统加入有效检查以检查数据处理的正确性。

③ 信息鉴别：对保护信息内容完整性有安全需求的系统应使用信息鉴别。

④ 输出数据有效：应用系统的数据输出确保存储信息处理是正确的并适用于环境。

（29）Cryptographic 控制的目标：保护信息的机密性、信息性和完整性。

① Cryptographic 的使用政策：为保护信息，发展和遵循 Cryptographic 控制的使用政策。

② Encryption：Encryption 将被应用于保护敏感或者关键的信息的机密。

③ 数字签名：数字签名被应用于保护电子信息的真实和完整性。

④ 非批判服务：非批判服务用于解决关于事件的发生或者非发生的争论。

⑤ 关键的管理：基于统一的装置的标准，过程和方法的关键管理系统将用于支持使用 Cryptographic 技术。

（30）安全系统的目标：确保以一种安全的方式实施 IT 项目和支持活动。

① 操作软件控制：控制操作系统上的运行软件。

② 系统测试数据的保护：保护和控制测试数据。

③ 程序源代码库的访问控制：严格控制对程序源代码库的访问。

（31）研发和技术支持程的安全的目标：保持应用系统软件和信息的安全。

① 修改控制流程：修改应在严密控制下进行，通过使用正式的修改控制流程最大限度地减少对信息系统危害。

② 对修改操作系统进行技术检查：当应用系统发生变化时，应对其进行检查和测试。

③ 软件包更改限制：不鼓励对软件包进行改动，必要时，须在严密控制下进行。

④ 隐藏通道和特洛伊代码：对软件的购买，使用和修正进行控制和检查，以免受到可能的隐藏通道和特洛伊代码的危害。

⑤ 外购软件开发：对外购软件的开发进行安全控制。

3．BS 7799-2：1999 标准在信息安全示范工程中的应用

本次示范工程中，管理体系和技术体系的开发与运行和工程实施步骤参考了 BS 7799-2 中定义的 ISMS 框架，ISMS 框架如图 2-10 所示。

2.7.3　ISO/IEC TR 13335 标准的主要内容及工程应用

1．ISO/IEC TR 13335 标准的主要内容

ISO 13335 是一个由五部分构成的系列标准，围绕着风险管理对信息安全管理的各个方面进行阐述。

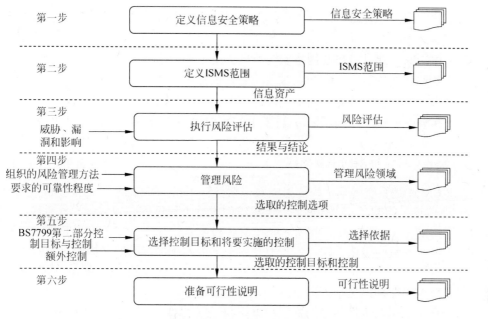

图 2-10 ISMS 框架示意图

（1）ISO/IEC TR 13335-1 信息安全概念与模型：主要引入了基本的管理概念和模型，这些概念和模型是信息安全管理介绍的根本。

（2）ISO/IEC TR 13335-2 信息安全管理与计划：用于阐述信息安全管理各部分内容的本质，以及这些内容间的相互关系。

（3）ISO/IEC TR 13335-3 信息安全技术管理：描述了与 IT 安全技术相关的管理活动，从策略、风险评估、计划、执行，以及后续的一些维护和监督的一个循环的过程；其中着重介绍了联合风险分析方法。

（4）ISO/IEC TR 13335-4 安全措施的选择：定义并描述信息安全管理的相关概念；辨别信息安全管理和普通的信息管理间的区别；描述几个常用的模型来解释信息安全管理；提出信息安全管理的通用指导。

（5）ISO/IEC TR 13335-5 网络安全管理指南：在确定网络安全需求时，应鉴定、分析和通信相关的因素：先对通信、和网络相关的安全因素做了介绍，然后针对不同的网络连接划分不同的信任关系，分析针对不同的安全风险可能采取不同的防护措施，最后介绍各种安全措施。

2. ISO/IEC TR 13335 标准在信息安全示范工程中的应用

（1）ISO/IEC TR 13335-1 信息安全概念与模型：参考了其中信息安全概念和模型，与信息安全要素的定义，确定了风险关系模型，指导安全评估。

（2）ISO/IEC TR 13335-2 信息安全管理与计划：参考了其中信息安全管理计划，确定本工程安全管理体系的部分内容。

（3）ISO/IEC TR 13335-3 信息安全技术管理：参考了其中风险管理的流程以及风险分析的方法，确定了本工程风险分析方法和工程实施流程。

（4）ISO/IEC TR 13335-4 安全措施的选择：参考了其中从风险分析的结果导出信息安全需求的分析，以及安全措施选择的建议，指导本工程技术体系的规划与设计。

（5）ISO/IEC TR 13335-5 网络安全管理指南：参考了其中的网络连接与信任关系的分析，设计网络边界与内部安全区域之间的防护方案。

2.7.4　SSE-CMM 标准的主要内容及工程应用

1. SSE-CMM 标准的主要内容

SSE-CMM 是系统安全工程能力成熟模型（Systems Security Engineering Capability Maturity Model）的缩写，它描述了一个组织的安全工程过程必须包含的本质特征，这些特征是完善的安全工程保证。尽管 SSE-CMM 没有规定一个特定的过程和步骤，但是它汇集了工业界常见的实施方法。本模型是安全工程实施的标准度量标准，它覆盖了如下几个方面。

（1）整个生命期，包括开发、运行、维护和终止。

（2）整个组织，包括其中的管理、组织和工程活动。

（3）与其他规范并行的相互作用，如系统、软件、硬件、人的因素、测试工程、系统管理、运行和维护等规范。

（4）与其他机构的相互作用，包括获取、系统管理、认证、认可和评价机构。

在 SSE-CMM 模型描述中，提供了对所基于的原理、体系结构的全面描述；模型的高层综述；适当运用此模型的建议；包括在模型中的实施以及模型的属性描述。它还包括了开发该模型的需求。SSE-CMM 评定方法部分描述了针对 SSE-CMM 来评价一个组织的安全工程能力的过程和工具。

SSE-CMM 为安全工程能力由低到高定义了 5 级成熟度。

① 非正式的执行。

② 计划和跟踪。

③ 充分定义。

④ 定量控制。

⑤ 持续改进。

在通过工程能力评估后，将确定一个工程机构具有的能力等级。

SSE-CMM 将安全工程项目划分为 22 个过程域（Process Area 或 PA），各个过程域完成不同的任务。为了完成任务，SSE-CMM 给每个过程域都定义一组基本实践（Basic Practice 或 BP），并规定每一个这样的基本实践都是完成该子任务所不可缺少的。过程域包括三部分：工程过程域 11 个、项目过程域 5 个、组织过程域 6 个。

SSE-CMM 将安全工程分为风险过程、工程过程、保证过程 3 个部分。3 个过程中包含了相应的过程域。

2. SSE-CMM 在信息安全示范工程中的应用

示范工程参照 SSE-CMM 定义的过程域（PA）和基础实践（BP），确定了工程内容，覆盖如下 PA。

（1）PA01-管理安全控制：对所采用的风险控制进行管理。

① 确定人员的安全职责。

② 管理安全设备（包括软件和硬件）的配置。

③ 管理人员的培训。

④ 管理和维护安全控制措施。

（2）PA02-评估影响：确定和描述安全风险对系统资产的影响。

① 确定系统信息资产。

② 确定资产度量标准。

③ 确定和描述可能产生的影响。

（3）PA03-评估安全风险：确定信息系统中的安全风险。

① 选择风险评估方法。

② 确定风险。

③ 分析风险。

④ 排列风险的次序。

（4）PA04-评估威胁：确定系统可能面临的威胁，并描述这些威胁的特征。

① 确定系统可能面临的威胁。

② 确定威胁的度量单位。

③ 评估威胁事件发生的可能性。

（5）PA05-评估脆弱点：确定和描述辽宁信息系统中存在的脆弱点。

① 确定脆弱点分析方法。

② 确定脆弱点。

③ 描述脆弱点的特征。

（6）PA06-建立保证论证：提供已满足其安全需求的证据。

① 确定保证目标。

② 定义保证策略。

③ 维护保证证据。

④ 分析证据。

⑤ 提供保证论证。

（7）PA07-协调安全：所有项目组成员及外部人员之间保持不断的沟通。

① 定义协调目标。

② 确定协调机制。

③ 协调决策和建议。

（8）PA08-监测安全状态：监视内部和外部环境中所有可能影响系统安全的因素。

① 分析日志记录。

② 监测威胁、脆弱点、影响、风险的改变。

③ 确定安全突发事件。

④ 监测安全措施。

⑤ 审查系统的安全性。

⑥ 管理突发事件的响应。

（9）PA09-提供安全输入：为系统的设计、实施、使用提供必要的安全信息。

① 理解安全输入的需求。

② 确定参照的安全相关标准、规范。

③ 确定安全解决方案。

④ 提供安全工程指导。

⑤ 提供运行安全指导。

（10）PA10-明确安全需求：与公司共同确定系统的安全需求。理解辽宁电力公司的安全需求。

① 确定安全目标。

② 确定相关法律、政策。

③ 确定与安全相关的环境因素。

④ 开发系统的安全规划。

⑤ 定义最终的安全需求。

（11）PA11-验证和核实安全：确保解决安全问题的方案已得到验证和核实。

① 确定验证和核实目标。

② 定义验证和核实目标。

③ 执行验证和核实。

④ 提供验证和核实的结果。

本次示范工程的工程过程基本达到 SSE-CMM 能力成熟度 2 级，风险过程基本达到 SSE-CMM 能力成熟度 3 级。

2.7.5　NIST SP 800-30 标准的主要内容及工程应用

NIST SP 800-30 是《信息系统风险管理指南》。本次示范工程的工程，参考 NIST SP 800-30，确定了工程的风险管理过程包括识别风险、评估风险、采取措施控制风险三部分；确定了风险评估的具体流程；确定了工程采用的分析控制措施，其中包括：安全技术控制措施、安全管理控制措施、安全运行控制措施；并且指导了技术体系、管理体系的开发。

2.7.6　加拿大风险评估工作指南的主要内容及工程应用

1．主要内容与作用

《加拿大风险评估工作指南》是加拿大通信安全部于 1999 年发布的一个比较有影响的信息系统风险评估指导，它帮助我们了解对一个信息系统风险评估项目需要做什么，需要生成哪些关键文档，但是具体怎么去做涉及的并不多。

《加拿大风险评估工作指南》详细地描述了一个风险评估的流程，它将评估分为

9 步。

（1）准备和计划。

（2）收集数据。

（3）分析策略和标准的依从性。

（4）分析资产的敏感性。

（5）威胁分析。

（6）脆弱性分析。

（7）风险分析。

（8）评估系统风险为可接受性。

（9）递交《最终的风险评估报告》。

2. 在信息安全示范工程中的应用

在我们对辽宁电力有限公司的信息系统所做的风险评估中，充分地参考了《加拿大风险评估工作指南》。并结合辽宁电力公司的具体情况以及一些客观的原因（时间、经费、对指南的理解、技术手段等）做了适当的调整。

第 3 章　网络信息安全系统设计与应用

网络信息安全工程是信息化工程中的重要工程，是一项庞大和复杂的管理系统工程，网络信息安全系统设计是十分重要环节。本章介绍网络信息安全系统总体框架设计，网络信息安全管理体系，网络信息安全技术体系的设计及应用实例。

3.1　网络信息安全系统总体框架设计

本节介绍网络信息安全框架模型、信息安全总方针、信息安全管理体系、信息安全技术体系以及信息安全工程过程模型。

3.1.1　总体工程框架模型

网络信息安全模型是信息安全工程的灵魂。在全面系统地参考了目前国内外主要的信息安全相关标准基础上，结合行业特点，结合企业生产运营特点，结合信息安全现状和需求，结合示范工程预期目标，开发了企业信息安全模型，从宏观上表达了企业信息安全建设的总体框架。它由相互关联的 4 个相关体系组成：信息安全总方针、信息安全管理体系、信息安全技术体系和信息安全工程模型。

图 3-1　企业信息安全结构框架

公式表达为：企业信息安全框架=信息安全总方针+信息安全管理体系+信息安全技术体系+信息安全工程模型。

模型的核心意义是：以信息安全总方针为指导核心，以标准化信息系统安全工程理论与方法为指导，全面实施信息安全管理体系和技术体系，保持信息系统安全水平并持续改进，其框架图如图 3-1 所示。

企业信息安全模型进一步展开，关键环节如图 3-2 所示。

3.1.2　信息安全方针

信息安全总方针是企业信息安全建设的最高纲领和指导方针，包括信息安全目标、信息安全理念、信息安全模型和信息安全策略，如图 3-3 所示。

根据企业信息系统业务需求，国家及行业政策，以及示范工程的目标，企业信息安全目标如下。

图 3-2　企业信息安全总体框架模型　　　　图 3-3　企业信息安全方针

（1）在企业建立起完整的、标准的文档化的信息安全管理体系，并实施与保持。

（2）在风险评估的基础上，合理部署信息安全管理机制和信息安全技术手段，将信息安全风险降至企业可以接受的水平。

（3）形成动态的、系统的、全员参与的、制度化的、预防为主的、持续改进的信息安全管理模式，从根本上保证企业生产运营的连续性。

面向以上目标，企业信息安全方针如下。

（1）遵循国内外信息安全主流标准和理念。

（2）落实企业信息安全组织和制度（管理体系）。

（3）部署全面合理的技术防范体系。

（4）提高全体员工信息安全素质（安全意识和安全技能）。

（5）建立信息安全深度防御体系。

（6）保障企业生产运营的连续性。

（7）跟踪信息安全发展趋势（包括标准和技术）。

（8）保持信息安全整体水平不断巩固提高。

3.1.3　信息安全管理体系

信息安全管理体系是信息安全体系运作的核心驱动力，包括制度体系、组织体系、运行体系，如图 3-4 所示。

安全组织明确安全工作中的角色和责任，以保证在组织内部开展和控制信息安全的实施。

安全制度（子策略）是由最高方针统率的一系列文件，结合有效的发布和执行、定期的回顾机制保证其对信息安全的管理指导和支持作用。

安全运作管理是整个网络安全框架的执行环节。通过明确安全运作的周期和各阶段的内容，保证安全框架的有效性。

3.1.4　信息安全技术体系

　　信息安全技术体系是各种安全功能和需求的技术实现，信息安全技术体系，包括鉴别与认证、访问控制、内容安全、冗余与备份、审计与响应 5 个方面，如图 3-5 所示。

图 3-4　信息安全管理体系

图 3-5　信息安全技术体系

3.1.5　信息安全工程过程模型

　　工程过程模型，参照 SSE-CMM 中的信息安全工程模型。SSE-CMM 是"系统安全工程能力成熟模型"的缩写，它抽象出了信息安全工程的基本特征和基本过程，描述了一个组织的信息安全工程过程应该包含的基本内容。主要思想是"以风险管理为核心的信息安全过程"，这个理念已经在业界广泛达成共识。以此作为信息安全示范工程的理论指导基础。

　　信息安全工程模型把一个信息安全工程分为相互作用的 3 个部分，包括：风险过程、工程过程和保证过程。这 3 个过程是相互关联、相互作用的，如图 3-6 所示。

　　信息安全工程过程就是这 3 个部分重复和循环的过程。这 3 个过程概括了信息安全工程过程的全部内容。并且分解为一系列子过程和实践活动。本示范工程将遵循这个工程模型。

图 3-6　信息安全工程过程模型

3.2　网络信息安全管理体系的设计

　　本节介绍网络信息安全管理体系主要内容，企业信息安全策略体系规划，信息安全组织建设，信息安全运行管理的工程方法。

3.2.1　网络信息安全管理体系主要内容

网络信息安全管理体系是信息安全体系建设的关键，根据信息安全风险评估，对企业在信息安全管理体系上的建设从信息安全策略开发、信息安全组织建设、信息安全运行管理 3 个方面出发。

（1）信息安全策略开发：开发构成信息安全管理体系基础的相关文档体系，把信息安全相关的制度和内容通过文件的形式确定下来，并通过相应的审计手段，进行修改、调整和完善，以便适应安全形式的发展。

（2）信息安全组织建设：建设信息安全相应的组织管理机构，充分贯彻信息安全策略。其中包括上层管理和具体的技术管理机构。

（3）信息安全运行管理：完善信息系统和信息安全措施运行的过程中所进行的管理和维护手段，包括日常维护，风险评估以及事件处理等内容。运行管理和具体的安全情况有直接的联系。

3.2.2　企业信息安全策略体系规划

信息安全策略为信息安全建设提供管理指导和支持。企业应该制定一套清晰的指导方针，并通过在组织内对信息安全策略的发布和保持来证明对信息安全建设的支持与承诺。

（1）企业信息安全策略体系信息安全策略体系由信息安全总方针、技术标准和规范、信息安全管理制度和规定、组织机构和人员职责、安全操作流程、用户协议等构成。

① 信息安全总方针。信息安全总方针，是企业信息安全的纲领性策略文件。主要陈述策略文件的目的、适用范围、信息安全的管理意图、支持目标以及指导原则，信息安全各个方面所应遵守的原则方法和指导性策略。

策略结构中的其他部分都是从信息安全总方针引申出来，并遵照总方针，不发生抵触或违背其中的指导思想。

② 技术标准和规范。技术标准和规范，包括各个网络设备、主机操作系统和主要应用程序应遵守的安全配置和管理的技术标准和规范。技术标准和规范将作为各个网络设备、主机操作系统和应用程序的安装、配置、采购、项目评审、日常安全管理和维护时必须遵照的标准，不允许发生违背和冲突。

技术标准和规范向上遵照信息安全总方针，向下延伸到安全操作流程，作为安全操作流程的依据。

③ 信息安全管理制度和规定。从安全策略主文档中规定的安全各个方面所应遵守的原则方法和指导性策略引出的具体管理规定、管理办法和实施办法必须具有可操作性，而且必须得到有效推行和实施。

信息安全管理制度和规定向上遵照信息安全总方针，向下延伸到用户签署的文档和协议。用户协议必须遵照管理规定和管理办法，不得与之发生违背。

④ 组织机构和人员职责。安全管理组织机构和人员的安全职责，包括安全管理机构的组织形式和运行方式，机构和人员的一般责任和具体责任。作为机构和员工具体工作中的具体职责依据。

组织机构和人员职责从信息安全总方针中延伸出来，其具体执行和实施由管理规定、技术标准规范、操作流程和用户手册来落实。

⑤ 安全操作流程。安全操作流程，详细规定主要业务应用和事件处理的流程和步骤和相关注意事项。作为具体工作中的具体依照，此部分必须具有可操作性，而且必须得到有效推行和实施。

⑥ 用户协议。用户协议指用户签署的文档和协议。包括安全管理人员、网络和系统管理员的安全责任书、保密协议、安全使用承诺等。作为员工或用户对日常工作中的遵守安全规定的承诺，也作为安全违背时处罚的依据。

⑦ 信息安全策略文件的开发。

根据上面描述的策略文档结构，建议企业制定下面一系列策略文档。

① 信息安全总方针：定义了企业的信息安全目标、安全管理原则、信息安全总策略等基本内容，是企业建立策略体系，指导信息安全工作的基础。

② 组织机构和人员职责：明确规定了企业所设立的信息安全岗位以及各岗位的工作职责。

③ 人员安全岗位分配：明确规定了各个信息安全岗位的人员。

④ 员工培训指南：规定了培训员工的方法和流程，以及相关部门、人员对员工培训工作的职责。并按照指南对员工进行培训，提高员工的安全意识和信息安全技术水平。

⑤ 信息安全管理制度和规定：制定了信息安全策略推广、修改、审查、维护的管理规定。使信息安全策略能够持续、有效地指导信息安全工作。

⑥ 信息系统项目安全规定：规定了在信息系统项目规划、设计、实施、验收中的安全性要求。使公司的信息系统建设有充分的安全考虑，保证信息系统有持续的安全水平。

⑦ 便携机管理规定：制定了公司信息系统所有便携机（包括但不限于个人用、部门公用、调测用的便携机）的资产管理规定、出入管理规定、使用管理规定。加强了对便携机的规范化管理，确保了信息资产的安全，保护了信息的保密性。

⑧ 病毒防治管理规定：制定了公司信息系统对防治病毒的管理制度以及相关部门、人员对防治病毒的安全职责。加强了公司信息系统预防和控制病毒的能力。

⑨ 第三方来访接待管理办法：制定了接待第三方来访人员（包括软件开发商、硬件供应商、系统集成商、设备维护商、服务提供商等）的管理规定。规范了第三方来访接待管理，以保证公司信息系统的信息安全。

⑩ 计算机用户使用规则：规定了公司信息系统所有用户使用信息系统、网络系统和桌面计算机的规则。起到了规范公司信息系统的安全维护管理，促进安全维护和管理工作体系化、规范化，提升公司服务质量，提高公司维护队伍的整体安全素质和水平的作用。它是指导公司进行计算机安全合理使用管理工作的基本依据。

⑪ 数据保密管理规定：制定了对公司信息系统所有数据资产（包括：业务数据、客户数据、业务发展数据、与生产经营密切相关的其他数据）进行分类、鉴定的标准，以及为防止数据丢失、盗用和非授权访问的管理规定。

⑫ 网络设备安全管理规定：建立网络设备的安全管理规定以及相关部门和人员对网络设备的安全职责。以此规定为指导，审视公司信息系统生产环境的网络设备的安全性，降低网络系统存在的安全风险，确保网络系统安全可靠地运行。

⑬ 维护商安全管理办法：制定了接待和管理维护商的规定和标准。规范了维护商进行维护时的安全管理，以保证公司信息系统的信息安全。

⑭ 用户账号和口令管理条例：制定了对公司系统用户（包括但不限于数据库系统管理员、业务系统管理员、网络管理员、业务系统使用人员、个人计算机使用者、合作软件开发商、系统集成商等）账号及口令设立、使用、维护的管理条例。

⑮ 机房管理规章制度：制定了机房物理环境的标准，人员出入机房的管理制度。规范了机房的管理，以保证公司信息系统的信息安全。

⑯ 信息资产管理制度：制定了公司信息系统资产鉴别、分类的方法和流程，以及对信息资产进行管理的制度。利用它将规范、有效地管理信息资产。

⑰ 服务器和网络设备日常维护制度：制定了对服务器和网络设备监控、审计、配置更改等的制度。规范了对服务器和网络设备的日常维护工作，保证公司信息系统的信息安全。

⑱ 系统软件和应用软件使用的规定：确保公司信息系统中使用的系统软件和应用软件是正确的、有效的、可控制的，对软件的漏洞和隐患能够及时修补。

⑲ 特殊访问权限用户协议：规定了在公司信息系统中，用户使用特殊访问权限的行为规范。帮助有访问特权人员正确、安全地使用这些权力，所有申请访问特权的人都必须仔细阅读并且签署这份协议，拒绝签署本协议的人将无权获得申请资格。

⑳ 信息安全用户手册：确保公司信息系统网络安全稳定地运行，规范员工行为，合理安全地使用公司信息系统网络资源。

㉑ 各操作系统安全配置标准：建立各种操作系统的安全配置标准并以此标准为指导，配置和审视公司信息系统的各服务器的安全性；降低系统存在的安全风险，确保系统安全可靠地运行。

㉒ 存储介质安全管理标准：保障公司信息系统存储介质（包括：磁带、磁盘、光盘、硬盘、磁盘阵列等）的信息安全，为存储介质的使用、存储、携带、记录、清单等活动提供明确的安全管理标准。

㉓ 防火墙安全标准：为保证公司信息系统的信息安全，规范防火墙的选择、安装和配置、日常管理维护。

㉔ 数据保密策略和标准：加强公司信息系统信息的保密管理，确保公司信息系统机密信息的安全。为依法保护与公司信息系统经营活动相关的所有机密信息，提供标准与依据。

㉕ 通用网络服务安全标准：规范公司信息系统的安全维护管理，加强对公司信息中心系统的日常安全维护，促进安全维护规范化。本标准是指导公司信息系统维护管理

工作的基本依据，安全管理和维护管理人员必须认真执行本规程，并根据工作实际情况，制定并遵守相应的安全标准、流程和安全制度实施细则，做好安全维护管理工作。

㉖ 网络设备安全标准：建立网络设备的安全管理规定，并以此规定为指导，审视公司信息系统生产环境的网络设备的安全性，降低网络系统存在的安全风险，确保网络系统安全可靠地运行。

㉗ 业务系统软件安全技术标准：描述了应用系统技术方面的安全要求和规范。可以作为制定应用系统需求说明书安全需求部分的参考，也可以作为评估应用系统安全性的标准和规范。规范了业务应用系统的开发和配置操作，保证公司信息系统的安全。

㉘ 安全事件处理流程：为公司信息系统的技术人员提供一个比较实用的安全事件处理过程。使公司信息系统在遇到一般的安全事件时，能快速有效地处理问题，包括《灾难恢复流程》、《病毒处理流程》、《故障处理流程》、《黑客攻击处理流程》等。

㉙ 系统安装操作流程：为公司信息系统的技术人员提供一个实用的安装各种操作系统和数据库系统的操作流程。规范了系统的安装过程，保证公司信息系统信息安全。

㉚ 系统安全配置操作流程：制定了公司信息系统的技术人员对各种系统进行配置、监控和日常维护的流程。规范了操作系统、数据库系统等的配置操作，保证公司信息系统信息安全。

㉛ 信息安全策略的推行和修订：信息安全策略系列文件制定后，首先在信息中心和几个指定的部门进行试点，发现策略中的不足之处，及时修改，并且总结策略推广的经验，为下一步大范围的推广打基础。而后，在完善策略、总结试点经验的基础上，在公司全面地推行信息安全策略。设立专职机构负责审查信息安全策略的执行情况。

㉜ 定期的审查和修订：对安全策略系列文件进行定期审视，需要检查以下内容。

a. 信息安全策略中的变更。

b. 信息安全标准中的变更。

c. 安全管理组织机构和人员的安全职责的变更。

d. 操作流程的更新。

e. 各类管理规定、管理办法和暂行规定的更新。

f. 用户协议的更新。

3.2.3　信息安全组织建设

建立合适的信息安全管理组织框架，以保证在公司内部展开并控制信息安全的实施，同时使由于人员管理不当造成的安全问题得到解决。

1. 成立信息安全委员会

信息安全委员会由信息安全领导小组、信息安全顾问组、信息安全工作组以及其下的负责具体安全工作的各岗位构成。各组成部分间的关系为：信息安全领导小组对信息安全委员会负责，信息安全工作组对信息安全领导小组负责，当信息安全工作组需要外部专家支持时，信息安全顾问组可以提供帮助，信息安全工作组领导下的具体的各信息安全岗位负责具体的和日常的信息安全工作。

2. 信息安全委员会的组织结构及各岗位的责任

信息安全委员会的职位和责任如图 3-7 所示。

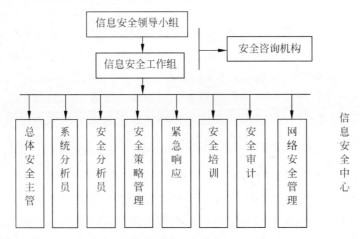

图 3-7 信息安全委员会组织结构图

（1）信息安全领导小组——由公司相关高层领导组成的委员会，对于网络安全方面的重大问题做出决策，并支持和推动信息安全工作在整个公司范围内的实施。

（2）信息安全工作组——以一个专门的信息安全工作组，负责整个信息系统的安全。配置以下岗位：

① 安全主管 SCM——第一负责人，对所有的信息安全事件进行协调、调查和管理，并全权处理信息安全事件。

② LSA——系统分析员（Lead System Analyst）负责系统安全情况的分析和整理。

③ CSA——安全分析员（Computer Security Analyst）负责系统的安全管理、协调和技术指导。

④ CERT——紧急响应小组（Computer Emergency Response Team）负责监控入侵检测设备，并对投诉的、上报的和发现的等各种安全事件进行响应。

⑤ SPM——安全策略管理（Security Policy Management）负责安全策略的开发制定、推广和指导。

⑥ NSM——网络安全管理（Network Security Management）负责网络系统的安全管理、协调和技术指导。

⑦ ST——安全培训（Security Training）负责安全培训、策略培训工作的管理、协调和实施。

⑧ SA——安全审计（Security Audit）负责按照安全绩效考核标准进行安全审计管理、工作监督和指导。

⑨ CIAC——安全咨询机构（Computer Incident Advisory Capability），聘请信息安全专家作为技术支持资源和管理咨询，主要向安全领导小组提供建议，审核信息安全解决

方案，向信息安全工作组提供工作指导。

建立信息安全管理中心，负责监控信息安全状况，管理安全产品，指导系统安全管理、网络安全管理、紧急响应等岗位的工作。

3. 进行信息安全培训与资质认证

对于网络管理员和专职的信息安全工作人员来说，信息安全培训和资质认证是必需的。通过培训可以提高网管人员和信息安全工作人员的安全素质，从而能够快速地判断信息安全问题，并采取相应措施解决问题。

资质认证是衡量网络管理人员和信息安全工作人员专业素质的尺度之一。通过不断的培训和相应的资质认证，可以循序渐进地提高信息安全技术水平和管理水平，并将其保持在较高状态。

3.2.4　信息安全运行管理

信息安全运行管理是整个信息安全框架的驱动和执行环节。一个有效的信息安全运行是在信息安全管理策略的指导下，在信息安全技术的保障下，实施信息安全工作。

1. 信息资产鉴别和分类

信息资产鉴别和分类是整个公司信息安全建设的根本。只有做了完整的、全面的信息资产鉴别，才能够真正了解信息安全工作的目标，才能够真正知道信息安全工作保护的对象。

参照 BS7799/ISO17799 对信息资产的描述和定义，可将公司信息相关资产进行分类，如表 3-1 所示。

表 3-1　信息资产的描述和定义

类　　别	解释/示例
数据	存在于电子媒介的各种数据和资料，包括源代码、数据库数据、业务数据、客户数据、各种数据资料、系统文档、运行管理规程、计划、报告、用户手册等
纸质文档	纸质的各种文件、合同、传真、电报、财务报告、发展计划等
服务	业务流程和各种业务生产应用、为客户提供服务的能力、WWW、SMTP、POP3、FTP、DNS、网络连接、网络隔离保护、网络管理、网络安全保障等；也包括外部客户提供的服务，如网络接入，电力，IT 产品售后服务和 IT 系统维护等服务
软件	业务应用软件、通用应用软件、网络设备和主机的操作系统软件、开发工具和资源库等软件，包括正在运行中的软件和软件的光盘、Key 等
硬件	计算机硬件、路由器、交换机、硬件防火墙、程控交换机、布线、备份存储设备等
其他物理设备	电源、空调、保险柜、文件柜、门禁、消防设施、监视器等
人员	包括人员和组织、各级安全组织、安全人员、各级管理人员、网管员、系统管理员、业务操作人员、第三方人员等
其他	企业形象、客户关系、信誉、员工情绪等

2．定期的风险评估

信息安全工作是一个持续的、长期的工作。定期进行信息安全风险评估，通过对信息安全管理策略、信息系统结构、网络、系统、数据库、业务应用等方面进行信息安全风险评估，确定所存在的信息安全隐患及信息安全事故可能造成的损失和风险大小，了解在信息安全工作方面的问题，以及如何解决这些问题。

3．日常运行维护管理

信息系统日常运行维护可以切实地落实安全策略，可以有效地利用技术方面的安全工具和措施，是与员工、技术人员最直接相关的工作。这些工作包括如下内容。

（1）物理和环境安全：物理安全和环境安全是网络和系统安全的基础。主要包括安全区域的划分和安全管理规定，设备安全使用要求等与物理和环境相关的管理。

（2）网络/系统配置维护管理：对网络设备/系统的日常的配置维护以及故障的处理过程做记录，保留行为日志，并应按操作流程进行定期的、独立的检查。

（3）日常备份：建立常规程序以实施经过批准的备份策略，对数据作备份，演练备份资料的及时恢复，记录登录和登录失败事件，并在适当的情况下，监控设备环境。对重要的业务信息和软件应该定期备份。应该提供足够的备份设备以确保所有重要的业务信息和软件能够在发生灾难或媒体故障后迅速恢复。不同系统的备份安排应该定期地进行测试，以确保可以满足持续性运营计划的要求。

（4）存储介质防护。应指定专人负责存储介质的存取和处理，使这些介质既能得到充分的利用，又不至于被恶意用户用于非法用途。

（5）信息项目的安全审核工作

为了预防对信息安全问题的发生，对于所有关于信息系统的项目都应当在项目的开始阶段就引入信息安全方面的规划和验证。建立对于新系统建设和旧系统改造方面的信息安全要求，在验收和使用前文档化，并测试。

（6）事故和灾难恢复、入侵事件的响应与处理机制

建立公司的信息安全紧急响应体系，保证在最快的时间内对信息安全事件做出正确响应，确保公司业务的连续，并为事件追踪提供支持。公司系统信息安全紧急响应体系包括响应与处理制度的建设以及响应的技术支持。

目前，信息安全紧急响应手段有日志分析、事件鉴别、灾难恢复、计算机犯罪取证、攻击者追踪。公司信息安全紧急响应体系应该具备这些技术手段。同时，应该在响应制度和人员上有保障，以保证紧急事件处理有章程可循和有人负责。

3.3　网络信息安全技术体系的设计

本节介绍企业信息安全技术体系，包括鉴别和认证系统、访问控制系统、内容安全系统、数据冗余备份和恢复系统、审计和响应系统等主要内容。

3.3.1　鉴别和认证系统

　　鉴别和认证系统的建设采用了 PKI-CA 技术。通过 PKI-CA 系统建设，建立了信息系统全网统一的认证与授权机制，确保信息在产生、存储、传输和处理过程中的保密、完整、抗抵赖和可用；将全公司的信息系统用户纳入到统一的用户管理体系中；提高应用系统的安全强度和应用水平。

　　根据企业信息安全应用需要对 CA 中心和密钥管理中心的需求，规划的系统总体的建设层次如图 3-8 所示。

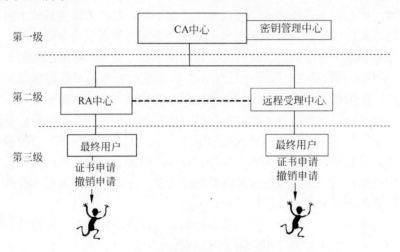

图 3-8　密钥管理中心结构图

　　第一级为电力企业 CA 中心和密钥管理中心。CA 中心是电力企业 PKI-CA 认证系统的信任源头，实现在线签发用户证书、管理证书和 CRL、提供密钥管理服务、提供证书状态查询服务等功能；密钥管理中心负责加密密钥的产生、备份，并提供已备份密钥的司法取证。

　　第二级为注册中心（RA 中心）及远程受理中心。本地设立一个 RA 中心，来完成接受用户申请、审核、证书制作等功能。并同时可根据实际的地理位置设立一个远程受理中心，以满足远程用户的证书业务需求。

　　第三级是最终用户，可通过 RA 中心、远程受理中心进行证书申请、撤销申请等相关证书服务。

　　企业 PKI-CA 认证系统的建设本着分步建设的原则，初步建立认证体系基本架构，并在这些基础上进行相关应用的安全建设。将来随着应用安全需求的增长再进行认证系统的进一步扩展建设。

　　企业 PKI-CA 认证系统具体设计如下。

　　（1）PKI-CA 认证系统设计包括一个 KMC 密钥管理中心、CA 中心、RA 中心和分发中心。同时，为了保证 PKI-CA 认证系统的安全性、可靠性、高效性、可扩展性，CA

中心设计为单层结构。在将来行业的 CA 系统建立后，可平滑地连接到行业的根 CA 上，成为整个行业 PKI-CA 认证系统中的省级认证中心。

（2）建立一套主、从目录服务器体系，以及 OCSP 服务器，存放全省所有的证书和废除证书列表，实现证书的查询及 CRL 的发布。

（3）基于企业认证系统，设计提供安全应用支撑平台，为企业应用系统提供加密、解密、签名、验签等安全功能。

（4）在认证系统建立的基础上应用 PKI 技术对现有的应用系统进行安全改造建设，从而在整个企业建立起完整的认证体系，为公司的信息化建设提供安全基础保障。

3.3.2　访问控制系统

企业访问控制系统的建设采用了防火墙技术。通过对企业信息网的网络边界、面临的主要安全威胁及可能造成的影响进行风险分析后，根据风险分析结论，在信息网络上通过部署防火墙系统加固网络边界安全，进行访问控制和审计，提高了信息系统的综合安全能力。

信息网络系统经过广域网接口或拨号与各所属单位连接，为了保证公司信息网络中信息系统的安全性，对经过公司信息网络边界的信息流进行限制、监控、审计、保护、认证等方面的要求，需要采用 VPN 和防火墙协作的技术，同时结合其他各种安全技术，搭建出一个严密的业务安全平台。

VPN 和防火墙协作强化了安全产品整体协同的能力，提供给用户一个更加完善的保证业务安全的网络平台。它的主要特点如下。

（1）确保关键信息只能在受限的安全域内传输，以确保信息不会通过网络泄密。通过制定安全策略，对于特写类型的信息，只允许在指定的安全域内传输，如果信息的发送者试图向安全域之外发送信息，那么发送请求将被拒绝，同时，这种破坏安全策略的行为将会被记录到系统日志中。

（2）完善的认证与授权体系。无论是外网用户还是内网用户，在访问关键的业务资源时，都需要经过严格的身份认证和授权检查。通过 RADIUS 协议，VPN 网关可以与各种认证服务器无缝集成。也可以通过 LDAP 协议，支持公钥证书来认证用户的身份。这种身份的验证不仅仅是验证用户的身份，还包括验证用户的操作权限及保密级别。

（3）严密的信息流向审查及系统行为的监控。对于公司信息网络系统来说，在保证业务正常进行的前提下，确保信息不失密，同时要监控各类主体（用户、程序）对关键业务信息的存取是至关重要的。VPN 和防火墙协作具有功能强大的审计系统，可以记录关键业务主机之间传递信息的流向，以及对关键业务主机的所有访问（源 IP、用户、时间、访问的服务），确保系统的可审计性和可追查性。在发生违反安全策略的事件时，可采用多种方式实时发出报警。

（4）通过采用公钥验证技术，确保网络连接的真实性和完整性，包括在连接中传输数据的机密性和完整性。

（5）在实际操作中，参考信息网络系统安全风险分析配置防火墙根据 IP、协议、服务、时间等因素具体实施区域间边界访问控制。

（6）建立网络安全边界。在企业内网不同应用系统接口部署防火墙进行访问控制和审计，建立企业内网不同应用安全边界。在企业外网电信接口、物资公司和职大医院、住宅接口部署防火墙进行访问控制和审计，建立企业内、外网安全边界。在与各公司接口和各地市公司当地部署防火墙进行访问控制和审计，保障企业内、外网应用安全。

3.3.3　内容安全系统

防病毒系统是信息系统内容安全的主要安全技术体系。通过单机防毒和网络整体防毒。信息系统防病毒系统覆盖到了每一个病毒可能作为入口的平台，即覆盖了网关、客户端、邮件服务器、文件服务器、应用服务器等信息网络中的每个节点，从而达到了层层防护、统一管理，大大提高了企业信息系统抗病毒的能力。

1. 防病毒系统

（1）网关型防病毒。在公司信息网与 Internet 出口处、基层单位接口处、与企业网以及辽宁省党政信息网等出入口处部署网关型的防病毒产品，这样可以在公司信息网出入口处实施内容检查和过滤，可以防止病毒通过 SMTP、HTTP、FTP 等方式从 Internet 进入公司信息网。

此处是堵住病毒的第一道关口，应部署采用先进技术、高性能的防病毒产品。

对 SMTP 数据流进行查、杀毒，需要将其安装在防火墙的后面，在邮件服务器的前面。在扫描完病毒后，SMTP 网关型防病毒服务器把所有的邮件路由到原始的邮件服务器上，然后传递给邮件用户。

对企业网络性能影响尽可能小。

在具体配置网关型防病毒方案时，可能会涉及路由、代理服务器以及 SMTP 服务器等相关配置的变化，甚至是用户端配置的修改。

（2）服务器型防病毒。企业内部有大量重要数据和应用，都存在信息中心中央的数据库服务器以及相应的应用服务器中。如果它们遭受病毒袭击，以至不能恢复，对公司会造成业务中断和重大损失。对中央数据库服务器、邮件服务器、WWW 应用服务器以及部门服务器等重要服务器配置服务器型防病毒产品，以免当网关级防病毒产品失效时，进一步保护服务器免受病毒困扰。

2. 落实对应的管理制度和策略

落实病毒防治管理制度和策略是和企业内的全体员工息息相关的，需要在相关管理部门的督促下，加强对防毒系统的管理，使其发挥最大功效，同时对全体员工进行病毒危害和病毒防治的重要性相关教育、培训，提高员工安全意识，使广大员工自觉执行、落实各项规章制度，才能最大程度上确保企业免受病毒困扰。落实病毒防治管理制度的各项规定。

3. 建立企业应用安全支撑平台

应用安全支撑平台具有多层次体系结构，提供不同层次的开发接口和可以直接使用的应用支撑软件。一个提供规范的可信 Web 计算平台，包括不同层次、不同级别的开发接口，及安全客户端；安全支撑平台提供 C/C++、Java 等形式的接口，具有强大的二次开发能力；提供 3 种不同层次的接口给其他应用软件及系统，可以根据需要调用不同的接口来使自己具有支持 PKI 的能力；为新开发的应用软件提供底层 API 支持，使应用软件变成标准的 PKI Enabled 的应用软件。

为应用系统提供安全服务引擎（JIT Engine）支持，使系统软件通过安全引擎快速地获得 PKI 平台的支撑，并利用引擎的强大功能，自动地管理用户的资源，进行数字证书的验证、加密等操作；对各种应用操作，以 Services 或应用软件的形式提供多种安全服务，不同的应用子系统和不同的用户可以共用这些服务，这样可以极大地减少重复开发、降低开发工作量和系统投资。平台的安全服务采用 XML、Web Services 等技术，对网络协议提供内嵌的支持，使系统开发不必使用繁杂的 API 接口，就可以减少系统开发的复杂性，提高了平台的稳定性、可用性；对于应用软件，可以利用高层的安全服务接口将 PKI 的应用委托给独立安全服务进行，利用现有的安全服务包对系统提供 PKI 支持。

3.3.4 数据冗余备份和恢复系统

数据冗余备份和恢复系统的建设采用了数据备份技术。数据备份系统建设使公司信息系统中所有重要的应用系统实现了统一的自动备份和恢复管理。该系统包括系统级备份与恢复和数据级备份与恢复；将存储相关资源、数据、介质、设备等进行了统一管理。冗余和恢复系统的建设极大地提高了企业信息系统对故障和灾难的应对能力，为保障应用系统业务连续性运作提供了有力的技术条件。

1. 存储备份系统设计

按主与副数据中心备份系统的总体目标，中心和副数据中心采用 SAN 架构实现 Lan-Free 备份方式。目前的数据存储模式基本采用 DAS 的结构，每个应用系统服务器使用直连磁盘阵列的方式，数据难于共享；备份复杂；系统不宜扩展等。基于公司的实际情况，主与副数据中心备份系统采用全冗余的 SAN 结构。通过光纤通道实现 100%异地数据备份。

公司广域网数据备份系统由两个省级备份中心，12 个区域备份中心（12 个供电公司）构成。实现省公司和 13 个市公司数据的本地、异地备份功能，其中各市公司重要数据在省公司备份、省公司和 13 个市公司 100%备份本地数据，中心和副数据中心 100%互备。省公司和市公司分别实现备份管理及监控功能。省公司数据备份中心具备集中监控、管理各市公司备份系统功能。

BMR 的工作简要流程如下（Main Server、File Server 和 Boot Server 可合并在备份服务器上）。

（1）BMR 服务器（Main Server）在客户机日常备份的过程中分析客户机的环境并生成恢复策略。

（2）BMR 服务器分配启动服务器（Boot Server）和文件服务器（File Server）。

（3）当客户机数据丢失时，系统管理员通过网络启动命令启动客户机。

（4）BMR 服务器驱动启动服务器和文件服务器，使客户机自动获得启动镜像和恢复计划。

（5）客户机进一步划分硬盘分区并恢复所有数据。

2．操作系统及应用程序备份/恢复

核心操作系统（core OS）由主机系统管理员定期进行人工备份。对于系统中不同 UNIX 操作系统环境，可以通过 Bare Metal Restore 功能，来简化服务器的恢复过程，以完成系统的快速灾难恢复。这样，当系统数据完全丢失时，系统管理员仅仅通过一个启动命令就可以进行系统数据的完整恢复，不必进行通过光盘进行操作系统重新安装，硬盘重新分区，IP 地址重新设置，以及备份软件重新安装等复杂的步骤。

文件系统由存储集中管理系统进行自动备份。轮流使用三组磁带，每组磁带包括两套相同的备份。每月的第一个星期天午夜进行完全备份，用两套磁带作镜像。其中第 1 套备份保留在本地磁带库中，第 2 套通过磁带复制保留在备份机房。

3．数据库备份/恢复

DB 的备份采用完全备份和增量备份相结合的方式，每周为一个周期，使用两组磁带，分别用于完全备份和增量备份。每组磁带包含两份同样的备份。不采取磁带镜像，而是在备份的次日进行磁带备份，以防止完全备份时 DB 失败而无法恢复。第二份备份在复制后，保存远程的磁带库中。

因 DB 工作在非归档模式下，DB 只能恢复到某次备份时的状态。恢复方法为在存储集中管理系统上进行设定，完成自动恢复。

3.3.5　审计和响应系统

根据信息安全技术体系的规划，公司采用了入侵检测系统（IDS）和漏洞扫描技术来构建审计与响应系统。通过采用入侵检测系统（IDS）和漏洞扫描系统，以及相应的管理、操作和运维的规章制度，信息系统对信息安全事件的预防、发现、响应、处理与事件取证能力得到了有效的提高。

1．入侵检测系统（IDS）设计

针对公司信息系统子网众多，分布密集的特点，采用分布式、集中管理的入侵检测系统，以便适应不同的网络环境和减少管理维护的消耗。入侵检测系统（IDS）部署的要点如下。

（1）关键网段中部署网络入侵检测系统（NIDS）探测器。

（2）关键服务器上部署主机入侵检测系统（HIDS）探测器。

（3）根据需要，在不同的网络环境中，联合使用网络和主机入侵检测系统（IDS）探测器。

（4）对入侵检测系统（IDS）探测器进行集中管理。

2．漏洞检测系统的设计

公司信息系统由大量的网络和主机设备构成，相互间是高信任和低机密性的关系，容易产生一台主机被攻破而导致整个网络被攻破的情况，任何一点的安全漏洞都将是整个信息系统的安全隐患。建议采用漏洞扫描工具对网络和主机上的漏洞检测，及时修补安全漏洞。扫描工具的部署要点如下。

（1）对关键主机采用网络和主机扫描工具进行定期的漏洞检测。

（2）对数据库系统采用数据库扫描工具进行定期的漏洞检测。

（3）采用网络扫描工具对网络设备进行定期的漏洞检测。

（4）对扫描工具进行定期的升级与维护，保证漏洞库的及时更新。

3．实施审计与响应系统主要完成以下工作

（1）对审计与响应系统功能和能力需求的准确、合理定位。至少需要考虑如下因素。

① 信息系统的现状，包括系统配置和网络划分等。

② 可利用的资源条件，如网络信道条件、机房条件等。

③ 根据公司相关情况确定对于信息系统中相关应用中断、延迟时限，以及对系统性能损失的容忍程度等的要求。

④ 明确审计与响应系统功能和能力需求的具体定位。

（2）根据功能和需求定位进行方案的比较和选择。

① 在选择技术方案时应充分考虑系统现状以及系统的远期规划，尽量减少对现有系统的影响范围和程度。

② 尽量避免在方案中对某个厂家设备/系统的依赖性。

③ 研究具体技术方案在辽宁电力有限公司实施的可行性（统一管理）。

④ 明确具体方案的实施对象（即针对的具体网段和主机）。

（3）提出审计与响应系统的相关配置要求和配套条件要求如下。

① 需新增的软、硬件设备配置，包括对现有系统相关配置的变更。

② 明确对于审计与响应系统所需要的网络通信条件的要求。

③ 明确对于相关规章制度、操作流程等管理规范的要求。

4．系统管理

建立审计与响应系统后，实现对审计与响应系统，主机系统、网络通信等的运行情况的实时监测是非常必要的，当监测并确认到主用中心系统失效时，才可作出启用审计系统、系统接管等决定，并执行相应的流程操作。

系统管理中配置信息安全事件响应辅助工具如下。

（1）审计与响应策略决策系统：审计策略决策系统应以风险及损失分析为基础，同时考虑成本、响应速度、防灾种类、数据的完整性等因素，通过科学的分析及决策方法来确定应采用的审计策略。

（2）信息安全事件响应指引系统：通过将相应的信息安全事件响应处理流程编成相应的在线指引性软件系统，在信息安全事件发生后指导管理维护人员如何一步一步地依照设定好的步骤，准备相应的资源，执行相应的操作，从而准确地进行信息安全事件响应。信息安全事件发生后的响应工作是一项复杂的系统工作，不是仅凭经验就可以做好的，响应工作必须依照严格的操作指南来完成，以保证整个系统响应工作的有序进行。

（3）自动运行管理系统：运行自动化是指通过软、硬件等措施，实现主用系统及审计系统的全部或部分自动操作。这样既可减少人员的投入，又可减少由于人为失误而带来的损失，从而提高整个系统的安全性与可靠性。

3.4　网络信息安全工程应用实例

本节介绍按照辽宁电力网络信息安全系统总体框架、网络信息安全管理体系及技术体系组织网络信息安全工程建设与应用情况。

3.4.1　项目综述

辽宁电力系统信息安全应用示范工程是科技部"十五"期间信息安全领域重点科技攻关项目。工程按照国家信息安全工作的总体要求，积极吸收国内外信息安全领域的先进思想，在辽宁省电力公司信息系统范围内，应用国内外成熟的信息安全技术及产品，开发并且实施辽宁电力信息系统安全保障的总体框架、技术体系、管理体系、评估体系，发挥行业的示范作用，指导电力行业信息安全建设工作，落实国家信息安全战略。完成国家电网公司下达的电力系统信息安全示范工程有关工作；推动国家电网公司信息安全工作的迅速开展，避免重复开发所造成的资金浪费。为电力系统全面实施安全战略提供科学依据和实践经验，指导电力企业信息安全的建设。

近年来，辽宁电网信息化建设投入了大量资金，计算机及信息网络系统在电力生产、建设、经营、管理、科研、设计等各个领域有着十分广泛的应用，尤其在电网调度自动化、厂站自动控制、管理信息系统、电力负荷管理、计算机辅助设计、科学计算以及教育培训等方面取得了较好的效果，在安全生产、节能降耗、降低成本、缩短工期、提高劳动生产率等方面取得了明显的社会效益和经济效益，同时也逐步健全和完善了信息化管理机构，培养和建立了一支强有力的技术队伍，有力促进了电力工业的发展。

3.4.2　项目实施前的信息网络及安全状况

截止到 2000 年 12 月，辽宁电力信息主干网为千兆以太网，信息点设置为 2400 多个。网络中心以两台 SmartSwitchRoute8600 交换式路由器为核心交换机，省公司机关大楼每三层设置一台背板式 DECHUB 900 MultiSwitch 交换机。辽宁电力信息广域网 2M 以上连接 38 个单位。其中，1000M 连接国电东北公司、南胡大酒店等 8 个单位；100M 连接辽宁电力科学研究院等 5 个单位；2M 连接吉林、黑龙江省公司、辽宁省公司所属 13 个供电公司、7 个发电厂和 3 个其他单位，共 25 个单位。通过中国电信和吉通公司的中国金桥网（ChinaGBN）接入国际互联网，是国电东北公司、吉林、黑龙江省电力有限公司及辽宁省电力有限公司所属单位连接国家电力中心的枢纽，提供域名服务、打印服务、目录服务、文件服务等十多种服务。辽宁电力信息网建立了统一的广域网防病毒体系并为基层各单位配备了安全漏洞检测系统，为省公司建立了数据备份系统等。

3.4.3　项目实施后的信息网络及安全状况

项目实施后，辽宁电力信息网城域网连接在沈 16 个局域网，广域网连接 42 个局域网，主干网络连接 13 个住宅小区。其中 13 个供电公司连接速率为 622M、155M、34M，中心采用一台 CISCO7609 路由器，13 个供电公司采用 CISCO7204 路由器。

省公司主干网采用星形结构，传输介质为光纤，网络主干速率为 2G，主干与其他单位相连采用 1000M 专线、155M 专线、100M 专线、2M 专线相结合的方式，信息点 3400 个。网络中心以三台 Smart Switch Route 8600 交换式路由器为核心交换机，连接省公司机关大楼，每三层设置一台 ELS-100 楼层交换机；省公司主干网共 25 台服务器，其中中央服务器、办公自动化服务器、生产数据库服务器、Intranet 服务器通过 1000M 多膜光纤直接连接在 SSR 8600 中央交换机上，部门服务器等多种服务器通过 100M 多膜光纤直接连接在 SSR 8600 中央交换机上。

辽宁电力信息网主干网上运行的应用系统和程序共 140 个，主要应用系统在原有基础上进行了不断完善，并新增了省公司统一管理的数据备份中心、基层单位数据备份系统、PKI—CA 认证应用系统，统一管理的省公司及 13 个供电公司的防火墙系统，网络信息安全监视及管理平台。全省统一配置了 Oracle 数据仓库、数据库、BEA 的中间件、IBM Tivoli 网络管理系统等工具。

3.4.4　项目实施历程

1. 调研分析和方案论证

受国家电力公司委托，辽宁省电力有限公司于 2000 年 8 月开始"国家电力公司信息安全示范工程"项目前期准备工作。省公司领导对此十分重视，专门成立了信息安全示范工程项目领导小组，指定专人负责，各有关业务部门派专人参加配合工作。

2000 年 8 月 10 日将辽宁电力系统信息网络系统情况材料上报国家电力公司科环部。

2000 年 8 月 25 日，参加了科环部组织的可行性研讨会。根据讨论情况，我们有针对性地进行了调研工作，先后与中国电科院、哈尔滨工业大学、北京东华诚信公司、IEI

公司、北京外企紫垣网络安全技术有限公司、鼎天软件有限公司、北京赛门铁克信息技术有限公司和 CA 中国有限公司就信息安全问题进行了深入探讨，在充分了解了国内外信息安全目前所采用的技术、产品的基础上，2001 年 2 月完成了项目可行性研究报告，并于 2 月 20 日通过了国家电力公司组织的评审。2001 年 6 月与国家电网公司签订"国家电力公司信息安全示范工程——辽宁电力系统信息安全示范工程"合同。

2002 年 4 月 1 日，国家电力公司在北京召开了国家电力信息安全技术研讨会。电力系统信息安全示范工程专家组成员和信息安全应用示范工程项目的有关单位技术人员讨论了"电力系统信息安全示范工程"可行性报告中的"项目主要研究内容、关键技术及实施技术路线"。最后确定主要研究内容如下。

（1）电力信息系统安全工程总体框架。

（2）电力信息系统安全策略。

（3）电力信息系统安全技术体系。

（4）电力信息系统安全管理体系。

（5）安全技术与产品在电力系统的应用与评测体系。

关键技术及创新点如下。

该项目的技术创新在于将 PKI 的信任与授权服务技术、网络信任域技术与电力信息系统的具体业务相结合，为电力企业内部的生产经营管理和服务于社会大众的信息系统提供统一的信息安全保障，形成有电力特色的信息安全保障体系。

项目实施的技术路线如下。

（1）系统级的网络安全设计。

（2）采用信任与授权机制，实现信息资源、用户、应用的高强度的安全保障。

（3）统一的安全管理。

（4）用户定制的授权管理。

（5）自主知识产权安全产品的应用。

2002 年 10 月，省公司与中国电力科学研究院、哈尔滨工业大学等合作，辽宁电力系统进行了信息安全评估。通过评估，首先了解了辽宁电力信息系统安全现状和存在的各种安全风险，发现与安全目标之间的差距；其次对现有企业信息安全策略进行动态调整、修订和完善，丰富企业信息系统安全策略；第三，发现企业中存在的比较迫切的安全需求。根据评估的结果有针对性地修改完善了"辽宁电力系统信息安全实施方案"。2003 年 2 月 26 日，该方案通过了国家密码办管理委员会办公室在北京组织的评审。

按评审会上专家提出的建议，我们对实施方案又做了进一步完善，主要开展了以下工作。

为保证辽宁电力系统信息安全防火墙产品的正确选择，7 月 21 日至 8 月 3 日，省公司和电科院信息安全项目组有关人员在国家电力科学研究院对天元龙马、清华实德、天融信、东软和联想这 5 家国内知名品牌的国产防火墙产品进行了技术功能和技术性的测试。经过测试，对各家防火墙产品的功能和性能有了全面的了解，为省公司防火墙产品的合理选型，保证今后防火墙产品在省公司的有效应用奠定了基础。

7 月 22 日在北京参加国家电网公司组织召开的 CA 研讨会，初步制定了证书格式规范，考察了中国金融认证中心（CFCA），全面了解了 CFCA 的体系结构、采用的技术标准、安全保障机制和证书的应用等情况。根据省公司证书应用的实际需求，参考了 CFCA 的有关应用经验，我们编制了 PKI-CA 测试大纲，7 月 23 日和 8 月 1 日我们对北京格方网络技术有限公司和吉大正元网络技术有限公司的 PKI-CAX 系统进行了测试，两家的产品均能满足我们的需求。

在防"非典"期间，省公司办公楼禁止外来人员进入，在一定程度上影响了我们与各公司的直接交流。为保证信息安全工程按时完成，我们通过 Email、电话和传真等通信工具一直与各公司保持联系，同时委托国家电力科学研究院的项目组成员在北京与有关公司进行技术交流，细化方案，降低了"非典"对工程工期的影响。

2. 项目实施

（1）2002 年 2 月省公司与国家电力公司签定了"国家电力系统信息安全示范工程"项目合同，科技部 2002 年 250 号文下达了"电力系统信息应用示范工程"项目。

（2）按科技部和国家电力公司信息安全示范工程的有关要求和统一部署，省公司开展了信息网络系统结构优化调整工程，在 Internet 和住宅小区的网关处更换 2 台防火墙，用于保护应用系统和网络的安全；新增一套均衡负载交换机，能够充分利用接入 Internet 的 4 条线路；新增了一个容量为 900GB 的存储系统来完善数据的存储；一台 Cisco7609 路由器，广域网中 13 个供电公司的 Cisco 2509 路由器更新为 Cisco 7204，为广域网 VPN 应用创造了条件。上述设备已全部安装调试完，正式投入运行。

（3）在网络系统结构优化调整的同时，进行了应用系统平台的优化调整。新增 2 台 SUNF3800 服务器，采用双机集群技术，用于辽宁电力信息网 Intranet 网络安全管理平台和应用服务等功能；2 台 IBM M85 服务器，采用双机集群技术，用于完善办公自动化系统；对原有应用系统进行升级，建立了集中的统一用户管理系统，为现有的和将来的应用系统提供用户认证服务；通过安全的委托管理机制，实现统一用户的分级管理；建立了集中、统一管理的 DNS 系统，使管理简单化；建立了统一的邮件平台，在为本地用户提供邮件服务的同时，能够为基层单位提供邮件服务；通过对代理系统的升级和设置，能够对用户的所有访问进行控制。

（4）按省公司信息化有关工程的进度要求，我们在 2003 年 8 月初进行了信息化有关项目的招标准备工作，编制招标方案和技术规范，同时与有关厂商进一步细化技术方案，8 月 9 日招标文件全部完成。招标工作由东北电力集团成套设备有限公司组织。

2003 年 8 月 18 日，在沈阳天都饭店召开了"辽宁省电力有限公司 2003 年信息化建设工程"评标会议。

2003 年 8 月 18 日至 8 月 21 日，评标组对 10 个标段的 41 份投标文件进行详细审查、答疑，最后确定了 10 个预中标单位。

信息安全项目预中标单位分别是：吉大正元信息技术股份有限公司（PKI-CA）；东软软件公司（防火墙）；北京东华合创数码科技有限公司（省公司数据备份中心）；辽宁傲联通科技发展有限公司（基层数据备份系统）。

（5）定标决议下达后，信息中心组织有关厂商制定详细的实施方案，2003 年 9 月底签订合同，所有工程项目按计划进行。

（6）2003 年 11 月中旬开始，信息安全示范工程签订的 PKI—CA、防火墙、数据备份等合同的所有设备已到货，各系统集成商开始安装调试。

3.4.5　项目实施取得的主要成果

1. 建立了电力系统信息安全保障的总体框架

辽宁电力系统信息安全保障的总体框架，是以信息安全总方针为指导核心，以标准化信息系统安全工程理论与方法为指导，全面实施信息安全管理体系和技术体系，保持信息系统安全水平并持续改进。该框架由相互关联的 4 个相关体系组成：信息安全总方针、信息安全管理体系、信息安全技术体系和信息安全工程模型。

（1）信息安全总方针包括信息安全目标、信息安全理念、信息安全模型和信息安全策略。

（2）信息安全管理体系包括信息安全策略、信息安全组织建设、信息安全运行管理。

（3）信息安全技术体系包括鉴别与认证、访问控制、内容安全、冗余和恢复、审计与响应 5 个方面。

（4）信息安全工程模型，是在对系统安全工程能力成熟度模型（SSE-CMM）进行全面研究的基础上提出的，把一个信息安全工程分为风险过程、工程过程和保证过程，这三个过程是相互关联、相互作用的。信息安全工程过程就是这 3 部分重复和循环的过程。

制定了《辽宁电力有限公司信息安全方针》、《辽宁省电力有限公司 Windows 2000 安全配置标准》、《辽宁省电力有限公司病毒防治管理规定》和《辽宁省电力有限公司网络设备安全管理规定》等 11 个安全策略。

2. 建立了信息安全管理体系

信息安全管理体系是信息安全体系建设的关键，辽宁电力系统的信息安全管理体系是在信息安全风险评估基础上制定的。体系结构包括信息安全策略、信息安全组织建设、信息安全运行管理 3 个方面。

信息安全策略由信息安全总方针、技术标准和规范、管理制度和规定、组织机构和人员职责、操作流程等构成。把信息安全相关的制度和内容通过文件的形式确定下来，在省公司系统内发布并执行，并定期审查和不断进行修改、调整和完善，以便适应安全形式的发展。《操作系统安全配置标准》、《防火墙安全标准》和《信息系统主机加固安全管理制度》等一系列安全策略已在省公司系统内执行。

在信息安全组织建设方面，设立了相应的组织管理机构，由专人负责信息安全项目的管理、组织实施工作，有效地推动了信息安全工作的进展。保证信息安全项目的顺利实施。

在信息安全管理策略的指导下，配合信息安全技术手段，系统开展了信息安全运行管理工作，包括日常维护，风险评估以及事件处理等内容。

3. 建立了信息安全技术体系

辽宁电力系统信息安全技术体系包括鉴别与认证、访问控制、内容安全、冗余和恢复、审计与响应 5 个方面。

（1）鉴别与认证主要解决主体的信用问题和客体的信任问题。采用 PKI/CA 技术，用基于"数字证书"的认证机制代替现在"用户名+口令"的认证机制。

（2）访问控制技术主要是在网络的边界处等关键位置通过配置适当的控制规则/策略来限制用户对信息资源的访问。通过省公司和 13 个供电公司统一的层次化的防火墙防护体系，实现对信息资源的访问控制；同时应用主机加固系统，增强主机系统的访问控制能力。

（3）内容安全主要是直接保护在系统中传输和存储的数据等内容。利用省公司统一部署的全方位、多层次病毒防护体系，控制病毒在网络中的传输，保证数据传输和存储安全性；采用 VPN 技术，保证了关键业务数据传输的保密性、真实性与完整性；建立了省公司和 13 个供电公司的数据备份系统，保证数据的可用性。

（4）冗余和恢复主要是在异常情况发生前所作的准备和发生后所采取的措施。在局域网核心层和接入层冗余设计，在省公司 13 个供电公司统一建立了数据备份系统。

（5）审计是对主业务进行记录、检查、监控，响应完成的是对网络安全问题的实时检测、告警和处理。采用了漏洞扫描工具和入侵检测。

4. 组织实施了信息安全风险评估

电力系统内第一次在全面深入研究信息安全风险评估的理论及方法基础上，结合电力系统信息安全特色，依靠项目中培养的技术力量，成功组织了省公司范围的风险评估，初步形成国家电网公司信息安全风险评估相关规范。

在充分借鉴相关国际标准：ISO17799、ISO13335、ISO15408，SSE_CMM 以及美国 NISTSP800 系列等基础上，结合电力行业业务特色，提出了辽宁电力信息安全风险评估模型，制定了辽宁电力信息安全风险评估规范，成功组织完成了对辽宁电力现有信息系统的风险评估。

评估体系覆盖了信息系统的技术、管理、人员以及工程实施等方面，提出了综合上述多种因素的量化的风险计算模型与评价方法，全面、客观、深入地识别了系统面临的风险，制定了合理可行的风险控制方案，指导下阶段安全技术体系与管理体系的建设。

结合评估工作，形成了一套电力系统行之有效的安全评估理论、方法与流程、规范，及实用化的评估工具。

通过示范工程中安全评估工作的实践，国网公司将安全评估纳入企业安全生产评价体系中，作为信息系统安全管理基础工作开展，将评估工作规范化、制度化。

5. 建立了电力系统信息安全实验室

初步建立了电力系统第一个信息安全实验室，其实验室技术条件与技术队伍在电力行业内领先，具备持续承担电力系统信息安全领域的科研任务与技术服务工作的能力。

在信息安全示范工程实施过程中，利用实验室先进的技术条件和技术队伍，深入研究了信息安全核心技术、信息安全工程理论、信息安全攻防手段、信息安全检测与评估手段。成功完成了示范工程中防火墙、IDS 产品的选型评测，完成了辽宁电力信息安全评估，并且初步形成了电力企业信息安全风险评估实施规范、电力信息系统防火墙选型评测规范（试行）；电力信息系统 IDS 选型评测规范（试行），为安全产品的合理选型提供了科学的依据。

实验室测试环境能模拟多种网络环境；能够提供受控的、可重复的测试条件，能够将完成测试任务所需的时间及其他资源的投入控制在合理的范围内；提供的评测结果客观、正确、可靠。可模拟仿真事故，做好应急措施和紧急恢复方案。

利用实验室先进的技术条件和技术队伍，对技术人员进行了安全培训。

辽宁省电力有限公司与微软（中国）有限公司合作，建立了一整套基于.NET 架构的企业级应用测试环境，并将提供企业级各类应用的测试和实验平台。

.NET 是微软所倡导的业界标准，它以工业标准和 Internet 标准为基础，为开发（工具）、管理（服务器）、使用（建立社区服务以及智能的客户端程序）以及体验（丰富的用户体验）XML Web 服务的各个方面提供支持，从而成为企业构建信息架构的最佳平台。

6. 建立了辽宁电力系统 PKI-CA 认证中心

初步建立了辽宁电力系统统一的认证与授权机制、统一的时间服务，确保信息在产生、存储、传输和处理过程中的保密、完整、抗抵赖和可用；将省公司的信息系统用户纳入到统一的用户管理体系中；提高应用系统的安全强度和应用水平。

辽宁电力系统的 PKI-CA 认证系统，采用自主开发、拥有完全的自主知识产权的国内信息安全产品加以实现。包括一个 KMC 密钥管理中心、CA 中心、RA 中心和一个远程受理点。其结构可平滑地连接到国家电网公司根 CA 上，如图 3-9 所示。

建立一套主、从目录服务器体系和 OCSP 服务器，存放全省所有的证书和废除证书列表。实现证书的查询及 CRL 的发布。

初步建立 PMI 系统，实现对应用系统的各种资源进行集中访问控制，并完成授权管理。

初步建立时间戳服务系统，为应用系统提供精确可信的时间戳服务，保证业务处理的不可抵赖性和可审计性。

应用 PKI 技术对现有的应用系统进行安全改造建设，为应用系统提供加密、解密、签名、验签等安全功能。

7. 网络信息安全监视及管理平台

依托成熟稳定的平台产品，将辽宁电力信息网中与安全相关的信息集中，利用数据仓库技术作灵活的展示，包含安全产品的信息、网络的性能信息和故障信息、主机的性能信息和故障信息、数据库的性能信息和故障信息以及应用系统的性能信息和故障信息。并对相关信息生成定期报表，对性能信息做出趋势预测。用户可以通过 Web 的方式，以图形的方式查询网络设备的运行情况，可以分为实时和历史两种模式；对于设备运行过程中出现的故障能够在图形上展现出来，并且按照用户设定的方式进行告警，如声、光、E-mail 和手机短消息等。系统支持大屏幕显示方式，如图 3-10 所示。

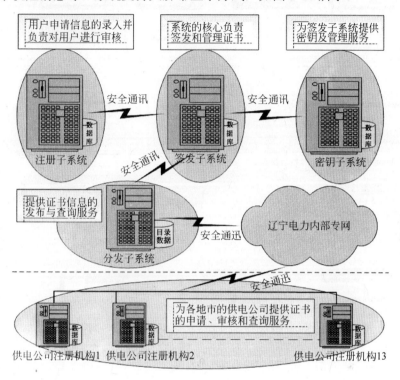

辽宁电力PKI-CA系统功能结构图

图 3-9   辽宁电力系统的 PKI-CA 认证系统功能结构

整个系统从大的层次分为监控单元层、数据处理层和用户界面层。系统从网络管理平台获得网络监控的基础性能数据，经过综合数据处理平台的数据整合处理转换成用户需要的展现方式。

8．建立了数据备份和灾难恢复系统

辽宁电力系统异地数据备份和容灾系统由两个省级备份中心（省公司和沈阳供电公司），12 个区域备份中心（12 个供电公司）构成。实现省公司和 13 个供电公司数据的本地、异地备份功能。实现了将存储相关资源，数据、介质、设备等在线存储资源统一管理和调度，合理分配存储备份资源，避免资源浪费，提高资源的利用率。对所有重要应用系统实现了系统级和数据级的自动备份与恢复，增加了备份的安全性与可靠性；在系统毁损而必须完全重新安装操作系统、应用程序的状态下，提供简便且快速的灾难恢复能力；可以在最短的时间内同时对大量的数据进行备份，提供高速的备份能力。

统一制定了备份策略，建立了辽宁电力系统的数据信息存储管理模式和规章制度。

为今后建立辽宁电力系统数据中心奠定了技术基础。

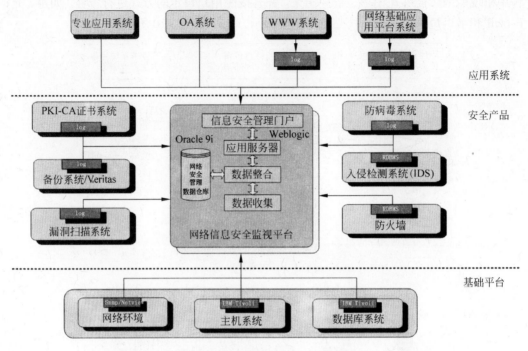

辽宁电力网络信息安全监视及管理平台架构图

图 3-10　辽宁电力网络信息安全监视平台架构图

该系统的应用，保证了省公司企业各业务系统数据的安全。为电网的安全生产、经营和管理提供了保障。

9．建立了信息网络安全防护体系

辽宁电力系统信息安全防护体系由防病毒系统、防火墙系统、漏洞扫描和入侵检测系统构成。

在辽宁电力信息网内统一部署了防病毒系统，制定并采用统一的防病毒策略和防病毒管理制度，省公司设一级防病毒服务器，基层单位及其二级单位设二、三级防病毒服务器，由省公司负责病毒定义码的更新。

在省公司及所属 13 个供电公司统一部署了防火墙系统，形成统一的层次化的防火墙防护体系。将辽宁电力信息网整体划分为外网、行业、基层、住宅区、DMZ 和内网 6 个安全域；在安全域之间采取有效的访问控制措施。在 Internet 出口、服务器集群网段接口处以及基层的接入处的防火墙，采用双机热备、负载均衡的部署方案。

辽宁电力网数据存储备份系统结构图如图 3-11 所示。

为了保证防火墙安全策略的一致与完整性，提高安全管理水平，在省公司对所有的防火墙进行集中管理，统一设置、维护安全策略并下发，监督所有防火墙运行状况，查看、统一分析安全日志。落实防火墙管理制度，技术手段和管理手段结合使用，保证企业安全。

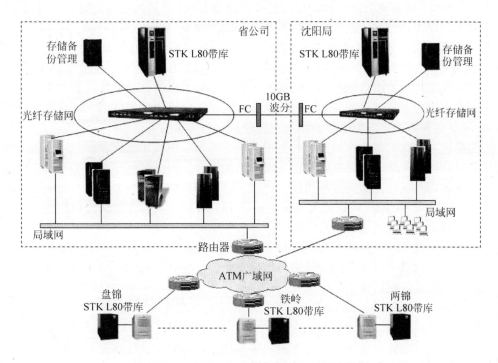

图 3-11 　辽宁电力网数据存储备份系统结构图

在省公司系统中统一部署了入侵检测系统（IDS）、漏洞扫描系统和主机加固系统。可以发现网络中的可疑行为或恶意攻击，及时报警和响应。可对网络和主机进行定期的扫描，及时发现信息系统中存在的漏洞，采取补救措施，增加系统安全性。

通过建立信息安全防护体系，有效地保证了省公司信息网络和应用的安全。

10．组织汇编和编译国际信息安全标准

编译了信息技术-IT 安全管理指南、信息安全管理、系统安全工程能力成熟度模型 SSE-CMM 和风险评估工作指南等 26 个国际标准。

11．健全信息安全管理及培训制度

2002 年 10 月 30 日，为了贯彻落实国务院和国家电力公司对网络与信息安全工作的要求，保证省公司系统的网络与信息系统在十六大和明年两会期间的正常运行，防止网络受到破坏和攻击、防止有害信息传播等情况的发生，有效防范与处理重大网络安全事故，省公司信息中心组织召开了"辽宁电力系统信息化工作座谈会"。提出了具体工作要求，要求各单位要提高认识，狠抓落实，全力以赴，确保两会期间的网络与信息安全。各信息系统要本着"谁主管，谁负责"、"谁经营，谁负责"、"谁使用、谁负责"、"谁上网、谁负责"的原则，明确责任到人，落实措施到岗，资金保证到位，保证必要的人力、物力和资金的投入。要加强网络与信息系统的安全管理，制定、完善相关规章制度，加强信息工作人员及信息系统用户的信息安全培训，提高全体工作人员的信息安全技能和意识。要按照《国家电力公司网络与信息安全评测大纲》开展网络与信息安全自查工作，并结合本单位实际情况，制定安全防范措施和应急预案。

为贯彻落实国家电力公司的安全生产方针，加强辽宁电力信息网络系统的安全管理，提高网络安全水平，保证网络和信息系统的正常进行，促进电力工业信息化的发展，于 2002 年 11 月开始组织基层单位有关人员编制《辽宁电力信息系统信息安全规程（试行）》，辽宁电力系统信息网络运行规程（试行）和辽宁电力信息网络系统管理规程（试行）。这些规程将保证各单位将网络安全管理落实到实际的工作中。

为保证省公司机关及所属单位的主机安全，开发了主机加固程序，并用视频系统开展信息安全培训工作，指导基层单位完成主机加固。

在防病毒等工作方面充分利用辽宁电力信息发布系统，在网上设立"防病毒专栏"，公布"冲击波"、"CIH"、"蠕虫王"和"杀手 13"等病毒及其变种病毒防治的方法，保证了辽宁电力系统的网络和信息安全。

下发和转发了《信息系统数据备份与管理暂行规定》、《信息系统主机安全加固管理制度》、《关于对"十六大"期间网络与信息安全工作部署的紧急通知》、《关于对用涉密计算机上国际互联网问题进行保密安全检查的通知》和《辽宁电力有限公司信息系统信息安全策略——Windows 2000 安全配置标准》等有关文件和标准。

为保证示范工程的质量和按期完成，2003 年 4 月参加了 BS 7799 信息安全培训，系统学习了信息安全管理基础、实践规范、体系规范、信息安全技术管理、安全措施等。

为提高基层供电公司技术人员的信息安全方面的技能，2003 年 11 月 17 日至 20 日省公司信息中心在沈阳南湖大酒店举办了网络管理系统、防火墙和数据备份系统技术培训班。培训内容有：防火墙（Neteye 防火墙）的配置和基本操作；网络管理系统（Tivoli）的体系结构、基本操作和配置；数据备份管理系统（Veritas）的安装与基本操作和 StorageTek 自动磁带库安装与维护。基层 13 个供电公司共有 23 人参加，每单位至少有一人参加。

通过培训，基层单位技术人员对即将实施的系统有了初步的了解，再经过实施工程中的现场培训，基本可以达到一般的运行维护水平。

12．持续改进完善，不断提高应用水平

在全省各供电公司建立远程受理点及目录服务、OCSP 服务系统，从而将现有的省公司认证系统扩充为整个辽宁电力系统范围的认证系统，形成辽宁电力系统完整的认证体系。并建立各供电电力公司的安全应用支撑平台，完成辽宁电力系统的认证系统体系建设，进一步完善应用系统改造，完成各地市供电公司的应用改造系统。为辽宁电力系统应用系统进行证书安全服务。

对全省数据备份系统存储设备进行扩容，对在线及二级存储进行扩容，不断接入新的应用系统，满足辽宁电力系统不断发展的需要。在省公司与沈阳、大连供电公司建立全省的数据信息存储灾备中心，实时容灾集群，实现异地应用级的集群备份。不断完善现有的网络信息系统，坚持四统一原则，加强基层单位信息化建设，满足省公司生产、经营和管理的安全需求。

第4章 网络信息安全风险评估方法及应用

网络信息安全风险评估方法包括资产的识别与赋值、威胁的识别与赋值、弱点的发现与赋值、整体风险的评估，以及最终形成风险评估报告。通过对网络信息系统进行安全风险评估，全面了解安全风险现状和存在问题，提出企业网络信息系统的安全建设建议和措施。

本章介绍的信息资产包括服务、数据、硬件、软件，文档、设备、人员及企业形象，客户关系等；信息安全威胁包括非授权蓄意行为、不可抗力、人为错误以及设施/设备错误等；信息安全弱点分类、发现与赋值及信息安全弱点获取等概念及工程方法，还介绍辽宁电力信息安全风险评估方法及应用实例。

4.1 风险评估目的及范围

风险评估目的是通过对网络信息系统进行安全风险评估，第一，了解企业电力信息系统安全现状和存在的各种安全风险，发现与信息系统现有安全策略中的所要求的安全目标之间的差距；第二，对现有企业网络信息安全策略进行动态调整、修订和完善，丰富企业信息系统安全策略；第三，根据安全评估的结果来发现企业中存在的比较迫切的安全需求，并且为企业网络信息系统的安全建设提供参考依据。

风险评估的范围包括资产的识别与赋值、威胁的识别与赋值、弱点的发现与赋值、整体风险的评估，以及最终形成风险评估报告。

4.2 信息资产的识别与赋值

信息资产包括服务、数据、硬件、软件，文档、设备、人员及企业形象，客户关系等，信息资产的识别与赋值的意义及实施方法是本节介绍的主要内容。

4.2.1 信息资产分类

资产是企业、机构直接赋予了价值因而需要保护的东西。它可能是以多种形式存在，无形的、有形的，硬件、软件，文档、代码，服务、企业形象等。它们分别具有不同的价值属性和存在特点，存在的弱点、面临的威胁、需要进行的保护和安全控制都各不相同。企业的信息资产是企业资产中与信息开发、存储、转移、分发等过程直接、密切相关的部分。

参照 BS7799 对信息资产的描述和定义，将信息资产按照下面的分类方法进行分类，如表 4-1 所示。

表 4-1　信息资产分类表

类　别	简　称	解释/举例
数据	Data	存在于电子媒介的各种数据和资料，包括源代码、数据库数据、业务数据、客户数据、各种数据资料、系统文档、运行管理规程、计划、报告、用户手册等
服务	Service	各种业务生产应用、业务处理能力和业务流程（Process）、操作系统、WWW、SMTP、POP3、FTP、MRPII、DNS、呼叫中心、内部文件服务、网络连接、网络隔离保护、网络管理、网络安全保障、入侵监控等
软件	Software	应用软件、系统软件、开发工具和资源库等
硬件	Hardware	计算机硬件、路由器、交换机、硬件防火墙、程控交换机、布线、备份存储设备等
文档	Document	纸质的各种文件、合同、传真、电报·财务报告、发展计划等
设备	Facility	电源、空调、保险柜、文件柜、门禁、消防设施等
人员	HR	各级管理人员、网管员、系统管理员、业务操作人员、第三方人员等与被评估信息系统相关人员
其他	Other	企业形象、客户关系等

1．服务

服务在信息资产中占有非常重要的地位，通常作为企业运行管理、商业业务实现等形式存在，属于需要重点评估、保护的对象。

通常服务类资产最为需要保护的安全属性是可用性。但是，对于某些服务资产，完整性和机密性也可能成为重要的保护对象。例如，通常的门户站点的新闻浏览、计算环境等的可用性最为重要。但是，完整性也同样重要，例如门户站点的主页被修改，造成的损失也可能是灾难性的。

2．数据

数据在信息资产中占有非常重要的地位，通常作为企业知识产权、竞争优势、商业秘密的载体，属于需要重点评估、保护的对象。

通常，数据类资产需要保护的安全属性是机密性。例如，公司的财务信息和薪酬数据就是属于高度机密性的数据。但是，完整性的重要性会随着机密性的提高而提高。

企业内部对于数据类资产的分类方法通常根据数据的敏感性（Sensitivity）来进行，与机密性非常类似。例如，表 4-2 是常用的一种数据分类方法。

表 4-2　数据类资产的子类表

	简　称	解释/举例
公开	Public	不需要任何保密机制和措施，可以公开使用（例如产品发表新闻等）
内部	Internal	公司内部员工或文档所属部门使用，或文档涉及的公司使用（例如合同等）
秘密	Private	由与顾问服务项目相关的公司和客户公司成员使用

	简　　称	解释/举例
机密	Confidential	只有在文档中指定的人员可使用，文档的保管要在规定的时间内受到控制
绝密	Secret	非文档的拟订者或文档的所有者及管理者，其他指定人员在使用文档后迅速地按要求销毁

但是，这样的分类并不能反映在数据资产的全部安全属性。所以，在顾问咨询中，将采取对数据类资产直接赋值的方法来进行。

3．软件

软件是现代企业中重要的固定资产之一，与企业的硬件资产一起构成了企业的服务资产以及整个的 IT 信息环境。一般情况下，软件资产包括软件的许可证、存储的媒体和后续的服务等，与可能安装或运行的硬件无关，软件的价值经常体现在软件本身的许可证、序列号、软件伴随的服务等无形资产上面。

安装或运行后的软件，开始为企业提供服务和应用的功能后，成为服务资产类，有别于软件资产。

按照软件所处的层次和功能，可以将软件资产分为以下子类，如表 4-3 所示。

表 4-3　软件类资产的子类表

	简　　称	解释/举例
系统	OS	各种操作系统及其各种外挂平台，如 Windows 2000、RichWin 等
应用软件	APP	各种应用类软件，如 MS Office、财务软件、数据库软件、MIS 等
开发环境	DEV	各种开发环境类软件，如 MSDN、Java 开发环境、Delphi 等
数据库	DB	各种数据库类软件，如 Oracle、DB2、Sybase 等
工具类	TOOL	如 Winzip、Ghost 等

4．硬件

硬件主要指企业中的硬件信息设备，包括计算机硬件、路由器、交换机、硬件防火墙、程控交换机、布线、备份存储等设备。硬件资产单指硬件设备，不包括运行在硬件设备中的软件系统、IOS、配置文件和存储的数据等，软件本身属于软件资产。

运行中的软件系统和 IOS 等属于服务资产，配置文件和存储的数据属于数据资产。

5．文档

文档主要指企业的纸质的各种打印和非打印的各种文档和文件，包含了企业有价值的信息，又以纸质的方式来保存，包括文件、合同、传真、财务报告、发展计划、业务流程、通讯录、组织人员职责等。

因为纸质文档的安全保护方法和电子信息的方法完全不同，所以和数据资产区别对待。

6．设备

设备主要指企业的非 IT 类的设备，主要包括电源、空调、保险柜、文件柜、门禁、消防设施等。此处一般属于物理安全的问题，主要的设备一般集中在机房内。

7．人员

人员主要指企业与信息相关的人员，包括管理人员、网络管理员、系统管理员、业务操作人员等与被评估信息系统相关的人员。

4.2.2　信息资产赋值

信息资产分别具有不同的安全属性，机密性、完整性和可用性分别反映了资产在 3 个不同方面的特性。安全属性的不同通常也意味着安全控制、保护功能需求的不同。通过考察 3 种不同安全属性，可以得出一个能够反映资产价值的数值。对信息资产进行赋值的目的是为了更好地反映资产的价值，以便于进一步考察资产相关的弱点、威胁和风险属性，并进行量化。

1．机密性

根据资产机密性（Confidentiality）属性的不同，将它分为 5 个不同的等级，分别对应资产在机密性方面的价值或者在机密性方面受到损失时对企业或组织的影响。赋值方法如表 4-4 所示。

表 4-4　资产机密性属性等级赋值表

赋值	含　　义	解　　释
4	Very High	机密性价值非常关键，具有致命性的潜在影响或无法接受、特别不愿接受的影响
3	High	机密性价值较高，潜在影响严重，企业将蒙受严重损失，难以弥补
2	Medium	机密性价值中等，潜在影响重大，但可以弥补
1	Low	机密性价值较低，潜在影响可以忍受，较容易弥补
0	Negligible	机密性价值或潜在影响可以忽略

2．完整性

根据资产完整性（Integrity）属性的不同，将它分为 5 个不同的等级，分别对应资产在完整性方面的价值或者在完整性方面受到损失时对企业或组织的影响，赋值方法如表 4-5 所示。

表 4-5　资产完整性属性等级赋值表

赋值	含　　义	解　　释
4	Very High	完整性价值非常关键，具有致命性的潜在影响或无法接受、特别不愿接受的影响
3	High	完整性价值较高，潜在影响严重，企业将蒙受严重损失，难以弥补
2	Medium	完整性价值中等，潜在影响重大，但可以弥补
1	Low	完整性价值较低，潜在影响可以忍受，较容易弥补
0	Negligible	完整性价值或潜在影响可以忽略

3．可用性

根据资产可用性（Availability）属性的不同，将它分为 5 个不同的等级，分别对应资产在可用性方面的价值或者在可用性方面受到损失时对企业或组织的影响，赋值方法如表 4-6 所示。

表 4-6　资产可用性属性等级赋值表

赋值	含　义	解　释
4	Very High	可用性价值非常关键，具有致命性的潜在影响或无法接受、特别不愿接受的影响
3	High	可用性价值较高，潜在影响严重，企业将蒙受严重损失，难以弥补
2	Medium	可用性价值中等，潜在影响重大，但可以弥补
1	Low	可用性价值较低，潜在影响可以忍受，较容易弥补
0	Negligible	可用性价值或潜在影响可以忽略

4．资产价值

资产价值（Asset Value）用于反映某个资产作为一个整体的价值，综合了机密性、完整性和可用性 3 个属性。

通常，考察实际经验，3 个安全属性中最高的一个对最终的资产价值影响最大。换而言之，整体安全属性的赋值并不随着 3 个属性值的增加而线性增加，较高的属性值具有较大的权重。

为此，在本项目中使用下面的公式来计算资产价值赋值：

$$\text{Asset Value} = \text{Round1}\{\text{Log}_2[(2^{\text{Conf}}+2^{\text{Int}}+2^{\text{Avail}})/3]\}$$

其中，Conf 代表机密性赋值；Int 代表完整性赋值；Avail 代表可用性赋值；Round1{}表示四舍五入处理，保留一位小数；$\text{Log}_2[]$表示取以 2 为底的对数。

上述算式表达的背后含义是：3 个属性值每相差一，则影响相差两倍，以此来体现最高赋值属性的主导作用。

5．各类资产安全属性说明

数据类资产如表 4-7 所示。

表 4-7　数据类资产安全属性说明表

资产属性类别	资产属性说明
机密性	指数据保持机密性，只在正式授权的范围内可知，确保只有经过授权的人才能访问和使用数据，防止泄露给其他人或竞争对手
完整性	指数据的完整性和准确性，不被篡改
可用性	确保经过授权的用户在需要时可以访问和使用数据

服务类资产如表 4-8 所示。

表 4-8　服务类资产安全属性说明表

资产属性类别	资产属性说明
机密性	指服务和流程保持机密性，包括服务的细节情况和流程的过程和方法论，例如操作系统和应用软件服务的配置情况和应用情况，业务流程中的方法论，人员技能情况和依据的标准等
完整性	指服务和流程的完整性和准确性，保证服务自身的完整性和准确性，不被篡改，可以提供正确和完成的服务和输出
可用性	确保为经过授权的用户在需要时可以提供服务和信息处理能力

软件类资产如表 4-9 所示。

表 4-9　软件类资产安全属性说明表

资产属性类别	资产属性说明
机密性	指软件的版本，许可证等信息的机密性，一般不高，所以赋值一般为 0 或 1
完整性	指软件的完整性和准确性，不被篡改和加入后门等，在需要应用时能保证软件的完整性和准确性
可用性	指用户在需要时可以使用软件，一般不高，所以赋值一般为 0 或 1

硬件类资产如表 4-10 所示。

表 4-10　硬件类资产安全属性说明表

资产属性类别	资产属性说明
机密性	指硬件的型号、配置、连接情况和端口等信息，一般不高，所以赋值一般为 0 或 1，关键硬件可以赋值为 2
完整性	指硬件的完整性，不被毁坏或盗窃，不被非授权更改配置
可用性	指用户在需要时可以使用，能满足或支撑其上面运行的软件服务。赋值一般和硬件所支撑和承载的服务价值有较大关系

文档类资产如表 4-11 所示。

表 4-11　文档类资产安全属性说明表

资产属性类别	资产属性说明
机密性	指文档保持机密性，只在正式授权的范围内可知，确保只有经过授权的人才能访问，防止泄露文档上的信息和数据
完整性	指文档的完整性和准确性，不被篡改
可用性	确保经过授权的用户在需要时可以使用文档

设备类资产如表 4-12 所示。

表 4-12　设备类资产安全属性说明表

资产属性类别	资产属性说明
机密性	指设备的型号、配置等信息的保密性，一般不高，所以赋值一般为 0 或 1
完整性	指设备硬件的完整性，不被毁坏或盗窃，不被非授权更改配置
可用性	指设备在需要时可以使用，能满足或支撑信息处理服务

人员类资产如表 4-13 所示。

表 4-13　人员类资产安全属性说明表

资产属性类别	资产属性说明
机密性	指人员的部门、岗位、职责、技能、当前工作状态和经历等信息的保密性，对一般企业赋值不高，但对于机密和国家安全部门的机密或敏感人员，赋值非常高
完整性	指避免人员的离职、流动、调动等情况，保证人员在职
可用性	指保证人员的健康状态、技能和经验、心理状态等能够满足其信息相关的工作职责，在需要时能够胜任其工作。关键人员的可用性一般比较重要，否则对业务流程有非常大的影响

6．赋值示例

例如，对于一个技术性软件公司，其某个核心软件产品的源代码是一项非常重要的信息资产。那么，按照本文分类和赋值方法进行分类和赋值如表 4-14 所示。

表 4-14　资产赋值示例表

项 目 名 称	内　容	备　注
资产分类	Data	源代码以电子数据存放
资产机密性赋值	4	核心机密，凝结企业核心价值，泄密则导致企业灾难性损失，是企业特别不愿接受的损失
资产完整性赋值	3	如被篡改（植入木马或出现政治上反动、违法等内容）或删除，企业形象、客户关系、财务等重大损失，难以弥补
资产可用性赋值	2	因火灾等导致代码不可用，企业蒙受经济损失，但是可以通过研发部门的努力来恢复

4.2.3　信息资产评估的实施范围

根据评估抽样范围，对涉及的信息资产进行抽样，被抽样的信息资产成为后面步骤中实际的评估对象。

具体评估工作中各种评估手段选取的信息资产范围如下。

（1）Internet 扫描评估的范围：网络 Internet 边界路由器；核心交换机；拨号服务器；MIS 系统服务器；OA 系统服务器；Intranet 应用服务器；应用系统等。

（2）数据库扫描的评估范围：MIS 系统服务器等。

（3）人工评估范围：MIS 系统服务器；OA 系统服务器；Intranet 应用服务器；指定 IP 地址的网络设备以及主机上的应用系统等。

（4）渗透测试评估范围：指定 IP 地址为 1 的主机；指定 IP 地址为 2 的主机；指定 IP 地址为 3 的主机；指定 IP 地址为 4 的主机；指定 IP 地址为 5 的主机等。

（5）顾问访谈评估：信息中心主任、网络管理工程师、业务系统工程师、服务器管理工程师、信息安全工程师等有关设备的操作与管理人员。

（6）信息资产识别：信息资产的识别由评估工作组经现场调查完成，其信息资产识别的结果编制《信息资产列表》。

4.3 信息安全威胁分类与属性

信息安全威胁包括非授权蓄意行为、不可抗力、人为错误以及设施/设备错误等。信息安全威胁分类与属性，信息安全威胁的可能性赋值标准，分析了威胁发生的概率和威胁发生的频率是本节介绍的主要内容。

4.3.1 信息安全威胁分类

威胁是信息系统和信息资产发生的不期望的事件而造成损害的可能性。威胁可能源于对企业信息直接或间接的攻击，例如非授权的泄露、篡改、删除等，在机密性、完整性或可用性等方面造成损害。威胁也可能源于偶发的或蓄意的事件。一般，威胁总是要利用企业网络中的系统应用或服务的弱点才可能成功地对资产造成伤害。从宏观上讲，威胁按照产生的来源可以分为非授权蓄意行为、不可抗力、人为错误以及设施/设备错误等。

安全威胁分类参照 4-15 表中的内容。

表 4-15　安全威胁分类参照表

ID	名　称	描　述
1	远程 root 攻击	远程 root 攻击
2	滥用	由于某授权的用户（有意或无意的）执行了授权他人要执行的举动、可能会发生检测不到的 IT 资产损害
3	嗅探	攻击者通过 Sniffer、窃听或者捕捉经过网络或者其他方式传送和存储的数据
4	拒绝服务攻击	攻击者以一种或者多种损害信息资源访问或使用能力的方式消耗信息系统资源
5	远程溢出攻击	攻击者利用系统调用中不合理的内存分配执行了非法的系统操作,从而获取了某些系统特权
6	恶意代码和病毒	具有自我复制、自我传播能力,对信息系统的信息构成破坏的程序代码
7	侦察	通过系统开放的服务进行信息收集,获取系统的相关信息,包括系统的软件、硬件和用户情况等信息
8	篡改	由于攻击者非授权篡改或删除信息,信息的完整性可能受到损害
9	泄密	机密泄露,如某授权的 TOE 用户可能有意或无意地观察到存储在 TOE 中的、不允许用户见到的信息
10	不可抗力	包括自然灾害、战争、社会动乱、恐怖活动等人为不可抗拒的威胁
11	设备故障	由于用户差错、硬件差错或传输差错,信息的完整性和可用性可能受到损害
12	无法规范安全管理	由于疏于安全管理,缺乏制度,制度推行不力等而引发的各种威胁
13	物理攻击	可能受到物理攻击,如物理损坏、盗窃、丢失等
14	浪费	盲目投资

ID	名　　称	描　　述
15	误操作	由于某用户（有意或无意的）执行了错误或有维护性的举动、可能会对资产造成损害
16	设备故障	软件、硬件或电源失效等可能引起 TOE 运行突然中断，数据丢失或毁坏
17	安全工作无法推动	安全工作因为没有安全组织保障，领导重视或缺乏资源等而无法推动
18	业务中断	业务连续性遭到破坏，业务中断，企业蒙受重大损失
19	环境威胁	如断电、静电、灰尘、火灾、电磁干扰等环境因素而引起的威胁

4.3.2　信息安全威胁属性

在安全评估中，只讨论威胁的可能性（Likelihood）属性，也就是指威胁发生的概率和威胁发生的频率。用变量 T 来表示威胁的可能性，它可以被赋予一个数值，来表示该属性的程度。确定威胁发生的可能性是风险评估的重要环节，顾问应该根据经验和相关的统计数据来判断威胁发生的概率和频率。

威胁发生的可能性受下列两个因素的影响：一是资产的吸引力和暴光程度，组织的知名度，主要在考虑人为故意威胁时使用；二是资产转化成利益的容易程度，包括财务的利益，黑客获得运算能力很强和大带宽的主机使用等利益。主要在考虑人为故意威胁时使用。

实际评估过程中，威胁的可能性赋值，除了考虑上面两个因素，还需要参考下面三方面的资料和信息来源，综合考虑，形成在特定评估环境中各种威胁发生的可能性。

一是通过评估体过去的安全事件报告或记录，统计各种发生过的威胁和其发生频率；二是在评估体实际环境中，通过 IDS 系统获取的威胁发生数据的统计和分析，各种日志中威胁发生的数据的统计和分析；三是过去一年或两年来国际机构（如 FBI）发布的对于整个社会或特定行业安全威胁发生频率的统计数据均值。

4.3.3　信息安全威胁的可能性赋值标准

威胁的可能性赋值标准如表 4-16 所示。

表 4-16　威胁的可能性赋值标准参照表

赋　　值	描　　述	说　　明
4	几乎肯定	预期在大多数情况下发生，不可避免（>90%）
3	很可能	在大多数情况下，很有可能会发生（50%～90%）
2	可能	在某种情况下或某个时间，可能会发生（20%～50%）
1	不太可能	发生的可能性很小，不太可能（<20%）
0	罕见	仅在非常例外的情况下发生，非常罕见，几乎不可能（0%～1%）

此处描述的是威胁的可能性，并不是风险的可能性，即不是威胁实际发生作用的可能性。威胁要实际产生影响还要考虑弱点被利用的难易程度这个因素。

从威胁分类角度分析安全威胁。

最严重的威胁主要来自于远程溢出攻击和权限提升方面的威胁，主要是由白客攻击测试这种评估方式发现。安全审计对应的资产主要为整体的网络信息系统，人工评估和白客攻击测试对应的资产主要为具体的主机系统和应用程序。所以受到最严重的威胁的相关资产主要是主机系统和应用程序存在致命的安全弱点和信息系统网络安全体系和管理不够完善而引起。

从威胁影响程度来讲，严重的威胁，主要由缓冲区远程溢出类的严重漏洞引起，它可以使攻击者远程获得 root 权限，从而对本主机操作系统、应用程序和所附数据构成致命的损坏，此部分对应的资产主要为主机操作系统、应用程序。另外，还有一部分严重威胁为 Password 管理不善问题，Password 为空或太简单都可以使攻击者轻易远程获得部分权限或 root 权限，从而对本主机操作系统、应用程序和所附数据构成致命的损坏。还有一部分是因为服务器系统管理不善所致，比如多数服务器都没有及时打上操作系统提供商发布的安全补丁还有大多数的 Windows 服务器都存在可以建立空会话的漏洞，这些大多数的威胁都已经在白客测试和人工评估中进行了证实。

对于有可能使攻击者获得极高权限（如得到 root 权限）的安全威胁，攻击者可能在获得 root 权限以后再利用该主机作为跳板继续向网内其他机器进行渗透从而造成更大的损失，比如攻击者在某台主机上取得管理员权限以后就可能在上面安装用于窃听的程序造成大量的口令泄露，引发极大的安全事故。可见在一个规模较大的网络上只要有一台存在重大安全隐患的主机就可能危及到整个网络的安全。从威胁事件树的角度来分析，这些威胁可以引起一连串的威胁，比如阐述数据破坏、篡改和删除，伪造和欺骗，业务中断，法律纠纷和政治风险等后续的威胁，后果不堪设想。

这些威胁产生的根源还是管理问题，如安全策略和规章制度不完善，人员安全素质和安全意识不够，安全组织不够健全等。

4.4　信息安全弱点的发现与赋值

根据弱点产生的来源和原因进行全面分析和考察，发现信息安全弱点。信息安全弱点分类、发现与赋值及信息安全弱点获取方法是本节介绍的主要内容。

4.4.1　信息安全弱点分类

信息安全弱点分析用以对信息系统目前信息资产中存在的安全弱点进行全面分析和考察，并为安全风险评估提供重要的数据来源。

对信息安全弱点进行分类的方式有多种多样，最主要的是根据弱点产生的来源和原因。参照国际通行做法和专家经验，按照表 4-17 所示的弱点分类表。

表 4-17　信息安全弱点分类表

ID	名　称	描　述
1	操作系统与应用软件的默认安装	绝大多数软件，包括操作系统与应用软件都自带了安装脚本或程序。安装程序的目的是使系统尽快的安装，使大多数的应用功能可用，管理员执行工作至少使用的账户。为了完成这个目的，默认安装的内容多于大多数用户所必须使用的部分。供应商的原则是激活那些非必要的功能好于用户在需要时再增减这些功能。这种方法虽然方便了用户，但也造成了大量的危险的安全漏洞，因为用户不会积极地为他所不用的软件进行维护与打补丁。更进一步，许多用户并没有意识到他到底安装了什么，在系统上留下了危险的样本，只是因为用户并不知道有安全问题
2	空口令或弱口令账户	多数的系统将密码作为第一道，也是最后一道防线。用户 ID 非常容易获得，在许多公司还有绕过防火墙的拨号接入设备。因此，如果一个攻击者能够测出账户名和密码，他就可以登录网络。很容易猜测或默认的口令都是个大问题；但最大的问题就是账户没有口令。在实际工作中，弱口令、默认口令和空口令都应该在系统中移走。 另外，许多系统具有预先设置或默认账户。这些账户具有同样的口令，攻击者一般寻找这些账户，因为他们很熟悉这些账户。因此，任何预先设置或默认账户都应该被标识并且从系统中移走
3	不存在或不完善的备份	当事故发生（每个组织都有可能发生），要求有最新的备份，并从备份中恢复数据。一些组织每天都会做备份，但几乎从不检验备份内容是否可用。有些组织规定了备份的策略和步骤，但没有规定恢复的策略与步骤。类似这种错误经常在系统数据被黑客毁坏或污染后，需要做恢复工作时才被发现。 关于备份的第二个问题，是对备份介质的物理安全防护不够。介质上存储的数据和服务器上的数据是一致的，同样敏感，因此需要同样的安全防护
4	大量开放的端口	无论合法的用户与攻击者都是通过开放的端口接入系统。端口开放越多，就意味着别人有越多的途径可以进入系统。所以要保证系统只开放功能必需的端口，其他的端口都要关闭
5	没有根据地址过滤进出的数据包	IP 欺骗是黑客常用的一种攻击手段，用来在攻击目标是隐藏自己的踪迹。举例来讲，著名的 Smurf 攻击利用路由器的特性，向上千台机器发送广播包，每个包中都将源地址伪造成被攻击主机的地址。所有接收到数据包的机器都向被伪造地址的机器发出响应的数据包，这将造成被攻击的主机或网络的瘫痪。在进或出的数据流上执行过滤规则将提高防护水平。过滤规则如下： 1. Any packet coming into your network must not have a source address of your intern（任何信息的来源如果不是一个内部地址就需要被过滤掉。）
6	不存在或不完全的日志	一句安全格言是："预防是理想的，检测是必须的"。只要连入 Internet，攻击者就有可能潜入或渗透网络。每周都有新的漏洞被发现，基本上也没有什么办法防御攻击者利用最新的漏洞进行攻击。一旦遭受攻击，没有日志，就没有什么办法来发现攻击者做了什么。只能从原始介质中恢复系统，希望数据备份还好用，并且也承担系统仍然被黑客控制的风险。 如果你不知道你的网络上发生了什么，你也不能检测出攻击。日志提供了一些细节：正在发生什么，什么系统正在遭受攻击，什么系统已经遭受了攻击
7	CGI 程序漏洞	包括微软的 IIS 与 Apache 在内的多数 Web 服务器都支持 CGI（Common Gateway Interface）程序，CGI 程序可以提供互动的页面，对用户提交的数据进行收集与校验。事实上，多数的 Web 服务器都默认安装（或分发）CGI 样本程序。不幸的是，很多 CGI 程序可以为来自互联网上的任何用户提供直接链接的功能，让他们直接链接 Web 服务器系统。对于入侵者来讲，有漏洞的 CGI 程序是一个非常有吸引力的目标，因为这些程序可以很容易的定位，同时以特权和 Web 服务器软件自身的权限操作。入侵者利用有漏洞的 CGI 程序修改程序与数据

ID	名　称	描　述
8	Unicode 漏洞	Unicode 为每个字符提供了一个唯一的编码，无论何种平台，无论何种程序，无论何种语言。Unicode 标准被包括微软在内的许多供应商采纳。通过向 IIS 服务发送经过精心改造的 URL，其中包括有问题的 Unicode UTF-8 序列，攻击者可以强制服务器按照给定的字面意思，"跨出"目录并执行任意的脚本。这类攻击也叫作目录跨越攻击。 在 Unicode 编码中，/和\分别等价于%2f 和%5c。然而，也可以使用"overlong"次序重新表达这些字符。"overlong"次序可以使 Unicode 表示方法出现错误
9	ISAPI Extension 缓冲区溢出	微软的 IIS 在很多系统上应用，当 IIS 安装上，一些 ISAPI 拓展也自动的安装上。ISAPI（Internet Services Application Programming Interface）互联网服务应用程序接口允许程序员通过 IIS 调用动态链接库。一些动态链接库，如 idq.dll 存在边界检查错误，黑客通过向这些动态链接库输入超常的字符串进行缓存溢出攻击，从而控制 IIS Web Server
10	IIS RDS exploit（Microsoft Remote Data Services）IIS 远程数据服务漏洞（微软远程数据服务）	NT 4.0 上存在 IIS 的 Remote Data Services（RDS）存在漏洞，攻击者可以利用此漏洞，以系统管理员的权限远程执行命令
11	NETBIOS-unprotected Windows networking shares 未接受保护的视窗网络共享	服务器消息块（SMB）协议，也被称为通用互联网文件系统（CIFS）能够通过网络共享文件。连接在互联网上的机器的不正确的配置可以暴露关键的系统文件或给竞争对手以所有文件系统的访问权。许多用户为了让同事或外部访问者方便，给网络用户以磁盘可读、写的权限，他们不知道这样做也给黑客攻击提供方便。比如，政府站点的管理员为了让其他部门方便地获得其软件发展计划的文件，向全世界开放了该文件可读的权限，两天内，攻击者也发现了这个共享，并获得了该文件。 在 Windows 机器上开放共享，不但可能造成信息失窃，还为病毒的传播提供了条件
12	Information leakage via null session connections 通过匿名登录而产生的信息漏洞	Null Session（空连接）连接也称为匿名登录，这种机制允许匿名用户通过网络获得系统的信息或建立未授权的连接。它常被诸如 explorer.exe 的应用来列举远程服务器上的共享。在 Windows NT/2000 系统中，许多服务运行在 SYSTEM 账户下，在 2000 下为 LocalSystem。System 账户用于多种关键的系统操作，当一台机器需要从其他机器上取得系统信息，SYSTEM 账户就会与那台机器建立空连接。 SYSTEM 账户具有一些特权并且没有口令，你不能以 SYSTEM 登录系统
13	Weak hashing in SAM（LM hash）顺序存取法存在的弱散列算法	虽然多数的 Windows 用户不再需要 LAN Manager 的支持，但在 Windows NT/2000 中还保留着对 LAN Manager 口令散列的默认安装。因为 LAN Manager 使用一种弱的加密算法，LAM Manager 加密的口令文件可以在很短的时间内被破解。其主要的脆弱性表现在以下几个方面。 • 口令都被凑成 14 个字符。 • 不足 14 位的，用空格补起。 • 全部转化为大写字母。 • 分成两部分分别加密。 这意味着口令破解软件只要破解两个 7 位字符的口令文件，并且不用考虑小写

ID	名　称	描　述
14	恶意代码	恶意代码
15	安全策略不合理	安全策略不合理或缺乏安全策略
16	没有加密	没有加密

4.4.2　信息安全弱点获取方法

信息安全弱点的获取可以有多种方式，例如，扫描工具扫描（Scanning）、白客测试（Penetration Testing）、人工评估、管理规范文件审核、人员面谈审核等。评审员（专家）可以根据具体的评估对象、评估目的选择具体的弱点获取方式。一般采取面谈、工具扫描和白客测试相结合的方法来获取资产存在弱点列表，并根据专家经验进行赋值。

信息安全安全弱点涵盖了信息系统中的主机系统，应用系统，网络安全管理等多个方面的问题。在抽样环境中，主机系统存在比较严重的安全弱点。由于抽样环境能比较典型地反映了信息系统真实的状况，因此可以将此结论外推至骨干网络整体信息系统中的主机，工作站均存在比较严重的安全弱点。

信息系统的安全弱点的产生原因除了主机系统自身的安全弱点以外，由于管理层面的不完善而导致的安全弱点在数量和严重程度上亦占了很高的比例。

在被抽样的系统中，采用各种 UNIX 和 Windows 系统的安全弱点都比较多，而且都比较严重，这与信息系统上的主机系统大多缺乏安全配置有关。一般最严重的问题是防火墙的配置和管理问题，这类漏洞会直接威胁到整个网络的安全。还有的就是缓冲区远程溢出类的严重弱点，可以使攻击者远程获得 root 权限，从而使得本主机操作系统、应用程序和所附数据构成致命的损坏，并可能安装后门，此部分对应的资产主要为主机操作系统、应用程序，另外，一部分严重漏洞为 Password 管理不善问题，Password 为空或太弱都可以使攻击者轻易远程获得部分权限或 root 权限，从而使得本主机操作系统、应用程序和所附数据构成致命的损坏。

主要的管理弱点主要集中在安全策略、安全组织、访问控制、审计和跟踪、业务连续性规划等几个方面，应该在这些方面予以加强。

通过顾问访谈、人工评估、渗透测试、扫描相结合，发现信息系统的漏洞数量，但是很高风险漏洞相对较少，这可能与抽样的数目较少有关。这些漏洞所面临的威胁发生的可能性和影响程度也都很高。受影响系统数量虽然不多，但是由于系统的重要性，信息系统的安全状况还是不容乐观。

从弱点的影响程度来讲，严重的弱点，一部分由缓冲区远程溢出类的严重漏洞引起，可以使攻击者远程获得 root 权限，从而对本主机操作系统、应用程序和所附数据构成致命的损坏，此部分对应的资产主要为主机操作系统、应用程序。另外，一部由严重弱点为 Password 管理不善问题，Password 为空或太弱都可以使攻击者轻易远程获得部分权限或 root 权限，从而对本主机操作系统、应用程序和所附数据构成致命的损坏。这些大多已经在白客测试部分进行了证实。

管理层面的问题，主要集中在安全策略、安全组织、访问控制、人员安全、日常运行管理等几个方面。其中在安全策略的制定、推行、复核与修订、执行情况审计等方面，安全组织的组织建设、新系统安全检验等方面，访问控制的口令管理、权限分配、外部连接等方面，人员安全的安全技能培训、安全意识培养、保密协议等方面，日常安全管理的安全事件监控、发现、响应、处理和配置更改管理等方面，主机安全的服务最小化和安全补丁等方面都比较薄弱，这些问题都很严重。

4.5 安全风险评估及分析

安全风险是一种潜在可能性。安全风险的概念，风险值计算与分析，风险管理存在问题的分析等风险评估的策略和方法是本节介绍的主要内容。

4.5.1 风险的概念

风险是一种潜在可能性，是指某个威胁利用弱点引起某项资产或一组资产的损害，从而直接地或间接地引起企业或机构的损害。因此，风险和具体的资产、其价值、威胁等级以及相关的弱点直接相关。

从上述的定义可以看出，风险评估的策略是首先选定某项资产、评估资产价值、挖掘并评估资产面临的威胁、挖掘并评估资产存在的弱点、评估该资产的风险，进而得出整个评估目标的风险。

4.5.2 风险值计算与分析

采用下面的算式来得到资产的风险值：

$$风险值 = 资产价值 \times 威胁影响 \times 威胁可能性 \times 资产弱点$$

极度风险发生的可能性非常高，后果严重，需要立即采取措施来处理。一般信息系统资产面临的极度风险中大部分是由技术类漏洞引起的，这类风险基本上都是可以避免的，之所以存在这些高风险的技术漏洞，除了与相关技术人员的安全意识有关，重要的一点还是安全技术管理没有跟上。

4.5.3 风险管理存在问题的分析

从抽查的评估对象来看，信息系统的资产中，从单个资产的角度来看风险值较高的几乎都集中在主机、操作系统类和防火墙上，而其他设备和路由器类单个资产的风险值相对较低。在这些高风险的主机系统中，Solaris 操作系统的风险值最高，这是因为 Solaris

系统的默认配置不够安全，并且管理人员没有及时打上安全补丁，安全配置和主机加固方面做得不够。防火墙的风险也比较大，弱点非常严重，这主要是因为对防火墙的安全策略管理不严格造成的。所以对这些资产的保护从技术上得到较好的解决是相对容易的。

信息系统没有专门的安全机构来负责计划、实施客户的信息安全管理。信息安全的管理规章、管理制度不健全涵盖范围不全面。对于一些规定的规章管理制度，执行的力度也不是很大，比如，在访谈中显示对网络中重要的服务器和网络设备的口令都采取了强壮的安全保护措施，但是在实际的评估过程中还是发现了很多弱口令。

在人员方面，安全状况存在很多严重的问题。比较突出的问题是：在员工职责中没有定义安全角色和责任；员工没有得到足够的有关安全的培训，也没有通过相应的资质认证；对第三方人员的安全管理不够，控制力不足等。这些问题将导致即使买了很多的安全产品也不能有效地改进安全状况，不能及时正确地判断和处理安全事件，甚至在事件发生后，仍没有警觉，而且也没有好的办法和手段来解决问题。加上专职的安全人员不够，没有长期设立的安全顾问和服务商进行技术支持，造成一些安全问题无法得到及时解决，日积月累，将造成千疮百孔、无法收拾的局面。

目前第三方管理的问题也很大。对第三方访问信息资源权限没有合适的控制，没有对第三方申请访问权限的理由和访问方式，可能带来的风险进行评估。但目前对第三方没有安全和保密方面的协议和承诺，和他们的合同也大多数产品售后维护合同，没有明确说明安全控制和保密方面的内容，并不是责权明确和严谨的代维或服务外包合同。所以即使出了事，也没法用合同违约或法律的手段进行追究。

一般安全管理制度执行情况存在不足，造成安全制度执行不到位的原因如下。

一是由于安全制度没有细化到标准和操作指导等规定，只给出框架性质的指导，难以执行。

二是执行人员缺乏必要的技术支持和技术保障。

三是领导层缺少有效的手段或明确的流程检查安全制度的执行情况，或者没有明确的检查指标。

四是安全制度的执行情况没有与绩效考核结合起来，并给予相应的奖励或惩罚，没有处罚规定和责任追究的制度，执行人员没有压力和动力。

对安全制度的回顾和定期复查修订也应该进行。因为规章制度都有一定的生命周期，随着形势的改变而不再完全适用，尤其是技术性很强和很具体的安全标准规范和操作流程，生命周期很短。没有定期地由相应人员审核和修订，使得各类安全制度相对于安全现状有一定的滞后性，甚至不适用，使用者更加不愿遵守。这种恶性循环将为安全工作的开展造成负面影响。

4.6　信息安全风险评估方法应用实例

辽宁电力信息安全风险评估，作为信息安全示范工程的关键环节，在周密的策划下，在全体参与人员的共同努力下，使现场评估过程顺利完成。对信息资产进行分类，针对关键资产，进行了管理策略和技术策略访谈、相关策略文档审核、网络和主机设备的脆弱性扫描及配置检查、业务系统评估、黑客攻击测试等，全面、客观地收集了信息安全现状资料，研究分析了辽宁电力信息系统安全现状和存在的各种安全风险，形成辽宁省电力有限公司信息安全风险评估报告，对深入开展示范工程奠定了坚实的基础。

4.6.1　信息安全风险评估目的

通过对辽宁电力信息系统进行安全风险评估，第一，可以了解辽宁电力信息系统安全现状和存在的各种安全风险，发现与辽宁电力信息系统现有安全策略中的所要求的安全目标之间的差距；第二，可以对现有辽宁电力信息安全策略进行动态调整、修订和完善，丰富企业信息系统安全策略；第三，可以根据安全评估的结果来发现辽宁电力信息系统中存在的比较迫切的安全需求，并且为辽宁电力信息系统下一步的安全建设提供参考。

4.6.2　信息安全风险评估范围及主要内容

风险评估内容包括资产的识别与赋值、威胁的识别与赋值、弱点的发现与赋值、整体风险的评估，以及最终形成报告。

这次评估对辽宁电力信息系统整体进行了有效的抽样，所抽样的信息系统和资产反映辽宁电力信息系统的总体特征，构成本次的评估范围。

此次评估的工作范围如下。

网络 Internet 出口：Cisco 路由器、核心交换机：SSR8600、拨号服务器：Cisco、MIS 系统服务器、OA 系统服务器、Intranet 应用服务器、房改系统、白客渗透对象的选择、IP 地址为 xx.xxx.x.xx 的 5 台主机。渗透性测试重点在系统防火墙外，也就是从公网开始进行。如果无法渗透成功，则选择从内网开始。测试时将以信息最小披露为输入原则发起。测试以不影响正常业务为主。

参照 BS7799 对信息资产的描述和定义，将信息资产按照下面的分类方法进行分类。辽宁电力信息系统安全评估将信息资产的评估重点放在同信息安全直接相关的信息资产上面，对其他资产不进行重点评估。

资产价值用于反映某个资产作为一个整体的价值，综合了机密性、完整性和可用性3 个属性。根据资产完整性属性的不同，将它分为 5 个不同的等级，分别对应资产在机密性方面的价值或者在机密性方面；在完整性方面的价值或者在完整性方面；在可用性方面的价值或者在可用性方面；受到损失时对企业或组织的影响。

通常，考察实际经验，3 个安全属性中最高的一个对最终的资产价值影响最大。换而言之，整体安全属性的赋值并不随着 3 个属性值的增加而线性增加，较高的属性。

4.6.3　信息安全风险评估采用工具及方法

对评估范围内的主机和设备采用除了 DOS 评估项以外的全策略扫描，全面地对企业信息网网络进行安全评估。不采用 DOS 评估项是基于评估的最小影响性原则，DOS 评估造成客户网络和主机瘫痪的可能性较大。

对操作系统和应用系统将采取表 4-18 所示的扫描策略进行。

表 4-18 操作系统和应用系统扫描评估策略

扫 描 策 略	说 明	功能/作用	危险等级
L1 Inventory 详细目录	包括提供目标系统信息的检查，可用来识别操作系统	获取操作系统信息	1
L2 Classification 分类	包括识别目标系统上的应用服务器的检查，例如 Web 服务器程序	获取应用服务基本信息	2
L2 Database Discovery 数据库挖掘	查找整个网络可用的数据库（Microsoft SQL Server、Oracle 或 Sybase Adaptive Server）	获取数据库基本信息	2
L3 NT Server & Application NT 服务器和应用	运行众所周知的检查（参见附录 1），不需要专门的技能或攻击程序（例如，口令为空的已知账号），将直接或间接地危及系统安全（可能危及"Administrator"（管理员）的安全）。直接危及系统安全提供一个验证过的已命名管道会话；间接危及系统安全可允许攻击者远程列出用户或共享。这个策略也包括检测系统是否已经被危及安全的检查，还包括一些用来识别系统版本的检查	通过外部扫描检查操作系统常见安全漏洞的存在	3
L3 UNIX Server & Application UNIX 服务器和应用	运行众所周知的检查，不需要专门的技能或攻击程序，将导致直接或间接地危及系统安全（可能危及 root 的安全）。直接危及系统安全提供一个交互式的登录会话；间接危及系统安全通常意味着可以通过使用字典破解以获得用于分析的信息。这个策略也包括检测系统是否已经被危及安全的检查，也包括一些用来识别系统类型的检查。因此一些组件仅针对特殊系统进行检查，否则被禁用	通过外部扫描检查操作系统常见安全漏洞的存在	3
L4 NT/UNIX Server & Application NT/UNIX 服务器和应用	包括所有来自"L3 NT/UNIX Server & Application"策略的检查，以及基于"brute force"账号猜测的攻击、需要组件工具的漏洞或者复杂的多级攻击的检查。这个策略也进行操作系统补丁的测试	针对操作系统漏洞初步攻击尝试	4
L5 NT Server & Application NT 服务器和应用	包括所有来自"L4 NT Server"策略的检查，以及对系统配置问题的测试，诸如审计级别和用户特权级别	操作系统整体安全漏洞测试	5
L5 UNIX Server & Application UNIX 服务器和应用	包括所有来自"L4 UNIX Server"策略的检查，以及对提供给攻击者有用信息的配置的检查、对于服务器可能被错误配置征兆的检查或者对需要攻击者有非常高专业技术的风险的检查。这个策略也对那些可安全测试的拒绝服务进行测试。该检查通过使用不会导致拒绝服务的检查来进行	操作系统整体安全漏洞测试	5

网络设备的扫描评估将采用 Internet Scanner 进行，采取的策略为专门针对网络设备的扫描策略，如表 4-19 所示。

表 4-19　网络设备扫描评估策略

扫　描　策　略	说　　　　明	功能/作用	危险等级
L1 Inventory 详细目录	包括提供目标系统信息的检查,可用来识别操作系统	获取网络设备操作系统信息	1
L2 Classification 分类	包括识别目标系统上的应用服务器的检查,例如 Web 管理服务器程序,Telnet 服务器等	获取网络设备基本应用服务基本信息	2
L3 Router & Switch 路由器和交换机	运行众所周知的检查（参见附录 1）,不需要专门的技能或攻击程序,将导致直接或间接地危及系统安全。比如:直接危及系统安全提供一个交互式的登录会话;间接危及系统安全通常意味着可以通过使用字典破解以获得用于分析的信息	检查网络设备目前存在安全漏洞	3
L4 Router & Switch 路由器和交换机	包括所有来自"L3 Router & Switch"策略的检查,以及对现存自动攻击程序的检查,也利用通过攻击者要求更详细的知识。 这个策略也包括有限数量的可安全执行的拒绝服务检查（针对某些特定的版本的网络设备）。 使用检查将不会导致拒绝服务的情况	检查网络设备的整体安全	4

数据库扫描器（Database Scanner）通过建立、依据、强制执行安全策略来保护数据库应用的安全。它可以自动识别数据库系统潜在的安全问题,包括从脆弱的口令到 2000 年兼容性问题,乃至特洛伊木马。数据库扫描器内置知识库,可以产生通俗易懂的报告来表示安全风险和弱点,对违反和不遵循策略的配置提出修改建议。

Database Scanner 支持主流的数据库系统。

Microsoft SQL Server 6.x、7.x 和 8.x

Sybase Adaptive Server 11.x

Oracle 8i、8.0 或 7.3

在扫描方式下,数据库扫描器支持以下两种扫描方式。

1. 完全扫描（Full Audit Scans）

Database Scanner 以数据库管理员特权或其他用户特权身份对被扫描的数据库进行全面的检测,包括对口令强度的全面测试,以评估数据库和操作系统是否符合企业的安全策略。

2. 渗透性检测（Penetration Testing）

采用黑客攻击数据库的技术和方法,在不知道数据库口令的情况下,尝试"入侵"数据库系统。渗透性检测方式还可以利用 Database Scanner 与 Internet Scanner 的集成特性和强大的检测功能执行更完善的检测,它通过探测操作系统的安全性揭示一些在检测数据库本身时无法发现的漏洞。

数据库扫描器的漏洞分类如表 4-20 所示。

表 4-20　数据库扫描器的漏洞分类

	系 统 认 证	系 统 授 权	系统完整性
SQL Server	• 登录攻击 • 过期账号 • 口令有效期 • 口令强度 • 综合登录 • 孤立的用户标识 • 错误的用户标识 • 系统默认登录账号 • 相同的机器名和用户名 • 登录方式 • 用户登录 • 注册表中的口令	• 非法登录时间 • 未授权的对象所有者 • 远程登录和远程服务器 • 系统信息表更新选项 • 系统信息表权限 • 用户标识和对象组权限 • 权限声明 • 存储过程之外的注册信息 • 存储过程之外的 OLE 自动化 • Xp_cmdshell 配置 • 额外的存储过程 • 存储过程启动	• Y2K 兼容 • 特洛伊木马 • 审核层次 • Windows NT 补丁和修正程序 • SQL Server 补丁 • Windows NT 磁盘分区 • Windows NT 文件权限/所有者 • MSSQL Server 服务 • 备份过程 • 备份设备 • SQL 邮件 • 复制 • 警告和计划任务 • Web 任务 • 跟踪标志 • 数据设备 • 数据库 • 存储过程的加密、触发子和视图 • 网络协议 • 系统信息表更新选项 • 用户标识和对象组权限
Sybase	• 登录攻击 • 过期账号 • 口令有效期 • 口令强度 • 单独用户 ID • 错误的用户 ID • 被锁账户 • 命令行接口 • 当前连接	• 登录时间超时 • 未授权的对象所有者 • 远程登录和服务器 • 系统表修改选项 • 系统信息表权限 • 用户 ID 和组对象权限 • 权限声明 • 远程存取	• Y2K 兼容 • 特洛伊木马 • 审核 • 审核配置 • 最大队列大小 • 跟踪标志
Oracle	• 登录攻击 • 过期账号 • 口令有效期 • 口令强度 • 失败的登录尝试 • 过多的 DBA 登录 • 操作系统认证前缀 • 远程操作系统信任认证 • 登录加密设置 • 侦听明文口令 • 远程登录口令文件 • 数据库连接口令加密 • 数据库连接口令 • 口令上锁及恢复时间	• 登录时间超时 • 账号权限 • 任务权限 • 管理员许可的任务 • 使用 CONNECT 命令默认任务 • 管理员特权选项 • 许可选项 • 审计表权限 • 数据库连接权限 • 侦听文件许可 • PUBLIC 对象权限 • PUBLIC 系统特权 • 数据字典	• Y2K 兼容 • 审核表空间 • 审核跟踪 • 审核跟踪定位 • 命令审核 • 计划对象审核 • 复合资源使用限制 • 并发事件资源限制 • 连接时间资源使用限制 • CPU/调用资源使用限制 • CPU/任务资源使用限制 • 文件组 • 文件所有者 • orapw 的文件权限

	系 统 认 证	系 统 授 权	系统完整性
Oracle	• 口令验证 • 过期口令	• 默认表空间	• 操作系统文件改变 • 侦听能力 • 空闲时间资源使用限制 • 私有 SGA 资源使用限制 • SQL92_SECURITY • UTIL_FILES 权限 • UTIL_FILE_DIR 设置 • 查看 CHECK 选项

Database Scanner 扫描、检测的安全弱点涉及三个方面。

（1）认证（Authentication）

数据库通过认证机制验证用户所声称的身份是否合法，此类检查项主要用于检查数据库的认证机制的设置是否合理、安全。

（2）授权（Authorization）

数据库通过授权机制授予合法用户对数据库系统特定资源拥有合法权限。此类检查项主要用于检查认证机制的设置是否合理、安全。

（3）系统完整性（System Integrity）

检查系统的设置是否有非正常的变化、是否有特洛伊木马、2000 年问题、补丁等。

Database Scanner 漏洞检测的主要范围如下。

（1）口令，登录和用户——检查口令长度，检查有登录权限的过去用户，检查用户名的信任度。

（2）配置——验证是否具有潜在破坏力的功能被允许，并建议是否需要修改配置，如回信、发信、直接修改、登录认证、一些系统启动时存储的过程、报警和预安排的任务、Web 任务、跟踪标识和不同的网络协议。

（3）安装检查——提示需要客户打补丁及补丁的热链接。

（4）权限控制——检查那些用户有权限得到存储的过程及何时用户能未授权存取 Windows NT 文件和数据资源。它还能检查"特洛伊木马"程序的存在。

数据库扫描评估将采取表 4-21 所示的评估策略。

表 4-21　数据库系统扫描评估策略

评 估 内 容	简 单 说 明
CheckRolePWExist	检查角色口令
CheckPasswordStrength	检查口令强度
CheckDefAcctPwd	检查默认账号和口令
CheckDefaultSAPLogins	检查默认 SAP 口令
CheckDefTS	检查默认表长度
CheckForExpiredPW	检查口令过期时间
CheckForLoginAttacks	检查容易猜测的口令
CheckStaleLogins	检查过期账号
CheckLogonHours	检查允许登录的时间

续表

评估内容	简单说明
CheckNonStandardDBA	检查 DBA 角色的用户
CheckConnectRole	检查 CONNECT 角色的使用
CheckActiveLogins	检查已登录的账号
CheckWithGrantOption	检查 WithGrant 特权
CheckAudPerms	检查审计表的权限
CheckUtlFilePerm	检查 UTL_FILE_DIR 包的权限
CheckLinkEncrypted	检查 database links 的口令是否为明文
CollectOSUsersWithDBAPriv	检查 OS DBA 账号
CheckAgentPatch	检查是否安装了 intelli agent 的补丁
CheckDefVerFunc	检查默认的口令验证功能
CheckSysPrivWithAdmin	检查 WITH ADMIN 系统权限
CheckPublicPrivileges	检查赋予 PUBLIC 的系统权限
CheckAuthSetting	检查验证设置
CheckRemoteLoginPWFile	检查远程登录口令文件
CheckRemoteOSAuth	检查远程操作系统验证
CheckRemoteOSRole	检查远程操作系统角色验证
CheckUtlFileParm	检查 UTL_FILE_DIR 设置
CheckDictAccess	检查数据字典访问
CheckLinkEncrypt	检查 database link 加密状态
CheckAuditStmt	检查语句审计
CheckAuditTableSpace	检查审计表的表空间
CheckAuditTrail	检查审计数据
CheckAuditObjects	检查对象的审计
CheckResLimitParam	检查 profile 文件是否可用
CheckSQL92Security	检查 SQL92 的安全设置
CheckORA_ENC_LOG	检查 ORA_ENCRYPT_LOGIN 变量
CheckProfileConcSessions	检查并发会话的限制
CheckProfileConnectTime	检查连接时间的限制
CheckProfileCPUCall	检查每次调用的 CPU 使用限制
CheckProfileCPUSession	检查每次会话的 CPU 使用限制
CheckProfileFailedLogins	检查对登录失败的限制次数

采用了基于网络的 IDS 产品 Network Sensor，不改变网络拓扑，不需要在任何业务主机上安装任何软件。在交换的环境下，IDS 需要在交换机上做端口映射，电力企业信息系统上业务系统采用的 Alteon AD3、Cisco Catalyst 4003、Cisco Catalyst 2924 都有端口映射的功能，如果选定的接入点交换机没有端口映射功能或者没有空余端口，则可以通过在交换机接入口增加一个 Hub 来接入 IDS。

为防止在扫描过程中出现的异常的情况，所有被评估系统均应在被评估之前做一次完整的系统备份或者关闭正在进行的操作，以便在系统发生灾难后及时恢复。为了在事故发生后尽快恢复系统，建议对评估对象系统做全备份，即备份硬盘上的所有数据和配置。

4.6.4 信息安全威胁评估结果及分析

评估安全威胁的统计列表，如表 4-22 所示。

表 4-22 评估安全威胁的统计列表

威 胁	威 胁 数 目	威胁影响值	威胁可能性值
侦察	108	2	4
泄密	42	3	2
非授权访问	40	3	1
远程溢出攻击	26	4	2
滥用	24	2	4
无法规范安全管理	23	3	3
密码猜测攻击	23	3	2
嗅探	19	3	2
误操作	13	2	1
恶意代码和病毒	13	3	2
无法监控或审计	11	3	2
拒绝服务攻击	9	3	2
不能或错误的响应和恢复	8	3	3
伪造和欺骗	7	3	1
法律纠纷	6	3	1
安全工作无法推动	6	2	3
远程文件访问	6	3	3
业务中断	5	3	2
物理攻击	3	3	1
第三方威胁	3	3	3
权限提升	2	4	3
篡改	2	3	1

从表 4-22 中可以看出发生的最多的威胁是侦查、泄密、非授权访问等几种。其中侦查主要为攻击尝试，扫描等难于避免的行为，可以选择接受。一些发生频率高又严重的威胁主要是由于主机缺乏安全配置和弱口令引起。

对安全威胁可能性作统计，表 4-23 中的威胁可能性最高为 4，意味着发生概率非常高，属于不可避免。

表 4-23 安全威胁可能性统计表

威 胁	威胁到的资产数目	威胁影响值	威胁可能性值
侦察	108	2	4
滥用	24	2	4

从表 4-23 中可以看到，侦察、滥用这两种威胁发生的可能性很高，但是这两种威胁的影响不是很大（严重性不高）。

最严重威胁的统计列表，如表 4-24 的威胁影响值为 4，即资产可能会全部损失，或造成资产不可使用。意味着威胁造成影响的严重程度非常高，引起灾难性的后果。

表 4-24　最严重威胁的统计列表

威　　胁	威胁到的资产数目	威胁影响值	威胁可能性值
远程溢出攻击	26	4	2
权限提升	2	4	3

从表 4-24 可以看出，威胁严重性最大的是远程溢出攻击和权限提升等几种入侵方式，会造成主机被完全控制，可能会引起业务中断的后果。

最严重的威胁主要来自远程溢出攻击和权限提升方面，主要是由白客攻击测试这种评估方式发现。安全审计对应的资产主要为辽宁电力公司整体的网络信息系统，人工评估和白客攻击测试对应的资产主要为具体的主机系统和应用程序。所以受到最严重的威胁的相关资产主要是主机系统和应用程序存在致命的安全弱点和信息系统网络安全体系和管理不够完善而引起。

从威胁影响程度来讲，严重的威胁，主要为缓冲区远程溢出类的严重漏洞引起，它可以使攻击者远程获得 root 权限，从而对本主机操作系统、应用程序和所附数据构成致命的损坏，此部分对应的资产主要为主机操作系统、应用程序。另外，还有一部分严重威胁为 Password 管理不善问题，Password 为空或太简单都可以使攻击者轻易远程获得部分权限或 root 权限，从而使得本主机操作系统、应用程序和所附数据构成致命的损坏。还有一部分是因为服务器系统管理不善所致，比如，多数服务器都没有及时打上操作系统提供商发布的安全补丁，还有大多数的 Windows 服务器都存在可以建立空会话的漏洞，这些大多数的威胁都已经在白客测试和人工评估中进行了证实。

对于有可能使攻击者获得极高权限（如得到 root 权限）的安全威胁，攻击者可能在获得 root 权限以后，再利用该主机作为跳板继续向网内其他机器进行渗透从而造成更大的损失，比如，攻击者在某台主机上取得管理员权限以后，就可能在上面安装用于窃听的程序造成大量的口令泄露，引发极大的安全事故。可见在一个规模较大的网络上只要有一台存在重大安全隐患的主机就可能危及到整个网络的安全。从威胁事件树的角度来分析，这些威胁可以引起一连串的威胁，比如阐述数据破坏、篡改和删除，伪造和欺骗，业务中断，法律纠纷和政治风险等后续的威胁，后果不堪设想。

这些威胁产生的根源还是管理问题，如安全策略和规章制度不完善，人员安全素质和安全意识不够，安全组织不够健全等。

总体而言，辽宁电力信息系统当前网络安全面临的威胁比较严重，并且目前还未采取有效的措施来消除这些安全威胁，应该尽早采取措施来抵御这些安全威胁。

4.6.5　信息安全弱点评估结果及分析

弱点的获取可以有多种方式，例如，扫描工具扫描（Scanning）、白客测试（Penetration

Testing）、人工评估、管理规范文件审核、人员面谈审核等。评审员（专家）可以根据具体的评估对象、评估目的选择具体的弱点获取方式。经过研究，本项目将采取面谈、工具扫描和白客测试相结合的方法来获取资产存在弱点列表，并根据专家经验进行赋值。

辽宁电力信息系统在这次安全弱点的评估中显现出了较多的安全问题。这些安全弱点涵盖了信息系统中的主机系统、应用系统、网络安全管理等多个方面的问题，因此这些安全弱点在总体上体现了辽宁电力信息系统当前的安全状态。

（1）在抽样环境中，主机系统存在比较严重的安全弱点。由于抽样环境能比较典型地反映信息系统真实的状况，因此可以将此结论外推至骨干网整体信息系统中的主机，工作站均存在比较严重的安全弱点。

（2）信息系统的安全弱点的产生原因除了主机系统自身的安全弱点以外，由于管理层面的不完善而导致的安全弱点在数量和严重程度上亦占了很高的比例。

（3）在被抽样的系统中，采用各种 UNIX 和 Windows 系统的安全弱点都比较多，而且都比较严重，这与信息系统上的主机系统大多缺乏安全配置有关。

在辽宁电力信息系统安全弱点中，由于管理层面的安全弱点而引发的技术层面的安全弱点占有比较高的比例。

技术类严重弱点列表，如表 4-25 所示。

表 4-25　技术类严重弱点统计列表

漏洞编码	弱 点 名 称	简 要 描 述	严重程度
ISONE_762	存在因为测试而打开防火墙端口的情况	存在因为测试而打开防火墙端口的情况。可能入侵，并留下后门	4
ISONE_761	内核本地缓冲溢出	内核本地缓冲溢出，可以用黑客工具 rgsu.64，得到 root	4
ISONE_760	存在弱口令超级用户	属于超级用户组的用户的口令易于猜测，或与用户名相同，或为空	4
ISONE_194	数据库系统没有更改系统安装时的默认的超级用户口令	访问控制	4

表 4-25 中所有漏洞的赋值为 4。可以看出，最严重的问题是防火墙的配置和管理问题，这类漏洞会直接威胁到整个网络的安全。还有的就是缓冲区远程溢出类的严重弱点，可以使攻击者远程获得 root 权限，从而对本主机操作系统、应用程序和所附数据构成致命的损坏，并可能安装后门，此部分对应的资产主要为主机操作系统、应用程序，另外，一部分严重漏洞为 Password 管理不善问题，Password 为空或太弱都可以使攻击者轻易远程获得部分权限或 root 权限，从而对本主机操作系统、应用程序和所附数据构成致命的损坏。

管理类严重弱点列表，如表 4-26 所示。

表 4-26　管理类严重弱点统计列表

漏洞编码	弱 点 名 称	简要描述	严重程度
ISONE_29	没有设立由高级管理层组成的信息安全委员会来支持安全管理工作	安全组织	4

续表

漏洞编码	弱 点 名 称	简要描述	严重程度
ISONE_272	没有实施业务连续性管理程序，预防和恢复控制相结合，将灾难和安全故障（可能是由于自然灾害、事故、设备故障和蓄意破坏等引起）造成的影响降低到可以接受的水平。没有足够等级的容灾系统	业务连续性规划	4
ISONE_263	日志控制措施没有针对性地防止非法更改和操作问题，包括：正在停用日志记录工具；对所记录的消息类型进行更改；正在编辑或删除日志文件和日志文件介质即将填满，或者无法记录事件，或者重写	审计和跟踪	4
ISONE_26	没有专门的机构来负责计划、实施客户的信息安全管理	安全组织	4
ISONE_238	对恶意攻击和非法滥用行为，没有监测、发现和警报机制	访问控制	4
ISONE_189	当员工工作变更或离职时，没有立即取消其访问权限	访问控制	4

从表 4-26 可以看出，主要的管理弱点主要集中在安全策略、安全组织、访问控制、审计和跟踪、业务连续性规划等几个方面，应该在这些方面予以加强。

安全弱点等级分布分析如表 4-27 所示。

表 4-27　安全弱点等级分布分析表

弱点严重程度	资产发现弱点数量	弱点严重程度	资产发现弱点数量
很高	12	中等	95
高	58	低	108

安全弱点等级分析分布图如图 4-1 所示。

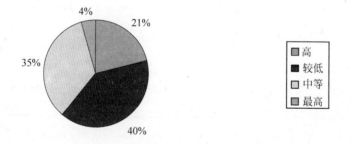

图 4-1　安全弱点等级分析分布图

通过顾问访谈、人工评估、渗透测试、扫描相结合，我们发现辽宁电力信息系统的漏洞数量较多，共有 273 条，但是很高风险漏洞相对较少，占系统所有漏洞总数的 4%，这可能与抽样的数目较少有关。这些漏洞所面临的威胁发生的可能性和影响程度也都很高。受影响系统数量虽然不多，但是由于系统的重要性，信息系统的安全状况还是不容乐观。

从技术类弱点来说，通过人工评估，扫描和白客渗透测试，发现一些高风险弱点，造成威胁的可能性非常大，而且非常容易应用，非常的流行，比如 Solaris 系统上的 telnetd/login 远程溢出、本地溢出等，希望引起注意。

从弱点的影响程度来讲，严重的弱点，一部分为缓冲区远程溢出类的严重漏洞引起，可以使攻击者远程获得 root 权限，从而使得本主机操作系统、应用程序和所附数据构成致命的损坏，此部分对应的资产主要为主机操作系统、应用程序。另外，一部分严重弱点为 Password 管理不善问题，Password 为空或太弱都可以使攻击者轻易远程获得部分权限或 root 权限，从而使得本主机操作系统、应用程序和所附数据构成致命的损坏。这些大多已经在白客测试部分进行了证实。

管理层面的问题，主要集中在安全策略、安全组织、访问控制、人员安全、日常运行管理等几个方面。其中在安全策略的制定、推行、复核与修订、执行情况审计等方面，安全组织的组织建设、新系统安全检验等方面，访问控制的口令管理、权限分配、外部连接等方面，人员安全的安全技能培训、安全意识培养、保密协议等方面，日常安全管理的安全事件监控、发现、响应、处理和配置更改管理等方面，主机安全的服务最小化和安全补丁等方面都比较薄弱，这些问题都很严重。

4.6.6 信息安全风险评估结果及分析

（1）从高风险列表看以下风险值都大于等于 128，都属于极度风险，风险发生的可能性非常高，后果严重，需要立即采取措施来处理。由表 4-28 可见，极度风险的条目不多，但是因为抽取的评估样本较少，所以并不能说明辽宁电力信息系统的安全状况较好，而表 4-28 中所列出的极度风险需要立刻采取措施来解决。

表 4-28 高风险列表

风险值	资产名称	资产价值	业务系统	弱点名称	弱点值	威胁	威胁可能性值	威胁影响值
158.4	Sun Fire 3800	3.3	辽宁电力信息系统	内核本地缓冲溢出	4	权限提升	3	4
134.4	Nokia IP 530	2.8	辽宁电力信息系统	存在因为测试而打开防火墙端口的情况	4	远程 root 攻击	3	4

（2）从表 4-28 可以看出，辽宁电力信息系统资产面临的极度风险中大部分是由技术类漏洞引起的，这类风险基本上都是可以避免的，之所以存在这些高风险的技术漏洞除了与相关技术人员的安全意识有关，重要的一点还是安全技术管理没有跟上。

风险等级分布统计如表 4-29 所示。

表 4-29 风险等级分布统计表

风 险 等 级	数 量	风 险 等 级	数 量
极度风险	2	中等风险	335
高风险	63		

（3）从图 4-2、表 4-29 我们可以看出，辽宁电力信息系统存在有极度风险，高风险和中等风险的数量也较多。因为此次评估抽取的评估对象的数目不多，所以极度风险的

数目和所占比例都不高，但是这类风险会带来严重后果。

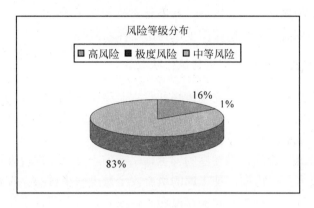

图 4-2　风险等级分析分布图

（4）从抽查的评估对象来看，辽宁电力信息系统的资产中，从单个资产的角度来看风险值较高的几乎都集中在主机、操作系统类和防火墙上，而其他设备和路由器类单个资产的风险值相对较低。在这些高风险的主机系统中，Solaris 操作系统的风险值最高，这是因为 Solaris 系统的默认配置不够安全，并且管理人员没有及时打上安全补丁，安全配置和主机加固方面做得不够。防火墙的风险也比较大，弱点非常严重，这主要是由对防火墙的安全策略管理不严格造成。所以对这些资产的保护从技术上得到较好的解决是相对容易的。

4.6.7　安全风险评估综合分析及建议

1. 现有安全组织和人员状况

辽宁电力信息系统目前没有专门的安全机构来负责计划、实施客户的信息安全管理。信息安全的管理规章、管理制度不健全涵盖范围不全面。

对于一些规定的规章管理制度，执行的力度也不是很大，比如，在访谈中显示对网络中重要的服务器和网络设备的口令都采取了强壮的安全保护措施，但是在实际的评估过程中还是发现了很多弱口令。

在人员方面，安全状况存在一些问题。比较突出的问题是：在员工职责中没有定义安全角色和责任；员工没有得到足够的有关安全的培训，也没有通过相应的资质认证；对第三方人员的安全管理不够，控制力不足等。这些问题将导致即使买了很多的安全产品也不能有效地改进安全状况，不能及时正确地判断和处理安全事件，甚至在事件发生后，仍没有警觉，而且也没有好的办法和手段来解决问题。加上专职的安全人员不够、没有长期设立的安全顾问和服务商进行技术支持，造成一些安全问题无法得到及时解决，日积月累，将造成千疮百孔、无法收拾的局面。

目前第三方管理的问题也很大。对第三方访问信息资源权限没有合适的控制，没有对第三方申请访问权限的理由和访问方式，可能带来的风险进行评估。但目前对第三方没有安全和保密方面的协议和承诺，和他们的合同大多数仅是产品售后维护合同，没有明确说明安全控制和保密方面的内容，并不是责权明确和严谨的代维或服务外包合同。所以即使出了事，也没法用合同违约或法律的手段进行追究。

2．安全管理制度与规范的制定与执行状况

目前，辽宁电力信息系统的安全策略和管理制度不全。如果要达到具体工作中进行依照和规范网管和安全工作的目的，还必须细化出一系列的规章制度、标准规范和操作流程，形成从高到低的一个体系。

目前缺乏一个高层次的，指导性的安全策略或安全方针文件，表达出领导层对安全工作的态度，目标和指导方向，使下属的所有安全制度缺少核心。没有细化到可执行的层次系列的规章制度、标准规范和操作流程，也没有针对各业务系统的安全管理规定。安全管理制度执行情况存在不足。造成安全制度执行不到位的原因如下。

（1）由于安全制度没有细化到标准和操作指导等规定，只给出框架性质的指导，难以执行。

（2）执行人员缺乏必要的技术支持和技术保障。

（3）领导层缺少有效的手段或明确的流程检查安全制度的执行情况，或者没有明确的检查指标。

（4）安全制度的执行情况没有与绩效考核结合起来，并给予相应的奖励或惩罚，没有处罚规定和责任追究的制度，执行人员没有压力和动力。

（5）对安全制度的回顾和定期复查修订也应该进行。因为规章制度都有一定的生命周期，随着形势的改变而不再完全适用，尤其是技术性很强和很具体的安全标准规范和操作流程，生命周期很短。没有定期地由相应人员审核和修订，使得各类安全制度相对于安全现状有一定的滞后性，甚至不适用，使用者更加不愿遵守。这种恶性循环将为安全工作的开展造成负面影响。

3．信息资产管理现状

辽宁电力信息系统对于资产的管理没有充分体现信息资产的特点，没有结合信息资产特点的管理制度；信息资产鉴别方法和流程；根据机密程度和重要程度对数据和信息分类；信息资产清单没有定期维护和更新。

4．物理与环境安全现状

辽宁电力信息系统物理与环境安全状况较好。有针对机房的明确的物理与环境安全管理规定，规定覆盖了物理和环境安全所要求的安全区域、设备安全和常规措施等各要点。由于规定具体可行，所以执行情况良好。这点在机房得到了很好的反映。物理和环境安全状况良好的原因是物理安全问题明显且在传统网络建设时期就得到了充分的认识，公司上下都对物理安全十分重视，并投入了相应的人力财力支持。可见，管理者和执行者的重视是开展安全工作的保障。如果其他层次的安全问题也能得到充分重视，也应当能够得到明显提高。

对办公区域的物理和环境安全要求相对简单。在评估中没有发现对敏感信息介质处理、桌面清理和使用屏幕保护程序等问题的明文规定。这些问题应通过常规管理措施和设备使用规定加强办公区的物理和环境安全。

5．网络设备和网络架构安全状况

本次评估中，对网络设备采取了顾问访谈、人工审计和工具扫描相结合的方式。骨干节点网络设备主要包括 CISCO 和防火墙设备。网络设备方面发现的最严重的问题是对防火墙缺乏严格的管理，存在有因为测试而对一些主机端口完全对外网打开的情况，这样一来就等于把这些主机完全暴露给了外网，而这些主机一旦遭到入侵，则会被攻击者当作跳板向内网全面渗透，从而危及到整个信息系统的安全。此外防火墙对于一些必须能被外网访问的主机也缺乏必要的保护，从而使这些设备成为信息系统上面最脆弱的环节，这些弱点的危害性已经在渗透测试中得到了验证。CISCO 设备也存在一定的问题，例如开放 FINGER 端口等。

6．主机系统和应用系统安全状况

对于主机系统和应用系统安全状况的评估采用了工具扫描、渗透测试、顾问访谈、手工评估等多种方式。通过扫描，我们发现安全漏洞非常多，绝大多数的系统主机为默认安装，开放了太多无用的服务，没有及时打补丁，没有进行安全配置，存在很多的弱口令，主机安全状况不容乐观，根本无法抵御黑客的攻击。在白客模拟渗透测试中也证实了这一点。

通过顾问访谈，我们认为主机系统和应用系统存在的主要管理问题如下。

（1）对主机系统的连接没有进行登录地址、登录尝试次数等限制措施。

（2）多使用 TELNET 方式管理，容易被窃听。

（3）没有明文规定口令强度；存在口令没有定期更新和口令共享现象。

（4）缺少日志审计流程和可以借助的日志审计工具。

（5）防火墙对信息系统没有起到足够的保护。

这些问题可能会引发非授权访问、远程攻击、非法代码、数据毁坏和业务中断等威胁，导致业务系统被非法入侵，甚至业务停顿。实践证明，对这些问题疏于防范，往往会酿成重大的安全事件。

（6）防火墙的管理不严格，从而给整个内网带来了极大的安全问题，大多数主机为互相信任关系。所以我们认为信息系统安全状况存在严重缺陷，非常的危险。

（7）数据库方面存在大量的弱口令，没有配置日志审计，口令使用时间过长等问题。

7．业务系统和流程安全状况

各系统比较普遍的安全问题是一些重要的信息在网络上传输时没有经过加密处理，对操作缺乏日志审计等。

8．现有安全措施和安全产品的配备、使用情况

目前，辽宁电力信息系统中部署了一定数量的安全产品，包括防火墙、Sniffer 等。在评估中发现有的防火墙没有起到应有的作用，主要问题如下所示。

（1）策略配置都比较松，开放了太多的端口，对于阻挡黑客的入侵和攻击所起到的作用不大。对于有的内部主机是 any to any（即端口全部开放），由于内部主机没有安全配置，无法抵挡入侵，所以从此点突破后即造成对整个网段的入侵。

（2）一些必须接受外网访问的主机系统缺乏防火墙的有效保护。

（3）在网络调试时，绕过防火墙或把策略设成全部通过。其实只要一天的时间就足够黑客入侵整个网段。这种业务未考虑安全的做法不可取，除非真的必要，否则不要绕过防火墙。系统或整个网段被入侵了，对业务系统的影响更大，如果黑客恶意破坏，后果不堪设想。

（4）渗透性测试重点在系统防火墙外，也就是从公网开始进行。如果无法渗透成功，则选择从内网开始。测试时将以信息最小披露为输入原则发起。测试以不影响正常业务为主。

第 5 章　信息网络基础平台结构优化及应用

信息网络基础平台结构优化是保证网络信息安全的重要基础，是随着信息技术不断发展和应用需求不断提高，而不断地组织实施的系统工程。

本章介绍信息网络系统、信息网络的组成及逻辑结构、信息网络体系及拓扑结构等基本概念，论述信息网络基础平台结构优化设计原则，信息网络系统结构优化方案设计流程及设计要点，分析信息网络系统现状及存在的问题，介绍辽宁电力信息网络基础平台结构优化实施历程及取得的主要成果。

5.1　信息网络系统基本概念

信息网络系统就是利用通信线路和通信设备，把地理上分散，并具有独立功能的多个计算机系统互相连接，按照网络协议进行数据通信，以达到资源共享和信息交换的目的，协同工作的信息处理系统。

5.1.1　网络及信息网络基本定义

在系统论中，一般把若干"元件"通过某种手段连接在一起就称为网络。被连接的"元件"不同，所构成的网络也不同。例如，连接电话交换机就构成电话交换网络，连接发、供电系统就构成输电、配电网络，连接计算机就构成计算机网络，等等。"网络"主要包含连接对象（即元件）、连接介质（光缆、双绞线等）、连接的控制机制（如约定、协议、软件）和连接的方式与结构 4 个方面。

由此得到信息网络的定义是：利用通信线路和通信设备，把地理上分散，并具有独立功能的多个计算机系统互相连接，按照网络协议进行数据通信，由功能完善的网络软件实现资源共享的计算机系统的集合。信息网络通常也可称为计算机网络。总之，计算机或信息网络的本质是把两台以上具有独立功能的计算机系统互连起来，以达到资源共享和信息交换的目的。从用户的角度看，信息网络是一个透明的数据传输机制和资源共享、协同工作的信息处理系统。

5.1.2　信息网络的主要功能

信息网络具有丰富的资源和多种功能，其主要功能是共享资源和远程信息交换。所谓共享资源就是共享网络上的硬件资源、软件资源和信息资源。单个计算机或系统难免出现暂时故障，致使系统瘫痪，通过信息网络提供一个多机系统的环境，可以实现两台或多台计算机互为备份，使计算机系统的冗余备份功能成为可能，从而提高整个系统的可靠性。

信息网络连接的对象是各种类型的计算机（如大型计算机、工作站、微型计算机等）或其他数据终端设备（如各种计算机外部设备、终端服务器等），计算机网络的连接介质是通信线路（如光缆、同轴电缆、双绞线、微波、卫星等）和通信设备（如中央交换机、二层交换机、集线器等各种网络设备），信息网络的控制机制是各层网络协议和各类网络软件，信息网络的连接方式与结构多种多样。

5.2　信息网络基本组成与逻辑结构

信息网络由计算机系统、通信线路和通信设备、网络协议及网络软件组成。网络软件的各种功能依赖于硬件去完成，而没有软件的硬件系统也无法实现真正端到端的信息交换。将信息网络划分为资源子网和通信子网，称为信息网络的逻辑结构。

5.2.1　信息网络的基本组成

信息网络由硬件和软件两大部分组成。网络硬件负责数据处理和数据转发，它为数据的传输提供一条可靠的传输通道。网络硬件包括计算机系统、通信线路和通信设备。网络软件是真正控制数据通信和实现各种网络应用的部分。软件包括网络协议及网络软件。网络软件的各种功能必须依赖于硬件去完成，而没有软件的硬件系统也无法实现真正端到端的数据通信。对于一个信息网络系统而言，两者缺一不可。总体而言，信息网络由计算机系统、通信线路和通信设备、网络协议及网络软件4个部分组成。这4个部分就是信息网络的基本组成部分，也常称为信息网络的四大要素。

1. 计算机系统

信息网络的第一个要素是至少有两台具有独立功能的计算机系统。计算机系统是网络的基本模块，是被连接的对象。它的主要作用是负责数据信息的收集、处理、存储和传播，它还可以提供共享资源和各种信息服务。计算机系统是信息网络的一个重要组成部分，是信息网络不可缺少的硬件元素。

信息网络连接的计算机系统可以是巨型机、大型机、小型机、工作站或微机，以及笔记本电脑或其他数据终端设备，如终端服务器等。

2. 通信线路和通信设备

信息网络的硬件部分除了计算机系统外，还有用于连接这些计算机系统的通信线路和通信设备，即数据通信系统。其中，通信线路指的是传输介质及其介质连接部件，包括光缆、同轴电缆、双绞线等。通信设备指网络连接设备和网络互连设备，包括网卡、集线器（HUB）、中继器（Repmter）、交换机（Switch）、网桥（Bridge）和路由器（Router）及 Modem 等其他的通信设备。使用通信线路和通信设备将计算机互连起来，在计算机之间建立物理通道，用于数据传输。通信线路和通信设备负责控制数据的发出、传送、接收或转发，包括信号转换、路径选择、编码与解码、差错校验、通信控制管理等，以便完成信息交换。通信线路和通信设备是连接计算机系统的桥梁，是数据传输的通道。

3. 网络协议

网络协议是指通信双方必须共同遵守的约定和通信规则。它是通信双方关于通信如何进行所达成的一致。比如，用什么样的格式表达、组织和传输数据，如何校验和纠正传输出现的错误，以及传输信息的时序组织与控制机制等。现代网络都是层次结构，协议规定了分层原则、层间关系、执行信息传递过程的方向、分解与重组等。

在网络上通信的双方必须遵守相同的协议，才能正确地交流信息，就像人们谈话要说同一种语言一样，如果谈话时使用不同的语言，就会造成双方都听不懂对方在说什么的问题，那么他们将无法进行交流。因此，协议在信息网络中是至关重要的。一般说来，协议的实现由软件和硬件分别或配合完成，有的部分由网络设备来承担。

4. 网络软件

网络软件是一种在网络环境下使用和运行或者控制和管理网络工作的计算机软件。根据软件的功能，信息网络软件可分为网络系统软件和网络应用软件两大类型。

（1）网络系统软件

网络系统软件是控制和管理网络运行、提供网络通信、分配和管理共享资源的网络软件，它包括网络操作系统、网络协议软件、通信控制软件和管理软件等。网络操作系统（Network Operating System，NOS）是指能够对网络范围内的资源进行统一调度和管理的程序。它是计算机网络软件的核心程序，是网络软件系统的基础。

网络协议软件（如 TCP/IP 协议软件）是实现各种网络协议的软件，它是网络软件中最重要、最核心的部分，任何网络软件都要通过协议软件才能发生作用。

（2）网络应用软件

网络应用软件是指为某一个应用目的而开发的网络软件，如远程教学软件、数字图书馆软件、Internet 信息服务软件等。网络应用软件为用户提供访问网络的手段及网络服务，资源共享和信息传输的服务。

5.2.2　信息网络的逻辑结构

随着计算机技术、通信技术和信息网络技术的发展，以及网络结构的不断完善，为了更好地理解信息网络和充分利用主机资源，提高主计算机的处理速度与效率，信息网络从逻辑上将数据处理、资源共享与数据通信处理分开。根据信息网络各组成部分的功能，将信息网络划分为两个功能子网，即资源子网和通信子网。这就是信息网络的逻辑结构。

　　资源子网提供访问网络和数据处理,以及管理和分配共享资源的功能。它能够为用户提供访问网络的操作台和共享资源与信息。资源子网由计算机系统、存储系统、终端服务器、终端或其他数据终端设备等组成,它构成整个网络的外层。

　　通信子网提供网络的通信功能,专门负责计算机之间通信控制与处理,为资源子网提供信息传输服务。通信子网是由通信线路和通信控制处理机(Communication Control Processor,CCP)组成。CCP 是提供网络通信的控制与处理功能的专用处理机(如路由器)。利用通信线路把分布在不同物理位置的通信处理机连接起来就构成了通信子网。通信子网构成整个网络的内层,如图 5-1 所示。

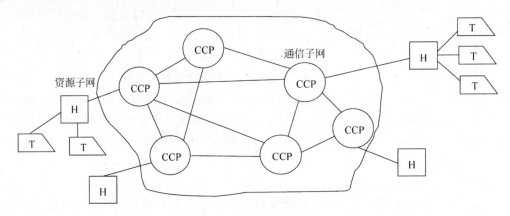

图 5-1　信息网络的逻辑结构

　　从图 5-1 中可以看到,信息网络的逻辑结构由资源子网和通信子网组成。如果没有通信子网,资源子网就是空中楼阁,它将无法进行数据通信和数据转发,整个网络将无法工作。而没有资源子网,信息网络也将失去它存在的意义。因此,只有两者密切结合才能构成一个统一的、功能完整的信息网络。

5.3　信息网络体系及拓扑结构

　　把信息网络的功能划分成有明确定义的层次,规定了同层次实体通信的协议及相邻层之间的接口服务。将这些同层实体通信的协议及相邻层接口统称为网络体系结构。信息网络节点和通信链路所组成的几何形状信息网络称为拓扑结构。

5.3.1　信息网络的体系结构

1. 信息网络的体系结构

　　信息网络的体系结构就是为了完成计算机间的通信合作,把计算机互连的功能划分成有明确定义的层次,规定了同层次实体通信的协议及相邻层之间的接口服务。将这些同层实体通信的协议及相邻层接口统称为网络体系结构。简单地说,层和协议的集合称为网络体系结构。

2．实体和系统接口和服务

实体和系统两词都是泛指，实体的例子可以是一个用户应用程序，如文件传输系统、数据库管理系统、电子邮件系统等，也可以是一块网卡；系统可以是一台计算机或一台网络设备等。一般来说，实体能够发送或接收信息，而系统可以包容一个或多个实体，而且在物理上是实际存在的物体。位于不同系统的同一层次的实体称为对等实体。

接口是相邻两层之间的边界，低层通过接口为上层提供服务。换句话说，上层通过接口使用低层提供的服务，上层是服务的使用者，低层是服务的提供者。服务的使用者和提供者通过服务访问点直接联系。所谓服务访问点（Smice Access Point，SAP）是指相邻两层实体之间通过接口调用服务或提供服务的联系点。服务访问点就是调用函数，函数的参数可以看作接口之间的控制信息和传递的数据载体。

3．协议

协议是计算机网络中实体之间有关通信规则约定的集合。协议有以下三个要素。

（1）语法（Syntax）：以二进制形式表示的命令和相应的结构，如数据与控制信息的格式、数据编码等。

（2）语义（Semantics）：由发出的命令请求、完成的动作和返回的响应组成的集合，其控制信息的内容和需要做出的动作及响应。

（3）时序（Timing）：事件先后顺序和速度匹配。

4．分层设计

为了降低协议设计的复杂性，网络体系采用层次化结构，每一层都建立在其下层之上，每一层的目的是向其上一层提供一定的服务，并把服务的具体实现细节对上层屏蔽。采用层次化结构的优点如下。

（1）各层之间相互独立，高层不必关心低层的实现细节，只要知道低层所提供的服务，以及本层向上层所提供的服务即可。

（2）利于实现和维护，某个层次实现细节的变化不会对其他层次产生影响。

（3）易于标准化。层次化结构通常要遵循如下一些通用的原则。

（4）层次的数量不能过多，真正需要的时候才划分一个层次。

（5）层次的数量也不能过少，层次的数量应该保证能够从逻辑上将功能分开，截然不同的功能最好不要合在同一层。

（6）类似的功能放在同一层。

（7）层次边界要选得合理，使层次之间的信息流量最小。注意，这里不是要求数据流量小，而是指用于控制、交流的额外信息流量要尽量少。

5.3.2　信息网络的拓扑结构

信息网络的拓扑结构是指计算机网络节点和通信链路所组成的几何形状，也可以说是网络站点之间实现互连的一种方式。信息网络的拓扑结构最常见的有以下几种。

1. 星状拓扑结构

在星状拓扑结构中，每个节点都由一条点到点链路与公共中心节点相连，任意两个节点之间的通信都必须通过中心节点，并且只能通过中心节点进行通信，如图 5-2 所示。公共中心节点通过存储转发技术实现两个节点之间的数据帧的传送。公共中心节点的设备可以是中继器，也可以是交换机。目前，在局域网系统中均采用星状拓扑结构，几乎取代了总线状结构。

星状拓扑结构的主要特点如下。

（1）简单，便于管理和维护。

（2）易实现结构化布线。

（3）星状结构易扩展，易升级。

（4）通信线路专用，电缆成本高。

（5）星状结构的网络由中心节点控制与管理，中心节点的可靠性基本上决定了整个网络的可靠性，中心节点一旦出现故障，会导致全网瘫痪。

（6）中心节点负担重，易成为信息传输的瓶颈。

2. 总线状拓扑结构

总线状拓扑结构采用一条单根的通信线路（总线）作为公共的传输通道，所有的节点都通过相应的接口直接连接到总线上，并通过总线进行数据传输。对总线结构而言，其通信网络中只有传输媒体，没有交换机等网络设备，所有网络站点都通过介质连接部件直接与传输媒体相连，如图 5-3 所示。

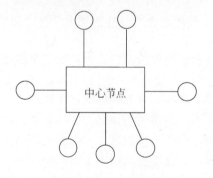

图 5-2　星状拓扑结构

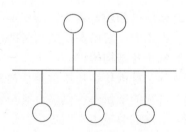

图 5-3　总线状拓扑结构

采用总线状结构的网络使用广播式传输技术，总线上的所有节点都可以发送数据到总线上，数据沿总线传播。但是，由于所有节点共享同一条公共通道，所以在任何时候只允许一个节点发送数据。当一个节点发送数据，并在总线上传播时，数据可以被总线上的其他所有节点接收。各节点在接收数据后，分析目的物理地址再决定是接收还是丢弃该数据。粗、细同轴电缆以太网就是这种结构的典型代表。

总线状拓扑结构的特点如下。

（1）结构简单，易于扩展。

（2）共享能力强，便于广播式传输。

（3）网络响应速度快，但负荷重时则性能迅速下降。

（4）易于安装，费用低。

（5）网络效率和带宽利用率低。

（6）采用分布控制方式，各节点通过总线直接通信。

（7）各工作节点平等，都有权争用总线，不受某节点仲裁。

3．环状拓扑结构

在环状拓扑结构中，各个网络节点通过环节点连在一条首尾相接的闭合环状通信线路中。环节点通过点到点链路连接成一个封闭的环，每个环节点都有两条链路与其他环节点相连，如图 5-4 所示。环状拓扑结构有两种类型，单环结构和双环结构。令牌环（TokenRing）网采用单环结构，而光纤分布式数据接口（FDDI）是双环结构的典型代表。

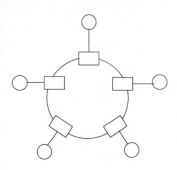

环状拓扑结构的主要特点如下。

（1）各工作站间无主从关系，结构简单。

（2）信息流在网络中沿环单向传递，延迟固定，实时性较好。

图 5-4　环状拓扑结构

（3）两个节点之间仅有唯一的路径，简化了路径选择。

（4）可靠性差，任何线路或节点的故障，都有可能引起全网故障，且故障检测困难。

（5）可扩充性差。

4．树状拓扑结构

树状拓扑结构是从总线状和星状演变而来的。它有两种类型，一种是由总线状拓扑结构派生出来的，它由多条总线连接而成，传输媒体不构成闭合环路而是分支电缆。另一种是星状拓扑结构的扩展，各节点按一定的层次连接起来，信息交换主要在上、下节点之间进行。在树状拓扑结构中，顶端有一个根节点，它带有分支，每个分支还可以有子分支，其几何形状像一棵倒置的树，称为树状拓扑结构，如图 5-5 所示。

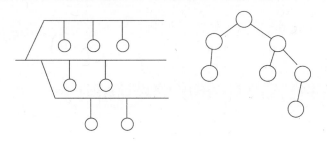

图 5-5　树状拓扑结构

树状拓扑结构的主要特点如下。

（1）天然的分级结构，各节点按一定的层次连接。

（2）易于扩展。

（3）易进行故障隔离，可靠性高。

（4）对根节点的依赖性大，一旦根节点出现故障，将导致全网瘫痪。

（5）电缆成本高。

5. 网状拓扑结构

网状拓扑结构又称完整型结构。在网状拓扑结构中，网络节点与通信线路互连成不规则的形状，节点之间没有固定的连接形式。一般每个节点至少与其他两个节点相连，也就是说每个节点至少有两条链路连到其他节点，如图 5-6 所示。这种结构的最大优点是可靠性高，最大的问题是管理复杂。因此，一般在大型网络中采用这种结构。有时，园区网的主干网也会采用节点较少的网状拓扑结构。

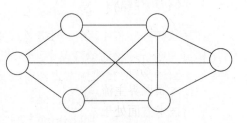

图 5-6　网状拓扑结构

网状拓扑结构的主要特点如下。

（1）每个节点都有冗余链路，可靠性高。

（2）可选择最佳路径，减少时延，改善流量分配，提高网络性能。

（3）管理复杂，需要解决路径选择、拓扑优化、流量控制等问题。

（4）线路成本高。

（5）适用于大型广域网。

6. 复合状拓扑结构

复合状拓扑结构是由以上几种拓扑结构复合而成的，如环星状结构，它是令牌环网和 FDDI 网常用的结构，还有总线状和星状的复合结构，等等。

5.4　信息网络基础平台结构优化设计

本节介绍信息网络基础平台结构优化设计原则，信息网络系统结构优化方案设计流程及设计要点。

5.4.1　信息网络基础平台结构优化设计原则

1. 可靠性

要求整个系统采用具有高可靠性的总体设计，在关键环节均应有备份设计，在关键的网络设备和主机设备上消除单点失效，可以通过设备冗余和负载分担的方式来提高通信系统的可靠性，设计中所选用的设备本身应具有较高的安全可靠性并应支持热插拔和软件升级。

2. 安全性

信息网络上存在很多应用系统，无论对内还是对外，网络的安全和保密信息的安全至关重要，所以应当建立和完善通信系统的安全保密机制，在系统软件和应用软件方面必须注重系统的安全保密工作，采用具有较高安全级别的系统软件，引入具有可靠功能的专用网络安全产品。

3. 先进性

先进的技术可以提高系统的性能，并节省用户的投资。在项目实施中保证所采用的设备和技术属世界主流产品，在相应的应用领域占有较大的用户市场，在相关计算机技术及网络技术方面处于领先地位。考虑到网络建成后将在很长一段时间内使用，所以在选择网络技术的时候应具有一定的超前意识。

4. 可管理性

由于信息网络系统中的网络设备种类多、分布广，为了及时发现网络设备的故障，方便地进行网络设备的配置，网络设备应易于管理。各网络设备区域应有自己的网管中心，实时显示全网的网络拓扑结构、线路的连接情况及网络的运行情况，并能对其所发现的故障进行相应的处理。网管中心还应负责全网的网络配置和安全策略。

5. 实用性

系统的性能指标应能够满足信息网络内各项业务对处理能力的要求。整个系统的性能应当是可靠的、便于管理的。所采用的设备应当是易于配置维护。从客户方的角度出发，在完全满足网络应用要求的条件下，尽量压缩设备所需费用，争取达到最优的性能价格比。

6. 开放性

在网络和主机方面应支持符合国际标准和工业界标准的相关接口，能够与各地区政府企业网络、ISP 网络以及其他相关系统实现可靠的互连；在支持标准的应用开发平台方面，系统软硬件平台应具有良好的移植能力，在硬件升级后保持二进制级兼容性；在网络协议的选择方面，应选择广泛应用的标准协议，同时支持局域网内部的其他协议。

7. 可扩充性和灵活性

在网络和主机设备的选择方面，应具有良好的可扩充能力，可以根据信息网络临时需要对系统进行必要的调整、扩充，这包括存储容量和网络规模等方面的扩充。在网络全面升级的情况下，能够最大限度保护现有投资。

除了以上谈到的通用的网络设计原则之外，结合企业网络的实际情况，在广域网接入工程设计过程中，应本着如下原则。

（1）一次设计，满足本期组网要求的同时，为网络发展打下良好基础，适用网络总体规模的要求，使网络结构不因网络规模扩大而改变。

（2）一体化考虑，使 IP 和 ATM 部分采用 MPLS 有机地结合成为一体网络，网络结构同时满足两层业务的要求。

（3）网络机制满足不同业务对不同服务质量的需求。

（4）方便地提供全网不同层次的 VPN 业务。

（5）提供基本业务的同时，提供丰富的网络附加业务。

5.4.2　信息网络系统结构优化方案设计流程

首先对目前的应用系统进行描述，对各种不同类型应用进行划分，分析其他需求，发现真正需求实质，将这些信息作为确定接入节点设计的依据；根据上述信息，结合产品系列的特点和费用情况，确定节点设备的类型和具体配置，并在节点设计具体配置和流量分析基础上进行技术/设备的选择，最终完成网络总体设计；在设计提交之后，根据性能参数和厂商建议对设计进行调整，以最终符合实际需求。信息网络系统结构优化方案设计流程如图 5-7 所示。

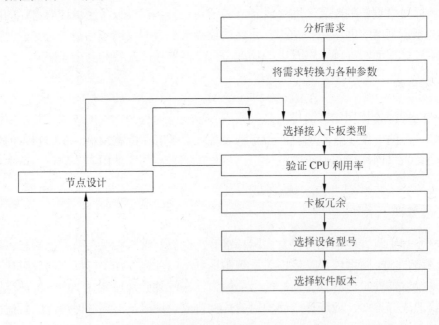

图 5-7　信息网络系统结构优化方案设计流程

在这样的设计过程中，充分考虑了对各种应用服务质量的要求和心理预期，并在设计过程中得以体现。在广域网各个节点设计的过程中，主要遵循以下流程：首先分析需求和/并将相关数据汇总，形成标准参数，根据这些参数选择所需要的 I/O 卡板、CPU 卡板的种类和数量，选择所需设备的类型，并与广域网设计相对照、修正，得到最终的节点配置。

5.4.3　信息网络基础平台结构优化设计要点

1. 信息网络支持平台结构优化

作为企业信息化的硬件支撑平台，为众多的应用系统提供有力的支持。近年来随着信息化技术的迅猛发展，新技术新应用不断涌现，企业根据自身环境和应用特点不断将新技术运用到实际网络运行中来，应用系统的不断增加，产生了更多的信息流量；多种应用系统的存在，造成了部分资源分配的不合理；新技术新应用，对硬件平台提出更高的要求；总的看来原有信息网硬件平台及网络带宽并不能适应目前信息技术应用的高速发展。

（1）广域网络平台结构优化

硬件技术的发展随着应用的不断更新也在进步，结合企业广域网络通道带宽不断提高，结合网络新技术的发展，为保证广域网高效连接，提高网络速度，增强网络信息交换能力，升级路由设备。

公司与各单位路由器所采用的路由协议均为 OSPF，各单位根据自身内部局域网的情况确定和广域网接入路由器之间是否采用路由协议，以及采用哪种路由协议进行路由。如果基层单位内部有三层设备（包括路由器和三层交换设备），则基层单位内部划分的各个子网段采用静态路由到广域网接入路由器，再把静态路由信息重分布到整个 OSPF 域中。如果没有三层设备，则不需要在广域网接入路由器上起静态路由协议。

各基层单位内建两条 PVC，其中一条在广域网通道设备中继上是非限定比特率业务（UBR），其特点是在中继带宽上如果没有预留或是被占用带宽的时候不限定这种业务的传输速率。这条 PVC 连接各基层单位的局域网，主要用来传输 MIS、OA 这样的数据。另一条为非实时可变比特率业务（nrt−VBR），其特点是确保中继带宽上有一定的带宽，并不随时间变化而变化，当有突发数据量时可以根据突发时中继带宽的状态调节传输速率，其优先级较 UBR 业务高。这条 PVC 连接各个地市供电公司的省公司的视频会议系统。

从网络的物理结构上来看，使广域网络结构更加简单、维护更加容易，利用光纤替换了多条电缆连接。提高网络扩展性，当有新的节点需要接入的时候，不需要增加新的卡板端口和线路设备，采用高性能交换式路由器可以扩展卡板实现更多新节点的接入，无需增加多台路由器，以及更多数量的电路接口，从而降低成本。从物理线路上来看，本身光纤比电缆传输的距离更远，可传输的信息速率更快，抗干扰能力更强。

从端口模块上来看，高性能交换式路由器的广域网络通道接口可以建立多条虚拟路径，每个虚拟路径并不像 DDN 方式那样是实际的物理线路，而可以理解为逻辑链路，利用统计复用的网络技术可以灵活地使用中继带宽，虚拟连接的路径并不会完全占用物理线路的带宽，实际上只有广域网络通道接口上有数据流量的时候才会占用物理线路，而不像 DDN 连接方式那样不管接口有没有流量始终占有中继线路上的 2MB 带宽，这样的连接方式会造成资源分配的不合理。从使用的技术角度，高性能交换式路由器的广域网络通道模块支持网络技术的 QoS 特性，即对不同业务采用不同的服务机制，比如，对于业务等级较高的业务可以比其他业务等级较低的业务有更高的优先级，同时可以限定不同业务的带宽。当然在 QoS 机制上还有其他更多的更灵活的应用。

（2）局域网络平台结构优化

公司是企业信息网络平台的核心，绝大多数的应用系统主要都在公司，因此在公司选用 3 台高性能核心路由交换机构成环路，通过 OSPF 协议实现链路和路由的负载均衡和冗余。选用高性能交换式路由器设备与各基层单位连接。

公司处在一个信息量汇聚的位置，各基层单位的应用系统访问流量以及各基层单位之间的信息流量都要通过公司，因此选配一块单模 OC-12 卡板，其与广域网 ATM 设备的连接速率高达 622Mbps，另外高性能交换式路由器设备通过交换引擎上的多模千兆以太网口和核心三层交换设备以 1000Mbps 速率和公司内部局域网连接。

为提高配线间交换机的性能和增加更多的接入端口，增加 Digital Modem 模块，共提供拨号连接。安装部署 EMC CLARiiON IP4700 NAS 设备。它同时支持所有主要开放主机和操作系统，满足用户对大量文件级数据共享的需求，可以很好地解决异构网络环境下的数据备份与数据共享的问题，提供存储容量的扩展。

利用网络管理系统，为公司计算机信息网络提供全面的配置管理、设备管理、性能管理、安全管理、故障诊断、事件管理、QoS 策略等管理功能。提高网络运行服务效率，同时降低网络运行维护费用。

（3）信息网络路由协议规划

由于历史的原因，广域网使用的路由协议比较复杂，广域网络采用 EIGRP 路由协议和静态路由结合，主干局域网交换机使用 OSPF 路由协议，在原有核心路由器进行 EIGRP、OSPF、静态路由的重新分布，保证整个网络的路由互通。对于大型的广域网来说，选择基于链路状态的路由协议 OSPF 是较适宜的。OSPF 是由属于 IETF 的 IGP 工作组所开发的，是为 IP 网络而设计的，后经过几个研究组织的共同努力，成为一种标准的路由协议，被大多数路由器厂家支持，它不但具有较高的效率，而且具有可靠的安全机制和良好的开放性。

在项目实施中，在路由器上动态路由协议无效，动态路由协议启用是通过广播相互之间交换路由信息的，OSPF 路由协议可以支持点到多点的非广播网络的互通，在广域网中使用修改原有的 EIGRP 路由协议，使用 OSFP 作为广域网主干路协议，与核心交换机的 OSPF 实现互通。

（4）完善的拥塞控制与服务质量保障

公司计算机信息网络应用不仅有简单数据传输应用，而且还有视频会议、语音等实时应用的传输。因此，网络对拥塞的控制和对不同性质数据流的不同处理是尤其重要的，整个网络必须能够支持低延时队列技术（LLQ）、CBWFQ，保证在任何情况下不出现"IP包乱序"，为视频会议、语音等应用提供服务质量保障。提供的端到端的 QoS，提供不仅仅是简单的设备功能，而是构成整个网络的 QoS 服务质量体系。

建立二层 VPN 保证端到端服务质量（QoS）：从网络模型的层次来看，VPN 网络可以分为第二层 VPN 和第三层 VPN。所谓第二层 VPN 就是在网络参考模型的第二层即数据链路层利用网络技术来实现，利用网络技术实现的是二层的 VPN。第二层 VPN 提供了可靠的安全保证。建立 VPN 的目的是将视频会议系统与其他 IP 数据进行隔离，并保证视频会议的效果。

在公司和各基层单位之间的路由器上跨过 ATM 网络分别建立两条 PVC，其中 IP 视频的流量通过 PVC 2，而其他的 IP 数据则通过 PVC 1，这样 IP 视频数据将不会受其他数据的影响，并且第二条 PVC 上做了资源预留，即在数据量过大的时候保证这条 PVC 有一定的带宽。与此同时将 PVC 2 上承载的 IP 视频业务设置成为非实时可变比特率业务（nrtVBR），而 PVC 1 上承载的业务设置成非限定比特率业务（UBR），在网络拥塞的时候，nrtVBR 比 UBR 有更高的优先级，以此保证 IP 视频的质量。

同时，利用访问控制列表实现视频数据流隔离：在主干和边缘路由器中设置两条 PVC 链路，并且在边缘路由器单独为视频系统配置 1 个 10/100M 端口，重新规划 IP 地址，在逻辑上实现视频会议系统的专用通道。

（5）IP 网络的功能优化

信息网在技术上定位为 IP 优化的宽带网络，主干为千兆网，并具备向万兆以太网过渡的条件；广域网以 155M ATM 作为传输通道，并具备向 622M/ATM 过渡的条件。

逐步实现数据、语音、视频的 IP 一体化。

采用层次化的 IP 体系结构，减少对传统传输体系的依赖。

核心设备支持 RIP、RIPv2、OSPF、IS-IS、BGP4、MPLS 等多种标准协议。根据公司计算机信息网络长远发展的需求，整个网络至少支持 OSPF、IS-IS、BGP4 以及 MPLS 路由协议，以支持服务营运级网络所需要的功能。

带宽优化，在 IOS QoS 控制下，最大限度地利用广域网的带宽。

可扩展的网络承载能力。

主干核心交换机采用全冗余结构设计，消除了设备、链路、路由的单点故障。多台 SSR 8600 构成环路，通过 OSPF 协议实现链路和路由的负载均衡和冗余。核心交换机提供足够的扩展能力，满足今后应用扩展的需要。

（6）多协议的支持

公司计算机信息网络以支持 TCP/IP 协议为主，但也需要兼容 IPX、DECNET、APPLE-TALK 等网络协议。作为服务营运级的网络必须要考虑到潜在的特殊用户服务需求的支持。

核心设备支持 RIP、RIPv2、OSPF、IS-IS、BGP4、MPLS 等多种标准协议。根据公司计算机信息网络长远发展的需求，整个网络至少支持 OSPF、IS-IS、BGP4 以及 MPLS 路由协议，以支持服务营运级网络所需要的功能。

（7）多层次的网络安全体系

Internet 自身协议（IP）的开放性极大地方便了各种计算机联网，拓宽了共享资源。但开放的同时也带来了对网络安全的威胁，主要表现在：拒绝服务、非授权访问、冒充合法用户、破坏数据完整性、干扰系统正常运行、利用网络传播病毒、线路窃听等方面。

因此，网络整体的安全已经不是单一的安全产品所能保证的，而是一系列综合全面的安全策略的集合——网络安全体系。

深层次的网络安全解决方案将为公司计算机信息网络提供一套完整的纵深防御安全体系，从各个层次各个角度加以防范。

① 设备登录安全。

② 支持分权限的登录管理。

③ 支持 AAA 安全认证协议（Radius、Tacacs+）。

④ 支持单播逆向路由检查（uRPF），防止 DDoS 攻击。

⑤ 支持在大量的访问控制时，不影响性能。

⑥ 支持更加智能的访问控制（可对应用层信息进行匹配）。

⑦ 支持通过基于 ACL 的限速（CAR），来控制 DDoS 攻击。

⑧ 支持地址转换（NAT）。

⑨ 支持加密安全通道。

⑩ 支持网络入侵检测。

⑪ 支持 IOS 防火墙功能。

（8）统一的网络管理

由于公司采用统一的 IP 路由网络，所有的网络设备均支持标准的 IP SNMP 网管协议，所以对网络管理员来讲，可以简单地使用一套网管工具，完成对整个广域网络的管理。信息网络与通信网络界线清晰，责任分明。

完善的网络管理解决方案将为公司计算机信息网络提供全面的配置管理、设备管理、性能管理、安全管理、故障诊断、事件管理、QoS 策略等管理功能。提高网络运行服务效率，同时降低网络运行维护费用。

IT 环境的管理以及面向业务应用方面的管理，其主要管理功能体现在以下几个方面。

① 故障管理：跟踪、辨认错误，接受错误报告并作出反应；维护并检查错误日志，形成故障统计；能执行一定的诊断测试。

② 网络节点管理和网络设备的配置管理：自动发现网络拓扑结构及网络配置，实时监控设备状态；创建并维护配置数据库；能进行网络节点设备、端口、系统软件的配置；对配置操作过程进行记录统计。

③ 网络性能管理：收集网络内运行的数据信息，提供网络的性能统计，并完成性能分析与容量规划，如网络节点设备的可用率、CPU 利用率、故障率，网络时延统计等；分析历史统计数据，优化网络性能，消除网络中的瓶颈，实现网络流量的均匀分布；分析网络中各种业务模型下网络链路利用职权率与性能关系趋势，决定网络负载的合理安排、网络资源的高效利用和为下一步的容量规划提供决策依据。

④ 安全管理：对系统中存在的安全问题进行监控，防止黑客"入侵"，同时管理系统本身的安全性也要有保障。

⑤ 系统性能管理：通过对关键应用主机系统性能及应用情况的监控，了解系统资源的使用情况，同时对历史数据以及应用趋势的分析和预测，为网络和系统的升级和改

造提供科学依据。

⑥ 网管系统应具有用户友好性，并提供编程接口，使其能得到方便灵活的扩展及二次开发能力。

⑦ 对网络环境中运行的数据库系统和关键业务应用进行管理。

2. 信息网络应用平台结构优化

但随着网络的发展和用户的增长，现有的应用系统结构已不能很好地支持用户的使用和应用的发展。为了更好地为用户提供服务，需要结合自身特点，实施信息网络应用平台结构优化工程，全面支持企业经营战略和发展目标的实现。

对原有应用系统软件升级，要使信息网络应用平台结构优化，每个系统达到高可靠性、高可用性的标准，应实现以下功能。

（1）统一用户管理系统

建立统一用户管理系统独立于其他应用系统，并具有相应的可靠性和可用性。使统一的用户管理平台（基于 LDAP 协议的目录服务器）集中管理用户数据，使用户能够使用一个口令可以访问代理和邮件系统，采用国际先进的 LDAP 协议作为用户访问接口，便于与其他系统的无缝连接。

在用户管理上，采用了安全的委托管理机制，实现了用户数据的分级管理。减少了管理成本，提高了管理效率。为保证用户数据的高可靠性和可用性，两台设备使用目录系统特有的同步复制机制，实现了用户数据的实施同步备份。

（2）统一信息服务平台

建立统一的信息服务平台，使用户可以通过此平台随时随地、使用任何设备访问。通过系统提供的接口可以与短信、电话、传真等设备实现互连，为网上办公提供了基础平台，同时实现了邮件系统和防病毒系统相结合，防止造成病毒通过邮件系统广泛传播的问题。通过统一的信息服务平台，在为本地用户提供邮件服务的同时，能够为各二级单位提供邮件服务。邮件系统可以跟目录服务器软件实现无缝集成，从而允许对用户和账户信息实行集中管理与存储，进而简化各项管理工作，快速部署信息传递服务，并有利于减少维护与管理费用。

（3）代理系统

代理服务器主要的功能是提高用户访问网络效率和效益，通过代理系统对用户访问互联网进行控制。通过对硬件的升级，软件的升级，建立系统的高速缓存等技术建立一个更稳定的代理系统，并且基于统一的用户管理系统，对用户的访问进行控制。为有权限的用户提供可靠、稳定的访问通道，通过对代理系统的升级和设置，能够对用户的所有访问进行控制。代理系统还有自动同步复制缓存数据库的信息的功能。因为在缓存数据库中存放的数据可能经过一段时间后比较陈旧了，比如，原来在 Internet 上存放的这些信息已经被更新了，Proxy Server 可以智能地更新这些数据。

（4）信息发布系统

信息发布系统通过其先进的多过程、多线程体系结构，提供高性能和可伸缩性。经过优化的高速缓存、对称多处理器支持、核心线程的先进使用技术、HTTP 1.1 支持以及尖端内存管理等特性，有利于提供一个功能全面的信息发布服务器以及高水平服务。采用硬件的 HA 技术，和软件的负载均衡功能，建立一个稳定可靠的信息发布系统。

信息发布服务器为成功实现网站体系结构奠定了基础。它们用作中心点，所有的关键任务内容、应用和事务在交付用户之前，均将流经该中心点。现在的信息发布系统可以灵活地帮助企业满足与日俱增的客户需求，提供企业在新经济时代处理成功网站需求的大规模用户的访问，提供必需的高性能、可靠性、可伸缩性和可管理性。

（5）应用开发系统

应用开发系统逐渐成为公司应用扩展的主要平台。现在已经有很多应用在应用平台上运行，而且通过应用平台开发，可以大大缩短开发周期，节省开发费用。采用了应用服务器的 Cluster（集群）技术，实现应用系统的高可靠性，并且能够实现应用级的 HA。

应用开发系统的特性包括基于标准的集成化编程环境，可以实现应用开发与快速部署的便捷性，实现企业与后端系统的连接以及安全服务。创建多层应用的开发环境、应用开发系统和创建服务器扩展，并跟企业应用和传统系统相集成，应用开发系统开发工具将单独提供。

应用开发系统通过端对端优化性能与特性，例如，连接高速缓存与合并、结果高速缓存、数据流以及全面多线程、多进程体系结构，支持大量并行用户。可伸缩特性包括动态负荷平衡和点击式应用分区，允许应用实现动态扩展，支持海量用户。动态负荷平衡系统基于细粒度服务器和应用统计数据。附加负荷监控器在 Web 服务器层受支持，以实现优异的性能和容错特性。多种分区模式，有利于保障分布式应用的优异性能。

应用开发系统支持开发 C/C++应用以及基于 Java 2 平台企业版（J2EE）的 Java 应用，例如，适用于中间层可重用商务逻辑的 Enterprise JavaBeans 体系结构、Java Servlets 以及 JavaServer Pages 技术。J2EE 标准为适应多样化客户机与后端数据以及多层应用的传统资源需求，提供一个基于部件的统一应用模型。支持 J2EE 有助于减少开发时间。

（6）统一的 DNS 管理系统

分别有三台设备为内网和外网的用户提供 3 个域名的解析工作。使用一台服务器集中管理 DNS 记录，并提供 3 个域的解析服务。同时使用主、从模式提高 DNS 系统的可靠性。最重要的是解决了一个服务器对不同用户解析不同地址的问题。减轻了管理员的工作量，减少了管理成本，提高了管理效率。

（7）目录系统

目录服务器为管理大量用户信息的企业提供用户管理基础服务。目录服务器能够与现存的系统集成，并发挥中央仓库的作用，以适应合并员工、客户、供应商和伙伴的需要，适应保存信息，保存各种灵活的个性化用户概况和优先选择需要，适应外联网用户验证需要。在托管环境中，伙伴、客户和供应商能够管理他们自己的那部分目录，从而减少内部管理成本，并有利于保障提供精确的最新信息。

简化互联网应用开发：当企业开发互联网应用时，合作伙伴、客户和供应商数据的难度日益增加，成本也越来越昂贵。目录服务器提供为大量用户开发互联网应用所需求的可伸缩性和信息控制。通过跨越多个应用实现集中化用户组和访问控制，目录服务器可以极大地简化管理。当与诸如证书管理系统这样一类 X.509v3 公钥证书解决方案结合使用时，它还将为实现基于证书的有效验证奠定一个基础。

目录特性增强可用性：目录服务器具有的大量特性，允许实现高可用性。复制技术有助于消除单一失效点；事务记录功能可以实现故障恢复，支持简单网管协议（SNMP），可以提供灵活的网络管理能力。另外，目录服务器通过在线备份、配置修改、模式升级和索引等技术，使管理和维护造成的停机时间减至最低水平。

与企业系统相集成：广泛的元目录功能，允许与企业现行基础结构实现便捷集成。来自于企业不同系统的数据，在目录内部实现同步，并能够轻而易举地集成于支持轻型目录访问协议（LDAP）的新应用系统。

5.5　信息网络系统结构优化应用实例

本节分析辽宁电力信息网络系统现状及存在的主要问题，介绍辽宁电力信息网络基础平台结构优化实施历程及取得的主要成果。

5.5.1　辽宁电力信息网络系统现状

辽宁电力信息网络已经建成了以省公司为中心的千兆骨干网和在沈单位 2M/100M/1000M 连接布局的城域网以及包括 46 个基层单位 2M 以上带宽连接的广域信息网络。并通过国电东北公司实现与国电公司和吉林、黑龙江省公司的连接，系统联网机器近 2400 多台计算机。

在企业总体数据规划、信息资源网络规划的基础上，辽宁省电力有限公司组织了大规模的应用系统开发。目前，浏览器系统覆盖所有电力企业、电厂、施工修造企业、医院及学校，通过 Web 系统实现信息发布、视频点播、建立了一个统一的信息服务平台，成为信息网的主要应用；广域网环境下的办公自动化系统投入运行四年多，成为公司日常办公不可缺少的工具。另外，30 个各专业应用子系统已经投入运行。2000 年 12 月 28 日辽宁省电力公司信息网络系统工程通过了省公司组织的工程验收。达到国家电力公司管理信息系统实用化验收标准，进入全国电力系统先进行列。辽宁电力信息网络视频系统工程是 2001 年省公司重点科技项目之一，其实现了基于省公司广域信息网上的多媒体应用。

辽宁电力信息网经过五年的建设和快速发展，已实现省公司机关办公楼至东北公司、市内主要所属单位——调通中心、电科院、各局办公司（燃料公司、物资公司等）、2 万米、光明花园住宅小区等千兆光纤连接。通过东北公司实现了与吉林、黑龙江省电力公司连接，省内实现沈阳、辽阳、鞍山、营口、盘锦、两锦、抚顺、本溪、丹东、大连、铁岭、阜新 13 个供电公司、铁岭发电厂、锦州东港公司、辽宁发电厂、抚顺发电厂、沈海热电公司、桓仁发电厂、太平哨发电厂、清河发电厂、阜新发电厂等发电企业 100M 或 2M 电力通信专线连接。

5.5.2 辽宁电力信息网络系统存在的主要问题

辽宁电力信息网投入运行以来，因为系统安全和功能扩充的要求，进行了主干核心网及二级设备的升级和改造。增加了核心交换机、路由器的冗余备份模块，解决了网络运行的单点故障问题，保证了系统的高可靠性和高可用性。系统通过升级后，整体网络性能都有很大的提高，并解决了在设备互联中存在的一些问题。辽宁电力信息网已具备相当规模，但快速发展的各种应用系统对网络平台也提出了新的要求。

（1）省公司与基层供电公司应用系统快速增长，需要交换的信息量日益增大，为满足目前及今后应用系统扩展的需要，必须改造省公司与基层供电公司和电厂的连接条件，对主干和二级单位的相应设备进行升级和扩充，满足大带宽、高速连接的要求。

（2）通信线路改造后，整个网络的应用系统联系更加紧密，必须充分考虑网络系统的安全，对敏感数据应用的隔离保护。

（3）通信线路改造后，视频会议的实现方式及如何保证动态图像的质量。

（4）网络应用的丰富对核心交换设备的可靠性提出了新的更高要求，必须采取措施消除局域网核心交换机物理链路及路由的单点故障，采用相应的技术进行实现链路及路由级冗余连接和配置。

（5）解决因为楼层客户端点数量及应用增加，导致联网速度慢的问题。

（6）解决所有二级单位连接的安全问题，建立安全的系统运行平台，实现省公司与基层单位、局机关与基层单位、局机关与住宅小区的安全连接。

（7）现有的 Intranet/Internet 应用结构比较混乱，难于实现功能的扩展，需要对现有的 Intranet/Internet 资源进行重新规划、整合，为接入用户提供更多的服务，为视频点播应用增加更大的节目存储空间。

（8）拨号用户线路不够，安全性差，需要对拨号线路进行扩容、实现拨号用户安全认证。

5.5.3 辽宁电力信息网络系统结构优化历程

结合辽宁电力信息网的现状，和国际网络及应用技术高速发展的情况，落实公司领导关于辽宁电力信息网信息管理系统实用化验收后，继续保持国内领先水平的要求，进一步提高辽宁电力信息网络系统运行管理水平，提高省公司本部办公效率和办公质量，加快信息交换速度的指示要求，2002 年 3 月辽宁省电力有限公司成立项目领导小组，负责辽宁电力信息网络基础平台结构优化工程的可研立项和工程组织工作。

2002 年 4 月项目小组成员深入了解了国内、国际网络 Internet 应用技术高速发展的情况，分别对 Cisco 公司、Nortel 公司、Juniper 公司、SUN 公司、CheckPoint 公司情况、产品及解决方案进行了详细了解，与多家系统集成商进行技术方案讨论，并形成初步的系统设计方案。

1. 信息网络基础平台结构优化工程实施范围

LNEPC-Net 应用系统建设包括网络管理中心、计算机网络及管理信息系统的建设，同时还包括信息资源网的建设。辽宁电力公司管理信息系统（LNEPC-MIS）是辽宁电力公司现代信息服务体系的主要部分。该系统全面支持辽宁电力公司的计划统计、人力资源、财务、电网调度、发供电生产、用电营业、安全监察、燃料和物资供应等现代化管理，为各级领导和各层各类业务人员提供信息服务，提高全公司的综合经济效益。公共应用系统包括全省的办公自动化系统、Web 系统、邮件系统、视频点播系统等。

辽宁省电力有限公司 Internet/Intranet 系统，包括 WWW 系统、目录系统、邮件系统、代理系统等系统，可为用户提供信息发布、收发邮件、代理访问 Internet 等服务。但随着网络的发展和用户的增长，现有的硬件和应用系统结构已不能很好地支持用户的使用和应用的发展。系统的性能需要进一步提高，要求速度更快、运行更加安全稳定。

2. 信息网络基础平台结构优化技术方案论证

项目小组对辽宁电力信息网络基础平台结构优化，需求进行了详细的调查分析，编制了"辽宁电力信息网络基础平台结构优化方案"。辽宁电力有限公司信息中心于 2002 年 4 月组织相关技术人员论证了"辽宁电力信息网络基础平台结构优化技术方案"。

项目小组讨论了辽宁电力信息网络基础平台结构优化工程系统前期准备工作，并介绍了技术方案。该方案依托辽宁电力信息网络，建立以省公司为中心，覆盖 13 个省公司所属供电公司的 155M/ATM 宽带广域网络系统，可实现省公司范围内高速的数据通信，为今后丰富的应用系统搭建可靠的网络平台；通过整合企业 Intranet/Internet 应用，可以更好地为接入用户提供服务、增加新的业务功能。

方案阐述了国内外 IP 宽带网络及企业 Web 应用的现状和发展趋势，利用辽宁电力信息网络系统现有资源，进行系统需求分析，说明系统的建设原则、建设目标和建设方案，并且对国内外厂商的主流产品及技术进行分析比较。

项目小组认为该设计方案采用了国际网络发展先进、成熟的技术，充分利用了省公司信息网络资源和设备优势。方案采用基于 IP 技术的宽带网络架构，基于 J2EE 等标准的 Web 开发技术，具有良好的开放性与扩展性。该方案的实施将很好地解决了省内联网通道速率低带宽限制，有利于更好地普及各种信息子系统应用，提高省公司信息资源的应用水平，为今后在此平台上搭建基于单独业务应用的 VPN 系统创造有利的条件。同时更好地解决了视频系统信号传输通道的瓶颈问题，保证了活动图像服务的质量。

项目小组经过认真的讨论，认为"辽宁电力信息网络基础平台结构优化方案"技术先进，设计合理，方案可行，符合国际网络及 Web 应用技术发展方向，应尽快组织实施。

3. 制定信息网络基础平台结构优化工程实施方案

"辽宁电力信息网络基础平台结构优化项目"合同签订后，信息中心立即组织相关公司技术人员对辽宁电力信息网局域网、广域网、住宅小区、基层供电公司进行工程实施情况调查，包括机房环境温度、湿度、灯光、电磁辐射；设备摆放；规划连接方式，线缆走向实施方案、光纤跳线、线缆路由通道、出线口及设备的连接方式等，绘制机房弱电平面图。对现有运行网络环境拓扑结构、各网段路由设置情况；下属二级单位邮件托管需求、托管策略；防火墙安全要求、相关的安全策略；各系统的主机名和 IP 地址确认表等进行详细调查。最后，由信息中心根据各单位反馈的调查表及设计、实施方案，组织相关人员进行认真的研究讨论，确定"辽宁电力信息基础平台结构优化实施方案"。

4. 确定信息网络基础平台结构优化施工原则

由于"辽宁电力网络基础平台结构优化工程"具有施工量大、并行程度高、涉及层次多、技术含量高、施工时间短等显著特点，为确保整个工程能够高质量地如期完工，在施工中将遵循以下原则。

（1）施工部署有序：施工过程中同步进行的工作相互协调，施工组织上可以尽量做到相对独立，并行施工，从而加快工程实施的整体进度。对系统的整体调试和各项子系统之间的联调必须严格按照协作方式进行。

（2）施工进程满足工期要求：为了便于工程的施工进度控制和工程验收，本次工程将明确划分施工阶段，并且提出各个施工阶段具体施工内容和施工阶段验收标准。

（3）各施工步骤必须符合有关操作规范及技术标准：由于本工程覆盖面广、涉及单位多，为了确保工程的实施质量，针对工程的各个具体实施环节，事先制订详细的工程实施计划和测试计划，确保工程的高质量。

（4）合理组织施工要素，达到资源的最优配置：为了克服工程实施中的工期短、工作量大、工程涉及面大等困难，成功的关键因素就是要充分利用有限的人力资源，合理地安排各公司施工人员分工、协同，高效发挥施工队伍的力量，高质高效地完成工程的施工。

根据实施方案和实施原则下发"关于建设辽宁电力信息网络基础平台整合优化项目有关事项的通知"文件，明确由省公司负责信息网络基础平台整合优化项目总体方案设计及统一组织实施，并负责网络系统的主干网架构的建设，包括信息中心核心路由器 Cisco 7609 配置，路由协议的规划、IP 地址分配、ATM 通道 PVC 分配、网络主干 QoS 保障等。另外，省公司负责配置所属 13 个供电公司路由器 Cisco 7204 及连接附件一套，用于实现省公司与 13 个供电公司连接。各基层单位应按照省公司的统一安排和部署进行连接、配合测试，其中用于连接的跳线、额外的增加部分由各单位自行解决。为尽快组织实施辽宁电力信息网络基础平台整合优化工程，确保在 2002 年底实现系统基本功能，由各供电企业及有关单位提出联网线路准备情况。省公司系统各级调度通信部门负责为信息网络基础平台整合提供足够的网络宽带条件准备，并做好配合协调工作。

Internet/Intranet 资源整合涉及 SUN 主机系统、防火墙系统、DNS 系统、统一用户管理系统、电子邮件系统、代理系统、信息发布系统、应用开发系统等多个子系统，相互之间联动性强，针对每个子系统应准备详细的安装、测试文档，割接前测试方案、割接方案，按照设计方案详细测试了各单一系统功能和性能及整个系统的协同功能。

5．信息网络基础平台结构优化工程准备

（1）由信息中心技术人员与各公司按照各自的技术方案及项目实施方案起草总体项目说明、设备接收清单、工程进度安排、安装验收格式、工程具体实施人员、各方责任、项目终验报告格式等。

（2）制定设备间环境要求表，根据设备以及人员操作对环境的要求，考察现场保障情况。考察电源负荷保障情况，包括：电源负荷均衡、电源插座位置、规定电源插座类型品质，根据需要进行机房强电规划并提出实施方案。每个安装现场考核结束后，提交现场准备总结报告，包括：可能的实施方案、进度及责任方。

（3）省公司信息中心根据总体项目实施方案，统一组织各单位尽快实施。在项目实施过程中，由于基层条件未就绪或达不到设计要求的，由基层单位负责解决。

（4）为保障应用系统在割接后不影响开发人员的使用，7 月 8 日—7 月 12 日由信息中心对开发人员进行了 J2EE 开发培训，详细地培训了在新的 J2EE 标准下应该如何开发、部署 Internet/Intranet 应用，为今后 Web 应用向基于 J2EE 标准过渡准备技术保障。

6．信息网络基础平台结构优化工程实施

整个项目实施分为设备到货清点；初步安装调试；运行及测试调整、割接前的测试阶段、系统割接、割接后的测试阶段等阶段。

（1）网络系统

合同签订 6～8 周后，所有 Cisco 合同设备到达现场，信息中心组织厂家相关人员进行货物验收，签写设备到货清单，备忘录。各公司按照项目实施计划开始组织实施，包括设备的加电测试、相关技术人员的前期培训、准备测试环境、整理测试文档配置、设备下发。为尽快实现广域网的 ATM 升级，将网络应用的中断时间降到最小，要求各基层连接单位并行操作。由信息中心及各公司专业技术人员对连接设备进行安装、调试、故障解决。

广域网修改原有的 EIGRP 路由协议，使用 OSFP 作为广域网主干路由协议，与核心交换机 SSR 8600 的 OSPF 实现互通，具体工作如下。

一是调整了三台核心交换机 SSR 8600 及 Cisco 7505、Cisco 7507 路由配置，统一使用 OSPF（AS =101）；二是 13 个供电公司 ATM 连接路由器 Cisco 7204 OSPF 配置；三是调整其他单位 2M 连接路由器 Cisco 2509 EIGRP-OSPF 配置；四是实现主干网络路由协议统一，为今后网络扩展提供保证。

信息系统骨干网络结构图如图 5-8 所示。

3 台核心交换机 SSR 8600 构成环路，通过 OSPF 协议实现链路和路由的负载均衡和冗余。将 2 万米、光明花园、南湖大酒店 2 个单模、技改局等千兆外围单位等接入交换机 SSR 8000；在 SSR 8000 上配置访问列表进行适当控制。所有接入单位通过 Nokia IP 530 防火墙进行隔离，实现安全访问。

为提高配线间交换机的性能和增加更多的接入端口，对原有的 ELS100 堆叠进行拆分，部分信息点密集的楼层采用 Enterasys E5 交换机上联。

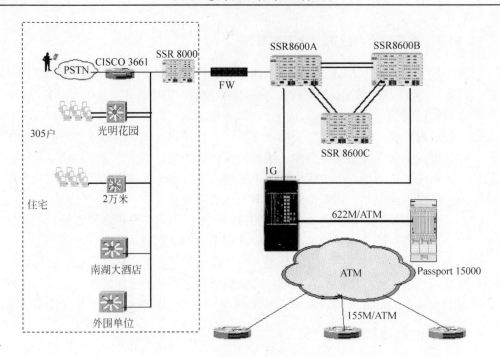

图 5-8　信息系统骨干网络结构图

为 Cisco 3660 增加 1 个 30 路 Digital Modem 模块，共提供 60 路拨号连接。拨号用户使用 Cisco 的 ACS 认证软件实现拨号用户的认证。选用 1 台 NT 或 2000 服务器，安装 Cisco ACS 软件。

安装部署 EMC CLARiiON IP4700 NAS 设备。它同时支持所有主要开放主机和操作系统，满足用户对大量文件级数据共享的需求，可以很好地解决异构网络环境下的数据备份与数据共享的问题，提供存储容量的扩展。

部署 Cisco 2000 网络管理解决方案，为辽宁省电力有限公司计算机信息网络提供全面的配置管理、设备管理、性能管理、安全管理、故障诊断、事件管理、QoS 策略等管理功能。提高网络运行服务效率，同时降低网络运行维护费用。

调整视频会议系统：电厂原有的窄带 2M DDN 网络接入 Cisco 7507，视频系统连接和应用方式不变，继续使用优先队列保证视频系统的应用。13 个供电公司在主干和边缘路由器中设置 2 条 PVC 链路，在边缘路由器单独为视频系统配置 1 个 10/100M 端口，重新规划 IP 地址，在逻辑上实现视频会议系统的专用通道，尽可能提高视频系统画面质量。

（2）应用系统

辽宁电力信息网 Internet/Intranet 系统升级后，要使每个系统达到高可靠性、高可用性的标准。

建立了基于 LDAP 的集中、统一用户管理系统，为现有和将来的应用系统和需要认证的系统提供用户认证服务。

通过安全的委托管理机制，实现统一用户的分级管理。

建立了集中、统一管理的 DNS 系统，使内外网的 DNS 解析管理更加简单化。

辽宁电力信息网应用系统配置图如图 5-9 所示。

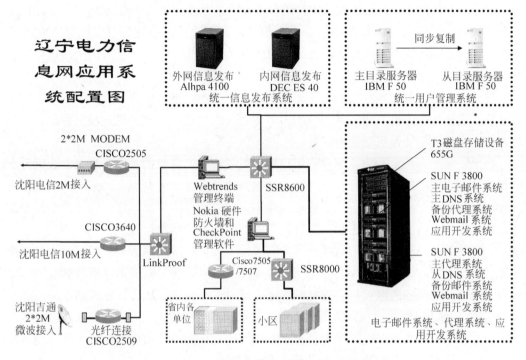

图 5-9　辽宁电力信息网应用系统配置图

建立了基于 iPlanet 的统一邮件系统平台，在为本地用户提供邮件服务的同时，能够为各二级单位提供邮件服务。

通过对代理系统的升级和设置，能够对用户的所有 Internet 访问进行有效控制。

通过在外网增加 LinkProof 负载均衡设备，充分利用 Internet 接入的多条线路。

通过在 Internet 和小区的网关处设置防火墙，配置不同的访问策略，完全保护应用系统和内部网络的安全。系统框架图如图 5-10 所示。

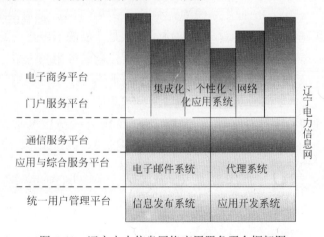

图 5-10　辽宁电力信息网络应用服务平台框架图

（3）信息网络系统优化和完善

核心交换机 SSR 8600 的软件版本为 3.2.0.0，是 2000 年的版本，Enterasys 公司陆续推出了几个新的版本，解决了以前软件的很多 BUG，为系统增加新的功能，并更好地保证系统长时间稳定运行，经过信息中心与相关人员讨论，决定对三台核心交换机 SSR 8600 的 Firmware 版本进行升级，升级后的版本为 9.0.5.0。经过一段时间的测试观察，系统运行稳定，完全达到系统软件升级的目的。

核心路由器 Cisco 7609 最初由于配置问题，主交换引擎宕机后，系统没有切换到备份引擎，造成系统停机，通过组织技术人员调查问题、更改配置，经过反复测试，排除故障，实现了主备交换引擎切换问题。

整个广域网系统上线后，视频应用曾经出现了两次大规模的不稳定现象，我们马上组织了厂家工程师对问题进行分析并提出解决方案。最终查清问题，一是因为供电故障导致调通 ATM 交换机停机，二是连接视频矩阵的交换机主引擎矩阵故障导致交换机不能正常工作，通信出现大量错包，通过我们的努力，圆满解决问题。

在系统升级过程中，我们与各公司共同讨论了今后广域网络数据与视频通道的使用问题，最后一致认为，为保障视频会议系统的效果，采用数据与视频物理通道 PVC 分离，基层路由器使用单独的以太口直连视频终端，通过策略路由的配置，实现数据与视频系统 IP 层的分离，最终在广域网范围内实现视频系统的类似专网应用，严格地保障视频系统的带宽和延时要求，经过一系列的模拟测试，完全达到设计要求，解决了跨广域网络视频应用的难题。更多的内容参考"系统安装测试报告"。

在整个网络系统升级过程中，由于重新规划了广域网的路由协议，出现与个别供电公司配置冲突的地方，通过一阶段调试，顺利实现了路由协议的规划，优化了整个广域网络的结构。

（4）应用开发系统优化

2002 年 9 月 3 日系统割接后，应用开发系统出现了不稳定现象，我们马上组织了厂家工程师对问题进行分析并提出解决方案。

在应用系统升级项目中，应用系统的升级出现了两个问题。问题是在 9 月 5 日发现，经过一段时间的测试和分析，问题未能解决，确认是产品的问题，由艾怡艾公司配合厂家工程师解决。通过对问题的分析，发现问题主要是新的应用系统平台对原有的应用不能够很好的支持。应用系统在 10 月 21 日解决了数据库连接不释放的问题后，系统运行基本稳定，在系统基本稳定运行的过程中，又发现了两个问题。

一是访问新注册的应用程序时，不带默认页面的请求会导致 WWW 系统宕机。二是留言板的应用在新的应用系统上运行，从数据库得到的数据显示不正常。经常在正常的信息后附带许多乱码。

第一个问题通过升级 WWW 系统，解决问题。第二个问题的解决方法是通过修改应用系统的基类，而不需要修改程序。截至 12 月 20 日，我们共迁移了原有 27 个应用程序中的 24 个，如表 5-1 所示。

表 5-1　迁移原有应用系统表

序　号	系 统 名 称	应 用 类 型	迁 移 情 况	
1	综合数据库管理信息系统	J2EE	已迁移	/zhsjk
2	省公司信息发布系统	J2EE	已迁移	/xxfb
3	电力文摘	J2EE	已迁移	/digest
4	三创新网站	J2EE	已迁移	
5	老年之友	NAB3	已迁移	
6	首页新闻	NAB3	已迁移	/news
7	图片新闻	J2EE	已迁移	/news
8	信息网络 MIS	NAB3	已迁移	/netMIS
9	电子贺卡栏目	JSP	已迁移	/card
10	3+1 音乐室	IAS6.0	已迁移	
11	班组建设网站	J2EE	已迁移	
12	行风建设网站	NAB3	已迁移	
13	财务信息网站系统	NAB3	已迁移	
14	用电投诉、举报电话	NAB3	已迁移	
15	电话查询系统	NAB3	已迁移	
16	网上点歌栏目	NAB3	已迁移	
17	社保局网上查询	NAB3	已迁移	
18	调度信息披露系统	NAB3	已迁移	/diaodu
19	视频点播系统的程序	NAB3	已迁移	
20	英语角	NAB3	已迁移	
21	市场营销	NAB3	已迁移	/yxb
22	科技成果申报书	NAB3		/kjcg
23	后备干部管理	NAB3		/ganbu
24	综合查询管理	NAB3	已迁移	
25	电力物资社区管理系统	NAB3	已迁移	/wznab
26	电力营销网站系统	NAB3		/yxb
27	天气预报信息发布系统	NAB3 PHP	已迁移	

　　WWW 系统在 10 月 12 日升级后，出现访问较慢的情况，通过配置系统的缓存功能，WWW 系统现在的访问速度得到了明显的提高，从以前的每个请求响应时间 200 多毫秒，提高到现在的 50 毫秒左右。

　　（5）目录系统的完善

　　在系统割接时由于从目录系统需要和主目录系统同步数据，而且从目录系统的设备是占用升级前的代理系统，因此没有在割接时安装。为了提高目录系统的可靠性和可用性，在 10 月 15 日对从目录系统进行了安装并实现了主、从系统的数据实时同步。

在安装主、从目录系统时，我们根据现场的环境修改了设计方案中目录系统的安装、部署模式。主目录服务系统仍然与邮件系统在同一台设备上，从目录系统安装在一台新的设备上。与设计方案的区别在于减少了一个设备，同时主目录系统除了有从目录系统的备份外，还增加了 HA 功能（与邮件系统一致）。

（6）邮件系统防病毒完善

邮件系统升级后，系统的防转发和防攻击能力都到了明显的提高，但对病毒邮件不能进行控制，为提高邮件系统的防病毒能力，12 月 4 日我们测试了邮件系统和防病毒系统的结合处理邮件的情况，测试结果邮件系统能够很好的和防病毒系统结合并提供防病毒能力。

在通过模拟环境下的测试后，12 月 15 日，正式安装了防病毒系统并与邮件系统连接，完善了邮件系统的防病毒能力。

（7）本次项目实施完成后，与原系统比较将实现以下功能

① 对主干和二级单位的相应设备进行升级和扩充，实现了省公司信息中心与基层供电公司 155M/ATM 高速连接。

② 辽宁电力信息网骨干网络结构更加清晰，逐步实现了住宅小区及外围单位的接入安全，保护了敏感数据应用。

③ 更好地实现了广域网络的视频会议系统，提高了图像质量。

④ 增加了核心交换设备的可靠性，消除了局域网核心交换机物理链路及路由的单点故障。

⑤ 解决了楼层客户端点数量及应用增加，导致联网速度慢的问题，实现 100M 交换到桌面。

⑥ 拨号服务器线路实现扩容、增加拨号用户安全认证。

⑦ 部署了全面的网络管理软件，减轻、简化了网络管理员工作负担。

⑧ 增加了网络存储设备的容量，有利于系统备份和应用系统扩展。

⑨ Intranet/Internet 采用集中的管理模式，减轻、简化了管理员的负担，减少了管理成本，提高了管理效率。

⑩ 目录系统采用了以国际先进的、流行的 LDAP 协议为基础的目录服务器，实现了用户的集中和分级管理，并为以后应用提供标准接口，可以和其他应用实现无缝连接。

⑪ 邮件系统实现了防病毒功能，同时能够提供企业级邮箱的服务能力，为全省邮件系统的推广打下基础。

⑫ 实现了互联网多条出口的流量负载，和互联网出口的冗余。在不影响用户的情况下，可以随时扩充互联网出口带宽。

⑬ DNS 系统使用了分段解析的功能，能够在一个 DNS 服务器上对不同网段的用户解析不同的 IP 地址。使一个 DNS 系统能够代替多个 DNS 服务器。

5.5.4　辽宁电力信息网络系统结构优化的主要成果

（1）2000 年，辽宁电力信息网络主干网由原来的 155M ATM 网升为 1000M 以太网，其主交换机为两台美国 Cabletron 公司的具有第四层交换功能的高性能交换机 SSR8600，同时将广域连接所属单位的 64Kbps 和拨号入网 33Kbps 通信速率增至 2Mbps，使 2Mbps 连接的所属单位已达 42 个。初步具备了广域宽带网络信息交换能力，引进了两台高性能服务器。初步建立了防病毒和安全检测系统，采用 NetWork 网络数据存储管理软件和 STK 9730 磁带库系统解决网络系统及用户数据备份及灾难恢复，大幅度提高了网络安全性。

（2）2001 年省公司信息中心进行了信息网络基础平台结构优化调整工作，在 Internet 和住宅小区的网关处更换两台防火墙，用于保护应用系统和网络的安全，新增一套均衡负载交换机，能够充分利用接入 Internet 的 4 条线路，新增了一个容量为 900GB 的 EMC 存储系统，来完善数据的存储，一台 Cisco 7609 路由器，广域网中 13 个供电公司的 Cisco 2509 路由器更新为 Cisco 7204，为广域网 VPN 应用创造了条件。

（3）2002 年，为解决办公自动化 Notes 软件平台升级后，OA 系统速度慢的问题和支持生产管理信息系统建设，采用 4 台 4CPU 750MHz 主频的 IBM M85 服务器，组成双机集群共享磁盘阵列系统。采用两台 4CPU 900MHz 主频的 SUN 3800 型服务器，组成双机集群应用服务器系统，支持三层结构系统平台高效运行。为支持广域网及城域网路由器由 2M 到 100M/155M，采用具有 256GB 背板容量的企业级 Cisco 7609 主路由器和 13 台基层用 Cisco 7204 路由器。由三台中央交换机组成主干网三角形交换中心，整合了广域网、城域网、互联网防火墙系统，建立了广域网防病毒系统，为承担"十五"国家重大科技项目"电力系统信息安全示范工程"优化网络结构和性能打下良好基础。辽宁电力信息广域网、局域网拓扑图等见附图。

（4）2003 年在网络系统结构优化调整的同时，进行了应用系统平台的优化调整，新增两台 SUNF3800 服务器，采用双机集群技术，用于辽宁电力信息网 Intranet 网络安全管理平台和应用服务等功能；两台 IBM M85 服务器，采用双机集群技术，用于完善办公自动化系统；对原有应用系统进行升级，建立了集中的统一用户管理系统；通过安全的委托管理机制，实现统一用户的分级管理；建立了集中、统一管理的 DNS 系统，使管理简单化；建立了统一的邮件平台，在为本地用户提供邮件服务的同时，能够为基层单位提供邮件服务；通过对代理系统的升级和设置，能够对用户的所有访问进行控制。

（5）辽宁电力信息基础平台优化工程将完成广域网 13 个单位端口带宽由 2M 升级到 155M；配置主干网防火墙；建立了以主干交换机为核心的 3 个服务区域；建立了辽宁电力信息网公共应用主机平台；构造三层 B/S 结构的开发和应用的基础平台；建立了省公司系统广域网环境下的邮件系统、域名系统、代理系统、目录系统，应用水平达到国际的先进水平，为辽宁省电力有限公司信息化长远发展打下了良好基础。

第 6 章　网络信息安全监视及管理平台与应用

随着规模不断扩大，信息网络应用更加丰富，大量网络信息的安全监视及管理越来越复杂，加强网络信息安全监视及管理十分重要，建设网络信息安全监视及管理平台实现综合管理成为必然的选择。

本章论述网络信息安全监视及管理平台主要特点及功能、信息安全监视及管理平台结构和组织架构、利用数据仓库技术，综合分析网络信息安全状态作出评估实施方法，介绍辽宁电力信息安全监视及管理平台实施历程及取得的主要成果。

6.1　信息安全监视及管理平台总体功能

采用各种标准协议，实现对信息网络中各种系统的运行状况、安全状况的全面监视，利用数据仓库技术，综合分析网络信息安全状态作出评估分析是本节介绍的主要内容。

6.1.1　集中统一综合信息监视及管理

信息网络监视及管理平台将在信息网络中构建一个统一的安全管理框架，实现了集中的安全策略管理、安全信息管理、安全评估、信息安全趋势分析、信息安全告警等功能。在信息网络中大量使用了各种各样的网络管理、安全管理系统。各系统依据各自的需要分别采集和处理各自的数据，但系统间缺乏有效的信息关联。此外，还有一些运行数据直接来自于日常的运行管理和维护。对于运行维护和安全管理人员来说，为了从整体上评估网络与信息系统的安全状况，采取最优的管理策略和应急处置方案，必须将这些数据进行有机集成和统一管理，包括汇总关联、二次加工、长期沉淀、相互引用、统一表现。

6.1.2　标准规范集成信息监视及管理

系统设计采用各种标准协议，将信息网中与安全相关的信息集中，实现对信息网络中各种系统的运行状况、安全状况的全面监视。利用数据仓库技术做灵活的展示，包含安全产品的信息、网络的性能信息和故障信息、主机的性能信息和故障信息、数据库的性能信息和故障信息以及应用系统的性能信息和故障信息，并对相关信息生成定期报表，对性能信息作出趋势预测。在出现异常情况时系统能够及时报警。作为企业内部主机和网络综合管理平台，支持大量网络安全产品监视信息，包含主要网络和主机日常管理的功能组件。

6.1.3　快捷高效预警信息监视及管理

　　企业中存在的普遍问题是专业的信息安全管理人员少，要全面掌握各种网络管理、安全管理系统有一定难度，管理成本也较高。用户可以通过 Web 的方式，以图形的方式查询设备的运行情况，可以分为实时和历史两种模式；对于设备运行过程中出现的故障能够在图形上展现出来，并且按照用户设定的方式进行告警，如声、光、E-mail 和手机短消息等。通过监视网络安全设备信息，最终从展现层完成应用和信息的整合，使用户可以通过信息网络管理及监视平台直观地了解到当前网络中的问题。并对相关信息生成定期报表，对性能信息作出趋势预测，对网络信息安全状态作出评估。

6.2　信息安全监视及管理平台总体框架

　　本节介绍信息安全监视及管理平台组织架构及基本功能，分析信息安全监视及管理平台结构划分为四层次基本含义。

6.2.1　信息安全监视及管理平台结构

　　信息安全监视及管理平台结构划分为四层：数据采集层、数据管理层、表示层、综合分析层，如图 6-1 所示。

　　第一个层次是网络基础平台，包含网络环境、主机系统和数据库系统，这个层次是整个网络正常运行的基础。网络环境是企业信息化的神经系统，而主机系统和数据库系统是企业大型应用的载体。如果这个基础平台的安全性得不到保障，那么网络信息安全就无从谈起了。因此安全监视及管理平台将首先关注这个层次。对网络设备、主机系统和数据库系统的运行状况进行监控。

　　第二个层次是安全产品层次，这一层次是保障信息安全的功能系统，这些产品分别从不同侧面监控整个网络的信息安全，因此安全信息分散存储在这些系统中。为了能对整个网络的信息安全状况进行有效的评估，安全监视及管理平台必须收集这些安全产品的信息。

　　在第三个层次上，主要是企业中的应用系统。这些应用系统是安全保护的终极对象，因此在基础平台和安全产品得到及时有效监控的前提下，信息安全监视及管理平台还要对应用系统本身的运行信息进行收集并为各业务应用系统提供网络信息安全技术支持和服务。

　　在第四个层次上，将信息网中与安全相关的信息集中，利用数据仓库技术从展现层完成应用和信息的整合，使用户可以通过信息网络管理及监视平台直观地了解到当前网络中的问题。并对相关信息生成定期报表，对性能信息作出趋势预测，定期和不定期对网络信息安全状态作出风险评估。

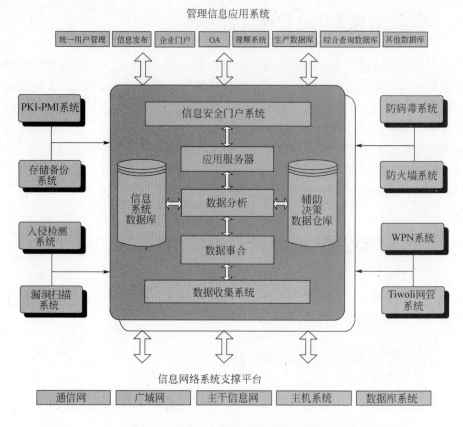

图 6-1　信息安全监视及管理平台结构图

6.2.2　信息安全监视及管理平台组织架构

信息安全监视及管理平台的组织架构划分为三层：数据采集层、数据管理层、表示层。

1. 数据采集层

主要功能是根据要求采集被管理资源（网络设备、主机设备、数据库系统、防病毒、防火墙、入侵检测、漏洞扫描、存储备份、VPN、PKI/PMI）的各种原始信息，包含性能数据、配置数据、故障数据等。

数据采集层将所管理的资源（硬件、软件等）参数可按照一定格式进行预处理，同时要求遵循标准的通信协议进行输出或被访问。

2. 数据管理层

主要是完成对采集来的各类资源数据的处理，形成对性能、配置、故障等的综合管理，实现对主机、网络、数据库、存储、备份、中间件以及应用软件构成的应用系统等的统一监控和管理。

3．表示层

完成平台功能的统一呈现，可以提供图形化的管理界面，实现对被管资源的维护管理以及平台系统自身的管理，实现对被管资源的统一监控和管理，保障电力信息网络的安全运行。用户可以通过 Web 的方式，以图形的方式查询网络设备的运行情况，可以分为实时和历史两种模式；对于设备运行过程中出现的故障能够在图形上展现出来，并且按照用户设定的方式进行告警，如声、光、E-mail 和手机短消息等。系统支持大屏幕显示方式。

根据企业发展及信息网络规模的不断扩大，各级信息安全监视及管理平台可以通过级联的方式在广域网络系统中实现一体化信息安全监视及管理，如图 6-2 所示。

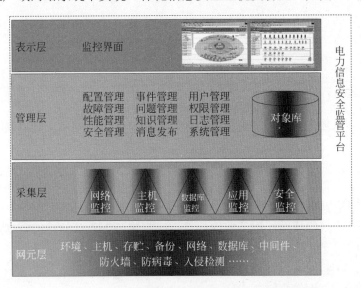

图 6-2　信息安全监视及管理平台组织架构图

6.3　网络信息安全监视及管理平台的设计

本节介绍网络信息安全监视及管理平台系统设计基本原则及系统设计的主要功能。

6.3.1　系统设计基本原则

根据系统建设的稳定性需求和信息网络的实际情况，以及未来长期的可扩展性要求。系统将主要构建在 UNIX 系统上，数据存储在 Oracle 数据库中，采用 DW（Data

Warehouse）实现 Olap 分析和 Web 发布。系统设计主要依据以下原则。

（1）系统按照开放性的原则设计。

（2）按照 J2EE 架构设计实现。

（3）支持以 XML 为基础的信息定义、交换和查询。

（4）系统采用三层结构，采用目前流行的 B/A/S 结构。

（5）数据存储在 Oracle 数据库中，保证了信息安全监管平台数据存储的稳定性。

（6）编程语言选择 Java，使系统可以在各种操作系统平台上使用。

（7）系统采用严格的权限管理策略。

6.3.2　系统平台设计的主要功能

1．总体安全评估

总体安全评估是对整个系统安全状况的直观表现，平台通过对收集到的各种信息进行分析后根据一定的评估规则，对信息网中的主要系统进行自动的安全状态的评估。安全监控人员可以通过这一界面对系统的安全状况做到一目了然。

2．网络系统管理

网络部分包含基础平台中的交换机、路由器和防火墙等设备。能够展现这些设备中的 CPU 利用率、内存利用率、各个端口流量、各个端口状态等。

性能管理涉及网络通信信息的收集、加工和处理等一系列的活动。其目的是保证在使用最少的网络资源和具有最小延迟的前提下，网络提供可靠、连续的通信能力，并使网络资源的使用达到最优的程度。性能管理至少应包含下列内容。

（1）采集性能监控与性能相关的数据：定时收集被管设备的性能数据，自动生成性能报告。收集的性能参数应包括如下内容。

① 端口输入/输出利用率。

② 端口输入/输出错误率。

③ CPU 利用率。

④ 链路利用率、收发消息数、丢包率、端到端时延参数。

⑤ 以上参数可以按每日/每周/每月统计。

（2）阈值控制：对每种被管对象的每种属性设置阈值，对于特定被管对象的特定属性，针对不同的时间段和性能指标设定阈值。通过设置的阈值进行阈值检查，在将要出现性能问题的时候向管理人员告警。阈值控制可以根据实际情况的轻重缓急进行分级别控制。

（3）性能分析：对性能的历史数据进行分析和整理，计算性能指标，对性能状态作出判断，为网络规划提供参考。

（4）可视化的性能报告：对性能管理数据进行检索和处理，生成性能趋势曲线，以直观的图形方式显示性能的分析结果。

（5）实时性能监控：提供实时数据采集、分析和可视化的工具，用以对流量、负载、丢包、CPU 占用率、内存占用率、网络延迟等网络设备和线路的性能指标进行实时监测，并可任意设置数据采集的时间段。

（6）网络故障监视及网络端口性能数据管理。

3．主机系统管理

主机部分包含系统中涉及的各种小型机。监控的指标项包含 CPU 利用率、内存利用率、空间使用率等，远期目标还包含实现对下列信息的监控。

（1）虚拟内存（Virtual memory）利用率。

（2）消息队列空间使用情况；文件系统使用情况，显示磁盘空间和已用 i-node 节点数。

（3）监视文件系统的使用率，当使用率超过特定阈值时向系统管理员报警。

（4）监视重要的文件，如发现文件被修改或文件大小迅速增长时向系统管理员报警和产生相应的动作。

（5）日志文件的变化情况，可跟踪操作系统、数据库及用户应用系统的日志文件，根据日志中出现的特定信息进行报警或自动执行用户预定义的动作。

（6）进程的运行情况，如进程多个实例、子进程、进程对 CPU/内存的占用情况等。当重要进程因意外原因终止时，可根据需要自动重启，并将报警信息写入事件日志。

（7）主机监控及数据管理。

4．数据库系统管理

（1）对数据库的可用性监控，能够监控数据库引擎的关键参数，例如，数据库系统设计的文件存储空间、系统资源的使用率、配置情况、数据库当前的各种锁资源情况、监控数据库进程的状态、进程所占内存空间等。在参数到达门限值时通过网管系统的事件管理机制发出警告，报告给数据库管理员，以便及时采取措施。

（2）数据库文件系统监控，可以对数据库设备或其敏感文件所在的文件系统进行监控。

（3）表空间使用情况，可以对数据库中的表空间进行监控，包括该表空间的分配空间、已用空间和表记录数的情况。

（4）事物日志空间的使用情况，事物日志文件是数据库对每一个数据库所发生事务的记录。日志只有在事务完成后，才能够删除（dump）。当一个数据库的日志文件满了以后，对此数据库的任何操作都不能进行。

5．PKI-CA 系统管理

平台通过与 PKI-CA 系统的数据接口，可以获得 PKI-CA 系统的发证信息、认证信息和其他系统运行信息等，并可以给出统计分析。

6．入侵监测（IDS）系统管理

入侵检测系统将攻击日志存储在数据库中，主要攻击信息存储在数据表 Attlog 中。平台可以获得攻击日志信息，并可以根据攻击日志获得统计信息如网络中发起攻击的主要攻击源和主要被攻击源等。

7. 防火墙管理

信息网络中的防火墙设备包含 Nokia（checkpoint）防火墙和网眼防火墙。

Nokia 防火墙的数据采集通过 NetIQ 软件，NetIQ 经过日志数据的定时处理生成报表数据存储在 MySQL 数据库中。监视平台从 MySQL 数据库中取得数据。对于网眼防火墙，日志数据可以存储在 My SQL 数据库中。监视平台直接从数据库中读取日志数据。

8. 应用系统管理

（1）监视及管理平台可以对应用系统的运行状况进行监控，便于系统管理员了解应用系统的运行状况。

（2）监视及管理平台可以监控应用系统的关键进程。

（3）监视及管理平台可以监控应用系统的日志情况。

（4）监视及管理平台可以监控应用系统的响应时间情况。

（5）Portal 提供的状态或日志信息。

（6）没有状态信息。

（7）日志提供服务器正常启动信息。

（8）用户访问应用信息，访问正常或错误信息。

（9）程序异常信息。

（10）邮件系统提供信息（E-mail）。

（11）每天收发邮件总数。

（12）当前队列总数。

（13）用户邮箱使用情况信息。

（14）用户管理系统提供信息（ldap）。

（15）系统用户总数，包括：省公司和各局。

（16）WWW 系统提供信息。

（17）日志信息，包括用户访问信息，错误信息。

（18）系统状态信息，包括当前会话数，处理会话的总数，平均相应时间，WebBase 形式（www）。

9. 配置管理

平台还提供一个配置管理功能，用以记录系统主要设备的配置情况等信息，配置管理只要是将系统中设备的配置情况做一个记录，可以查询统计。比如，对网络设备的硬件配置情况和脚本配置情况进行管理。在设备发生故障需要恢复的时候能方便地恢复。

6.4　网络信息安全监视及管理平台应用实例

本节介绍辽宁电力网络信息安全监视及管理平台具有的主要特点及功能，论述项目实施历程及取得的主要成果。

6.4.1　项目综述

　　2003 年辽宁省电力有限公司承担的《辽宁电力信息网络安全示范工程》，在安全示范工程中，为了保障辽宁电力网络的信息安全，在电力信息网中配置了大量的安全产品，如防火墙、入侵监测、防病毒系统、PKI-CA 证书系统等，这些安全设备的引入，很大程度上保障了辽宁电力信息网络的安全，但是随之而来的还有这些安全设备与系统的维护工作，对于省电力公司信息中心有限的技术人员来说，这些工作比较烦琐。这些系统部署在辽宁电力信息网中，安全信息分散在这些系统中，为了及时有效地了解这些系统的运行状况，对整个网络的安全状况作出评估。

　　辽宁省电力有限公司与北京东华合创数码科技股份有限公司合作，设计和开发了一套信息安全监视及管理平台。平台设计符合辽宁电力网络信息安全的实际需要，按照辽宁电力网络信息安全的逻辑层次，构建了从基础网络平台、安全产品到应用系统的信息安全监视及管理体系，全方位地保障电力网络的安全。并对收集的安全信息进行有机的关联整合，自动地对电力网络安全状况作出评估。

6.4.2　网络信息安全监视及管理平台主要特点

　　综合安全监视及管理平台的设计和开发的主要特点如下。

　　（1）管理的范围比较广泛：包含了电力企业中可能涉及的各种 IT 设备与系统，是一个全面管理的系统平台；而一般的系统只能管理其中的一个或者几个部分，没有实现全面集中的管理模式。

　　（2）统一的策略管理框架，为安全产品的策略统一管理奠定了基础，与部分产品实现了策略的统一管理。平台的策略框架包括：知识库管理（具体描述事件的详细定义）；策略实例管理（具体描述当前可用的策略）；策略的存储机制；策略的传送机制；其他安全产品的联动接口等多种构件。统一的策略管理能够大大减少网络安全维护人员的工作量，实现了统一的策略管理。

　　（3）系统安全方面：采用基于 SSL 规范的数据通讯技术，子系统间的通信采用高安全性的数据交换信道，确保信息传输的可靠性。

　　（4）管理能力：一个管理域支持 50 个主安全设备（包括多种安全设备）/一个管理域可以包括 9 级安全域，最多有 50 个安全域/可以支持 9 个级联管理级别，每级可以支持 99 个同级的安全管理中心/系统的审计域总数不超过 50 个，每个审计域能够管理的主机数量不超过 1000 个。

　　（5）处理能力：可以实时监控和处理 60000 条/分的安全事件，具备 10 亿条以上规模的数据管理和分析能力，能够适应恶劣、复杂的应用环境的高负载处理。

　　（6）安装与配置十分方便：有一些软件系统虽然实现了部分功能，但是其使用和安装都很复杂，一般的使用和操作人员掌握不了，不利于系统的推广，而本系统平台的安装、配置和使用都十分简单。

（7）非代理式监测：本系统平台采用模拟系统管理操作的方式采集数据，无需在被监测服务器上安装任何代理软件，对现有系统性能影响甚微。

（8）报警指标丰富：一般的系统只能实现对设备 CPU 利用率或内存利用率的报警，本平台则可实现对多项指标进行报警，比如，网络中最流行的病毒、网络中感染病毒最多的机器、网络中被攻击次数最多的设备等。

（9）事件关联分析，本平台采用多角度安全事件关联分析，对影响电力信息网络安全运行的各种事件进行综合分析，协助管理人员找出关键事件，尽快地排除故障，解决安全隐患。

（10）本平台采用分级别部署形式，在电力信息网络中形成多级安全防控体系，这种部署形式和电力企业的管理组织形式是一致的。

（11）本平台系统符合电力企业的使用环境，由于本系统在电力企业现场开发，并且经过了两级电力企业的应用，因此系统本身无论从技术特性还是从管理特性都非常适用于电力企业的推广使用。

6.4.3　网络信息安全监视及管理平台具有的主要功能

1. 总体安全评估

总体安全评估是对整个系统安全状况的直观表现，平台通过对收集到的各种信息进行分析后根据一定的评估规则，对电力信息网中的主要系统进行自动的安全状态的评估。安全监控人员可以通过这一界面对系统的安全状况做到一目了然（见图 6-3）。

2. 网络系统管理

网络部分包含基础平台中的交换机、路由器和防火墙等设备。能够展现这些设备中的 CPU 利用率、内存利用率、各个端口流量、各个端口状态等。

性能管理涉及网络通信信息的收集、加工和处理等一系列的活动。其目的是保证在使用最少的网络资源和具有最小延迟的前提下，网络提供可靠、连续的通信能力，并使网络资源的使用达到最优的程度。性能管理至少应包含下列内容。

（1）采集性能监控与性能相关的数据：定时收集被管设备的性能数据，自动生成性能报告。收集的性能参数应包括如下内容。

① 端口输入/输出利用率。

② 端口输入/输出错误率。

③ CPU 利用率。

④ 链路利用率、收发消息数、丢包率、端到端时延参数。

⑤ 以上参数可以按每日/每周/每月统计。

（2）阈值控制：对每种被管对象的每种属性设置阈值，对于特定被管对象的特定属性，针对不同的时间段和性能指标设定阈值。通过设置的阈值进行阈值检查，在将要出现性能问题的时候向管理人员告警。阈值控制可以根据实际情况的轻重缓急进行分级别控制。

（3）性能分析：对性能的历史数据进行分析、分析和整理，计算性能指标，对性能状态作出判断，为网络规划提供参考。

（4）可视化的性能报告：对性能管理数据进行检索和处理，生成性能趋势曲线，以直观的图形方式显示性能的分析结果。

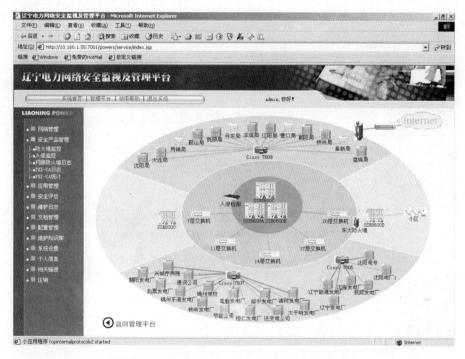

图 6-3　信息安全监视及管理平台网管示意图

（5）实时性能监控：提供实时数据采集、分析和可视化的工具，用以对流量、负载、丢包、CPU 占用率、内存占用率、网络延迟等网络设备和线路的性能指标进行实时监测，并可任意设置数据采集的时间段。

（6）网络故障监视。

（7）网络端口性能数据。

3．主机系统管理

主机部分包含系统中涉及到的各种小型机。监控的指标项包含 CPU 利用率、内存利用率、空间使用率等，实现对下列信息的监控（见图 6-4）。

（1）虚拟内存（Virtual memory）利用率；

（2）消息队列空间使用情况；

（3）文件系统使用情况，显示磁盘空间和已用 i-node 节点数；

（4）监视文件系统的使用率，当使用率超过特定阈值时向系统管 理员报警；

（5）监视重要的文件，如发现文件被修改或文件大小迅速增长时向系统管理员报警和产生相应的动作；

（6）日志文件的变化情况，可跟踪操作系统、数据库及用户应用系统的日志文件，根据日志中出现的特定信息进行报警或自动执行用户预定义的动作；

（7）进程的运行情况，如进程多个实例、子进程、进程对 CPU/内存的占用情况等等。当重要进程因意外原因终止时，可根据需要自动重启，并将报警信息写入事件日志。

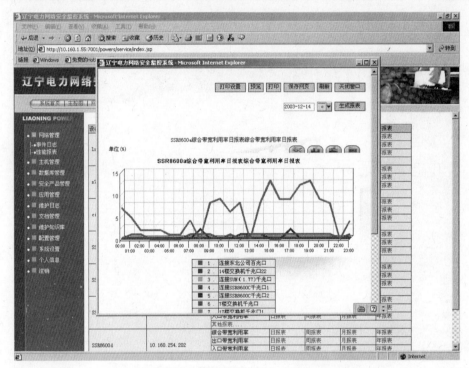

图 6-4　信息安全监视及管理平台主机监控示意图

4. 数据库系统管理

（1）对数据库的可用性监控，能够监控数据库引擎的关键参数，例如，数据库系统设计的文件存储空间、系统资源的使用率、配置情况、数据库当前的各种锁资源情况、监控数据库进程的状态、进程所占内存空间等。在参数到达门限值时通过网管系统的事件管理机制发出警告，报告给数据库管理员，以便及时采取措施。

（2）数据库文件系统监控，可以对数据库设备或其敏感文件所在的文件系统进行监控。

（3）表空间使用情况，可以对数据库中的表空间进行监控，包括该表空间的分配空间、已用空间、表记录数的情况。

（4）事物日志空间的使用情况，事物日志文件是数据库对每一个数据库所发生事务的记录。日志只有在事务完成后，才能够删除（dump）。当一个数据库的日志文件满了以后，对此数据库的任何操作都不能进行。

5．PKI-CA 系统管理

平台通过与 PKI-CA 系统的数据接口，可以获得 PKI-CA 系统的发证信息、认证信息和其他系统运行信息等，并可以给出统计分析（见图 6-5）。

图 6-5　信息安全监视及管理平台 PKI-CA 示意图

6．入侵监测（IDS）系统管理

绿盟入侵检测系统将攻击日志存储在数据库中，主要攻击信息存储在数据表 Attlog 中。平台可以获得攻击日志信息，并可以根据攻击日志获得统计信息如网络中发起攻击的主要攻击源和主要被攻击源等。

7．防火墙管理

辽宁电力信息网络中的防火墙设备包含 Nokia（checkpoint）防火墙和东大网眼防火墙。

Nokia 防火墙的数据采集通过 NetIQ 软件，NetIQ 经过日志数据的定时处理生成报表数据存储在 MySQL 数据库中。监视平台从 MySQL 数据库中取得数据。对于东大网眼防火墙，日志数据可以存储在 MySQL 数据库中。监视平台直接从数据库中读取日志数据。

8．应用系统管理

（1）监视及管理平台可以对应用系统的运行状况进行监控，便于系统管理员了解应用系统的运行状况；

（2）监视及管理平台可以监控应用系统的关键进程；

（3）监视及管理平台可以监控应用系统的日志情况；

（4）监视及管理平台可以监控应用系统的响应时间情况；

（5）Portal 提供的状态或日志信息；

（6）没有状态信息；

（7）日志提供服务器正常启动信息；

（8）用户访问应用信息，访问正常或错误信息；

（9）程序异常信息；

（10）邮件系统提供信息（E-mail）；

（11）每天收发邮件总数；

（12）当前队列总数；

（13）用户邮箱使用情况信息；

（14）用户管理系统提供信息（ldap）；

（15）系统用户总数，包括：省公司和各局；

（16）WWW 系统提供信息；

（17）日志信息，包括用户访问信息，错误信息；

（18）系统状态信息，包括当前会话数，处理会话的总数，平均相应时间，WebBase 形式（www）。

9．配置管理

平台还提供一个配置管理功能，用以记录系统主要设备的配置情况等信息，配置管理只要是将系统中设备的配置情况做一个记录，可以查询统计。比如，对网络设备的硬件配置情况和脚本配置情况进行管理。在设备发生故障需要恢复的时候能方便地恢复。

6.4.4　项目实施工作历程及取得的主要成果

2003 年开始在辽宁省公司信息中心部署了一套信息安全监视及管理平台，对全省信息网络中的网络系统、主机系统、数据库系统、防火墙系统、防病毒系统、入侵监测系统进行集中的监控管理。主要包含事件监控和性能分析等功能。此平台从 2003 年 9 月开始实施，在 2004 年 2 月和其他系统一起通过了由国家密码办组织的"安全示范工程"的验收工作，并得到了验收专家的较高评价。本次项目管理的重点在于骨干网络设备与省公司信息中心的安全设备，经过本平台的建设，初步明确了信息安全监视及管理平台的管理范围，探索出了各种安全设备的管理方法和数据采集方法，解决了安全监视平台中的一些技术难点。

项目实施完成的主要工作如下。

（1）信息安全监视和管理的交换机和路由器列表（共计 48 台网络设备），如表 6-1 所示。

表 6-1　信息安全监视和管理的交换机和路由器列表

交换机名称	设 备 类 别	管理的内容和范围
SSR8600A	主交换机	各个端口的流量信息 带宽利用率，CPU 利用率，交换机的通断率，每 5 分钟取一次数据，包含 Internet 接入部分
SSR8600B	主交换机	各个端口的流量信息 带宽利用率，CPU 利用率，每 5 分钟取一次数据
SSR8600C	主交换机	各个端口的流量信息 带宽利用率，CPU 利用率，每 5 分钟取一次数据
SSR8600D	主交换机	各个端口的流量信息 带宽利用率，CPU 利用率，每 5 分钟取一次数据
SSR8000	主交换机	各个端口的流量信息 带宽利用率，CPU 利用率，每 5 分钟取一次数据
Cisco 7609	路由设备 连接 13 个电业局	各个端口的流量信息 带宽利用率，CPU 利用率，每 5 分钟取一次数据
Cisco 7505	路由设备 连接各个电厂	各个端口的流量信息 带宽利用率，CPU 利用率，每 5 分钟取一次数据
Cisco 7507	路由设备 连接各行业单位	各个端口的流量信息 带宽利用率，CPU 利用率，每 5 分钟取一次数据
ELS100	8 楼 ELS100 交换机	交换机的连通率，每 30 分钟取一次数据
ELS100	11 楼 ELS100 交换机	交换机的连通率，每 30 分钟取一次数据
ELS100	20 楼 ELS100 交换机	交换机的连通率，每 30 分钟取一次数据
ELS100	23 楼 ELS100 交换机	交换机的连通率，每 30 分钟取一次数据
E5	14 楼 E5 交换机	交换机的连通率，每 30 分钟取一次数据
E5	17 楼 E5 交换机	交换机的连通率，每 30 分钟取一次数据
Cisco 7204	路由设备　沈阳供电公司	连通率，每 10 分钟取一次数据
Cisco 7204	路由设备　大连供电公司	连通率，每 10 分钟取一次数据
Cisco 7204	路由设备　两锦供电公司	连通率，每 10 分钟取一次数据
Cisco 7204	路由设备　鞍山供电公司	连通率，每 10 分钟取一次数据
Cisco 7204	路由设备　抚顺供电公司	连通率，每 10 分钟取一次数据
Cisco 7204	路由设备　丹东供电公司	连通率，每 10 分钟取一次数据
Cisco 7204	路由设备　本溪供电公司	连通率，每 10 分钟取一次数据
Cisco 7204	路由设备　辽阳供电公司	连通率，每 10 分钟取一次数据
Cisco 7204	路由设备　营口供电公司	连通率，每 10 分钟取一次数据
Cisco 7204	路由设备　朝阳供电公司	连通率，每 10 分钟取一次数据
Cisco 7204	路由设备　铁岭供电公司	连通率，每 10 分钟取一次数据
Cisco 7204	路由设备　阜新供电公司	连通率，每 10 分钟取一次数据
Cisco 7204	路由设备　盘锦供电公司	连通率，每 10 分钟取一次数据
Cisco 2509	路由设备　朝阳发电厂	连通率，每 10 分钟取一次数据

续表

交换机名称	设 备 类 别	管理的内容和范围
Cisco 2509	路由设备 锦州东港发电厂	连通率，每 10 分钟取一次数据
Cisco 2509	路由设备 铁岭发电厂	连通率，每 10 分钟取一次数据
Cisco 2509	路由设备 节能公司	连通率，每 10 分钟取一次数据
Cisco 2509	路由设备 桓仁发电厂	连通率，每 10 分钟取一次数据
Cisco 2509	路由设备 送变电公司	连通率，每 10 分钟取一次数据
Cisco 2509	路由设备 太平哨发电厂	连通率，每 10 分钟取一次数据
Cisco 2509	路由设备 清河发电厂	连通率，每 10 分钟取一次数据
Cisco 2509	路由设备 绥中发电厂	连通率，每 10 分钟取一次数据
Cisco 2509	路由设备 锦州电校	连通率，每 10 分钟取一次数据
Cisco 2509	路由设备 盘锦供电公司	连通率，每 10 分钟取一次数据
Cisco 2509	路由设备 阜新发电厂	连通率，每 10 分钟取一次数据
Cisco 2509	路由设备 兴城疗养院	连通率，每 10 分钟取一次数据
Cisco 2509	路由设备 通讯公司	连通率，每 10 分钟取一次数据
Cisco 2509	路由设备 抚顺发电厂	连通率，每 10 分钟取一次数据
Cisco 2509	路由设备 沈阳电厂 1	连通率，每 10 分钟取一次数据
Cisco 2509	路由设备 辽宁发电厂	连通率，每 10 分钟取一次数据
Cisco 2509	路由设备 辽宁能港发电厂	连通率，每 10 分钟取一次数据
Cisco 2509	路由设备 沈海发电厂	连通率，每 10 分钟取一次数据
Cisco 2509	路由设备 沈阳电专	连通率，每 10 分钟取一次数据

利用广域网络拓扑图来整体监视辽宁电力信息网络的故障情况，如图 6-6 所示。

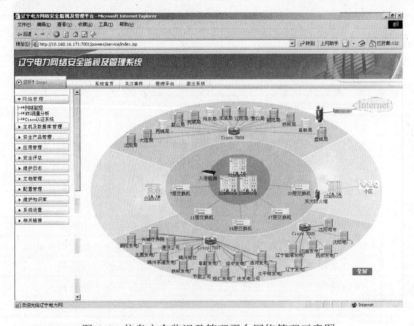

图 6-6　信息安全监视及管理平台网络管理示意图

图 6-6 中有故障的节点将用闪烁的红点和黄点显示，其中红点显示的表示此节点连接已经中断，而黄点显示的表示到此节点的连接丢包率过高（超过 40%）。

平台还可以详细了解网络设备中每个端口的使用情况，如图 6-7 所示。

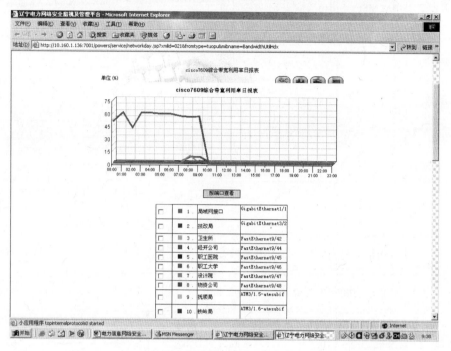

图 6-7　信息安全监视及管理平台网络设备中每个端口的使用情况

还可以选定任意一个端口查看其使用情况。

网络管理中还集成了现有的网络流量分析设备，对流量中协议的分类情况进行分析，便于使用者掌握流量的组成情况。

（2）监视和管理的主机列表（共计 38 台主机），如表 6-2 所示。

表 6-2　信息安全监视和管理的监视和管理的主机列表

主机名称	主机类型	IP 地址	位置	操作系统	管理的内容和范围
SBJ1 社保局服务器 1	IBM630	10.*.*.*	八楼机房	UNIX AIX	CPU 利用率，内存利用率，连通率 每 5 分钟取一次数据
SBJ2 社保局服务器 2	IBM630	10.*.*.*	八楼机房	UNIX AIX	CPU 利用率，内存利用率，连通率 每 5 分钟取一次数据
SUN480	SUN FIRE 480	10.*.*.*	八楼机房	UNIX Solaris	CPU 利用率，内存利用率，连通率 每 5 分钟取一次数据
OA 服务器 1	IBM M85	10.*.*.*	八楼机房	UNIX AIX	CPU 利用率，内存利用率，网络入流量，网络出流量，连通率 每 5 分钟取一次数据

主机名称	主机类型	IP 地址	位置	操作系统	管理的内容和范围
OA 服务器 2	IBM M85	10. *.*.*	八楼机房	UNIX AIX	CPU 利用率，内存利用率，网络入流量，网络出流量，连通率 每 5 分钟取一次数据
应用服务器 1	SUN FIRE 3800	10. *.*.*	八楼机房	UNIX Solaris	CPU 利用率，内存利用率，连通率 每 5 分钟取一次数据
应用服务器 2	SUN FIRE 3800	10. *.*.*	八楼机房	UNIX Solaris	CPU 利用率，内存利用率，连通率 每 5 分钟取一次数据
生产 1	IBM M85	10. *.*.*	八楼机房	UNIX AIX	CPU 利用率，内存利用率，网络入流量，网络出流量，连通率 每 5 分钟取一次数据
生产 2	IBM M85	10. *.*.*	八楼机房	UNIX AIX	CPU 利用率，内存利用率，连通率，网络入流量，网络出流量，每 5 分钟取一次数据
NT7S1	ALPHA4100	10. *.*.*	八楼机房	Windows NT	连通率，每 5 分钟取一次数据
NT4S2	ALPHA4100	10. *.*.*	八楼机房	Windows NT	连通率，每 5 分钟取一次数据
外网网站	ALPHA4100	10. *.*.*	八楼机房	UNIX	连通率，每 5 分钟取一次数据
小区代理	ES40	10. *.*.*	八楼机房	UNIX	连通率，每 5 分钟取一次数据
WWW	ES40	10. *.*.*	八楼机房	UNIX	连通率，每 5 分钟取一次数据
门户服务器	IBM630	10. *.*.*	八楼机房	UNIX	连通率，每 5 分钟取一次数据
WWW 服务器	IBM630	10. *.*.*	八楼机房	UNIX	连通率，每 5 分钟取一次数据
Tivoli 网管	IBM F50	10. *.*.*	706	UNIX	连通率，每 5 分钟取一次数据
应用服务器	HPLH3000	10. *.*.*	八楼机房	Windows 2K Server	连通率，每 5 分钟取一次数据
应用服务器	HPLH3000	10. *.*.*	八楼机房	Windows 2K Server	连通率，每 5 分钟取一次数据
行协	COMPAQ ML530RG2	10. *.*.*	八楼机房	Windows 2K Server	连通率，每 5 分钟取一次数据
生产部	COMPAQ ML530RG2	10. *.*.*	八楼机房	Windows 2K Server	连通率，每 5 分钟取一次数据
计划部	COMPAQ 580G2	10. *.*.*	八楼机房	Windows 2K Server	连通率，每 5 分钟取一次数据
计划部	COMPAQ 580G2	10. *.*.*	八楼机房	Windows 2K Server	连通率，每 5 分钟取一次数据
防病毒	COMPAQ 580G2	10. *.*.*	八楼机房	Windows 2K Server	连通率，每 5 分钟取一次数据

主机名称	主机类型	IP 地址	位置	操作系统	管理的内容和范围
ASP	COMPAQ 580G2	10.*.*.*	八楼机房	Windows 2K Server	连通率，每 5 分钟取一次数据
东华网管	COMPAQ 580G2	10.*.*.*	七楼实验室	Windows 2K Server	连通率，每 5 分钟取一次数据
东华网管	COMPAQ DL320	10.*.*.*	七楼实验室	Windows 2K Server	连通率，每 5 分钟取一次数据
备份服务器（抚顺）	COMPAQ DL320	10.*.*.*	八楼机房	Windows 2K Server	连通率，每 5 分钟取一次数据
备份服务器（铁岭）	COMPAQ DL320	10.*.*.*	八楼机房	Windows 2K Server	连通率，每 5 分钟取一次数据
备份服务器（两锦）	COMPAQ DL320	10.*.*.*	八楼机房	Windows 2K Server	连通率，每 5 分钟取一次数据
备份服务器（阜新）	COMPAQ DL320	10.*.*.*	八楼机房	Windows 2K Server	连通率，每 5 分钟取一次数据
备份服务器（朝阳）	COMPAQ DL320	10.*.*.*	八楼机房	Windows 2K Server	连通率，每 5 分钟取一次数据
备份服务器（营口）	COMPAQ DL320	10.*.*.*	八楼机房	Windows 2K Server	连通率，每 5 分钟取一次数据
拨号服务器	COMPAQ DL320	10.*.*.*	八楼机房	Windows 2K Server	连通率，每 5 分钟取一次数据
打印机服务器	COMPAQ DL320	10.*.*.*	八楼机房	Windows 2K Server	连通率，每 5 分钟取一次数据
FTP 服务器	COMPAQ DL320	10.*.*.*	八楼机房	Windows 2K Server	连通率，每 5 分钟取一次数据
SQL SERVER	COMPAQ DL320	10.*.*.*	八楼机房	Windows 2K Server	连通率，每 5 分钟取一次数据
日志分析	COMPAQ DL320	10.*.*.*	八楼机房	Windows 2K	连通率，每 5 分钟取一次数据

　　和网络部分一样，主机管理部分也提供了一个主机系统的拓扑图来整体显示主机系统的故障情况。其中红色闪烁的节点表示机器已经 down 机或者网络不通等比较严重的故障，如图 6-8 所示。

　　（3）对数据库的可用性监控，能够监控数据库引擎的关键参数，例如，数据库系统设计的文件存储空间、系统资源的使用率、配置情况、数据库当前的各种锁资源情况、监控数据库进程的状态、进程所占内存空间等。在参数到达门限值时通过网管系统的事件管理机制发出警告，报告给数据库管理员，以便及时采取措施。

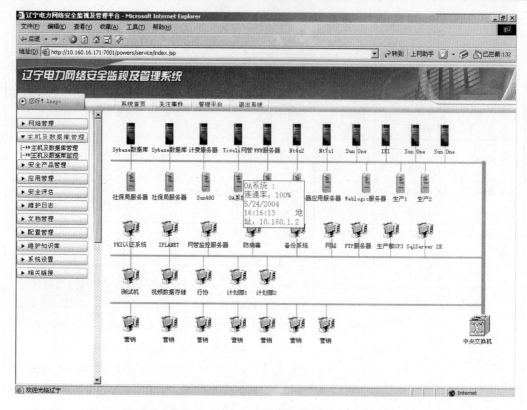

图 6-8 信息安全监视及管理平台主机管理部分使用情况

数据库文件系统监控，可以对数据库设备或其敏感文件所在的文件系统进行监控。监控的指标项包含如下内容。

① 表空间使用情况，可以对数据库中的表空间进行监控，包括该表空间的分配空间、已用空间、表记录数的情况。

② 事物日志空间的使用情况，事物日志文件是数据库对每一个数据库所发生事务的记录。

③ Oracle 硬盘读取次数情况，监视 Oracle 数据库 I/O 读取情况。

④ Oracle 锁的情况，记录 Oracle 发生死锁的情况并报警。

⑤ 记录 Oracle 的 Session 的情况。

⑥ 监视 Oracle 数据库参数。

⑦ 监视 Sybase 设备情况。

⑧ 监视 Sybase 设备分配情况。

⑨ 监视 Sybase 数据库使用空间情况。

⑩ 监视 Sybase 数据库处理信息情况。

⑪ 监视 Sybase 数据库参数。

⑫ 监视 SQL Server 数据库使用空间情况。

⑬ 主机系统的监控。

⑭ 数据库系统的监控。

⑮ 入侵检测系统的监控。

⑯ 防病毒系统的监控。

⑰ 省公司防火墙系统的监控。

（4）PKI-CA 系统的监控。

2004 年省公司针对系统存在的问题，补充增加一些安全设备和系统，同时一些地市电业局也提出了安全监视及管理平台的需求，因此，2004 年平台的开发工作有两个方面，一是省公司安全监视平台的继续完善，包括功能继续完善和新增设备的管理，如在今年的项目中，省公司将增加全省的 VPN 设备；另一方面的工作是在沈阳局开始地市版本的试点工作。经过这一期项目，逐渐将地市电业局的系统也能管理起来，经过 2004 年的项目，初步构建了省市两级安全监视体系，如图 6-9 所示。

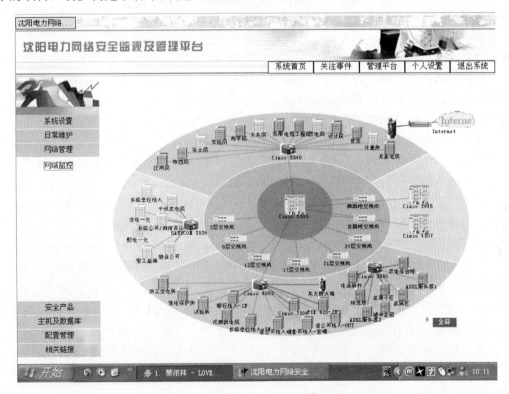

图 6-9　信息安全监视及管理平台市级网管使用情况

（5）信息安全监视及管理平台完善工程完成的主要工作如下。

① 全省 IDS 系统的监视。

② 全省防火墙系统的监视。

③ 全省 VPN 系统的监视。

④ 沈阳局网络系统的监视。

⑤ 沈阳局主机系统的监视。

⑥ 沈阳局数据库系统的监视。

6.4.5　项目实施取得的主要成果

（1）统一项目规划与建设。通过 2003 年、2004 年项目的实施，对安全监视及管理平台项目的定位也逐渐清晰起来，该平台应该是电力信息网络安全的监视中心、安全信息的发布中心和安全事件的处理平台。

此安全监视平台对于电力信息网络的安全是十分重要的，是信息安全示范工程中不可或缺的一个重要组成部分。因此，安全监视平台有必要在全省电力信息网络中部署，逐渐组成电力信息安全的二级监视管理体系。

2005 年在进一步完善省公司平台功能的同时，要逐渐建立地市安全监视系统与省公司安全监视及管理平台之间的关系。通过这一工作，电力公司将逐渐完善省公司与市公司的两级监控体系。2005 年的主要工作是将地市的安全监视平台部署完成。

项目最终完成以后，将构建一个覆盖全省电力信息网络的安全监视及管理平台。平台共分为两级结构，在省公司信息中心部署的安全监视管理平台，监视全省骨干网络设备、安全设备的运行状况；地市安全监视平台将监控管理范围内的网络设备、主机系统和安全设备的运行状况。在两级安全监视平台之间存在联系机制，即在各个地市电力信息网络发生重大安全事件的时候，将自动上报省公司的安全监视及管理平台。

（2）应用效益分析。在辽宁电力信息网络系统中配置了大量的安全产品，每种安全产品都有各自的管理系统，各类安全信息分散在这些系统中。如果要了解整个网络系统的安全状况，必须进入所有的系统。使用该平台，就可以了解网络系统中主机、网络设备、安全产品及应用系统的运行状况，对整个网络的安全状况作出评估，极大地提高了辽宁电力系统信息安全的管理效率和维护水平，为辽宁电力信息网络的安全、稳定运行提供了保障。

信息安全监管平台的使用，降低了信息安全的风险，避免了由于信息安全事故给企业造成的损失。

本平台经过几年的开发和应用实践已经十分稳定，在进行推广的过程中，不需要进行大量的现场开发工作。只需要根据用户的情况进行一些安装配置等工作。

为了减少在现场的工作量，我们已经准备了一套系统安装和配置的标准化文档，包括用户现场的情况调研、需求确认、系统安装、系统配置、系统定制等，为了保证该平台的使用，另外还安排了用户的培训。

现有规程及标准制定情况如下。

为了使本平台和相关技术能够推广好、应用好、编制如下文档。

① 辽宁电力信息安全监管平台设计方案。

② 辽宁电力信息安全监管平台安全管理系统接入规范。

③ 辽宁电力信息安全监管平台安装配置手册。

④ 辽宁电力信息安全监管平台使用维护手册。

这些规范及手册基本能够满足电力信息安全监管平台的推广、运行和维护管理。

信息安全监管平台的功能是对各种系统以及安全产品进行监控，因此，各种设备以及系统需要符合一定的标准，具体如下。

　　a．网络设备。系统通过 SNMP 协议获得被监控网络设备的有关信息，包括系统信息、接口状态、端口接口映射、IP 地址转发表、路由表、MAC 地址转发表、CPU 负荷、接口带宽动态和接口历史流量数据等，并通过 SNMP 协议控制网络设备接口的开闭。

　　网络设备须启动 SNMP 服务。路由设备须支持 MIB II（RFC 1213），交换设备须支持 MIB II（RFC 1213）和 Bridge MIB（RFC 1493）。

　　b．主机系统。系统通过主机操作系统的 SNMP 服务获得被监控主机的有关信息，包括系统信息、网络连接、TCP 连接、程序运行、软件安装、CPU 负荷、存储设备、系统配置、Windows 网络服务、Windows 用户账号等信息。

　　获得所有上述信息主机 SNMP 服务须支持 MIB II（RFC 1213）和 Host Resources MIB（RFC 1514）。如果只支持 MIB II 而不支持 Host Resources MIB 则只能获得系统信息、网络连接和 TCP 连接信息。

　　c．防火墙系统。电力信息网络中的防火墙系统必须支持网络设备的 snmp mib，MIB II（RFC 1213），并且启动 SNMP 服务。并且提供防火墙日志接口。

　　d．入侵监测系统。电力信息网络中的入侵监测系统必须支持网络设备的 snmp mib，MIB II（RFC 1213），并且启动 SNMP 服务。并且提供入侵监测日志接口。

　　e．漏洞扫描系统。提供漏洞扫描系统日志接口。

　　f．其他系统。提供相关日志接口形式，以便获得其系统相关的日志信息、运行信息和业务信息等。

　　（3）结论和仍需完善的建议措施。首先，本平台解决了一直以来网管工作被动的局面，整个网络的运行监测和管理正在逐渐贯彻完善的预警策略，还可随时随地通过 Web 浏览查看网络运行状况。

　　其次，通过本平台可密切监测电力生产等应用系统的运行情况，确保这些关键应用系统的高效、稳定运行。

　　再次，本平台提供的报告分析功能和灵活多样的图表报告功能，非常方便生成实时的和历史的报告，为网络管理和规划提供可靠的理论数据和依据。

　　信息安全监管平台在辽宁省电力有限公司和沈阳市供电公司的应用，证明了系统在架构设计、技术实现的先进性、可靠性和稳定性，满足了电力系统信息安全的需求。

　　（4）本平台的技术价值如下。

　　① 平台是网络型的信息安全防护系统，可以构成多级安全防护体系。

　　② 在电力信息网络中首次实现了全面集中的安全监控管理。

　　③ 平台采用了基于 DW（数据仓库技术）的数据分析方法。

　　④ 项目实施过程中克服了多种异构系统的数据交换的难题。

　　⑤ 监视平台采用了目前比较先进的技术，适应性、可开展性和开放性较强。

　　⑥ 安全监视及综合管理平台管理的范围涵盖电力信息网络中的方方面面，在国内首先实现了电力信息网络安全的全面监视管理。目前监视及管理的范围包括网络设备、防火墙设备、VPN 设备、入侵监测设备、防病毒系统、主机系统、数据库系统、中间件系统与应用系统等。

（5）为了更好地推动本平台在电力信息网络中的推广使用，尽早对入网安全设备采用规范的准入制度，不断扩大本项目的管理范围与管理深度，推进电力信息网络安全管理的进程。

考虑到平台建设的稳定性需求，以及未来长期的可扩展性要求。平台将主要构建在 UNIX 系统上，数据存储在 Oracle 数据库中，将采用 DW（Data Warehouse）实现 Olap（Online Analytical Processing，联机分析处理）和 Web 发布。系统设计主要依据以下原则。

① 系统按照开放性的原则设计。

② 按照 J2EE 架构设计实现。

③ 支持以 XML 为基础的信息定义、交换和查询。

④ 系统采用三层结构，中间件采用 BEA Weblogic 产品。

⑤ 数据存储在 Oracle 数据库中。

⑥ 编程语言选择 Java。

⑦ 系统采用严格的权限管理策略，并采用 PKI-CA 认证中心进行身份认证。

（6）平台采用了基于 DW（数据仓库技术）的数据分析方法，为了能对从各种系统上采集来的安全数据进行集中分析，我们采用了先进的数据仓库技术。主要基于以下原因。

① 采集的数据量比较大。

② 需要对各种数据进行关联分析。

③ 通过集中的数据分析，平台可以产生定期的报表和趋势图，对企业信息安全管理起到辅助决策的作用。

④ 平台在实施过程中克服了异构系统数据采集的巨大难度。由于平台采集数据的来源十分广泛，给系统实施带来了十分大的难度。目前，安全产品和应用系统没有提供统一的和监视平台的数据接口，因此为了收集安全产品和应用系统的安全信息数据，需要双方讨论并确认切实可行的数据接口形式。这样一来对于每个厂家的产品，可能要采用不同的数据接口。但是，对于一些没有提供数据接口的系统，只有在不断摸索分析其系统数据格式。如防病毒系统（Symantec），厂家并不提供数据接口，技术人员只有尝试分析其数据文件格式。

第7章　网络信息安全防护体系及应用

本章论述网络信息安全防护（包括主动防护和被动防护）技术原理及经典安全防护工具原理及主要功能等基本概念，阐述网络信息安全防护体系的设计原则及防护策略，介绍辽宁电力系统网络信息安全防护体系建设与实际应用案例。

7.1　网络信息安全防护技术原理

本节主要介绍网络信息安全防护技术原理等基本概念包括主动防护和被动防护。主动防护技术一般有数据加密、安全扫描、网络管理、网络流量分析和虚拟网络技术。被动防护技术目前有防火墙技术、防病毒技术、入侵检测技术、路由过滤、审计与监测等。

7.1.1　主动防护技术

主动防护技术一般有数据加密、安全扫描、网络管理、网络流量分析和虚拟网络等技术。

1. 隐患扫描技术

网络安全性隐患扫描也称为网络安全性漏洞扫描，它是进行网络安全性风险评估（vulnerability assessment）的一项重要技术，也是网络安全防护技术中的一项关键性的技术。其原理是采用模拟黑客攻击的形式对目标可能存在的已知安全漏洞和弱点进行逐项扫描和检查。目标可以是工作站、服务器、交换机、数据库应用等各种对象。根据扫描结果向系统管理员提供周密可靠的安全性分析报告，为提高网络安全整体水平提供重要依据。

系统的安全弱点就是它安全防护最弱的部分，容易被入侵者利用，给网络带来灾难。找到弱点并加以保护是保护网络安全的重要使命之一。由于管理员需要面对大量的主机、网络、用户、设备、审计文件以及潜在的大量入侵行为和手段，安全性弱点和漏洞的发现和保护仅仅依靠人力是不能解决的。因此，必须提供一种高效的网络安全性隐患扫描的工具，通过它能自动发现网络系统的弱点，以便管理员能够迅速有效地采取相应的措施。

安全扫描器通过对网络的扫描，可以了解网络的安全配置和运行的应用服务，及时发现安全漏洞，客观评估网络风险等级。可以根据扫描的结果更正网络安全漏洞和系统中的错误配置，在黑客攻击前进行防范。安全扫描就是一种主动的防范措施，可以有效避免黑客攻击行为，做到防患于未然。

2．网络管理技术

网络管理系统具有对整个管理系统的趋势进行跟踪并相应采取措施的能力，快速部署应用程序和管理工具，通过提供集成化视图来管理支持业务程序的 IT 系统，并视业务政策和目标的变化进行动态调整，能够根据其监视或检测到的情况实施管理活动。

3．网络流量分析技术

网络流量分析系统提供了用户上网行为分析、异常流量实时监测、历史流量分析报表到流量趋势预警等功能，涵盖了网络流量分析的所有细节，可以通过日报、周报、月报的标准报表、对照报表和趋势分析报表等多种格式报告流量分析结果。

4．带宽管理技术

带宽管理系统可以使广域网或互联网上运行的应用程序提高运行效率。带宽管理系统可以控制网络表现，使之与应用程序的特点、业务运作的要求以及用户的需求相适应，然后提供验证结果。

5．VLAN 与 VPN 技术

VLAN（虚拟网）把网络上的用户（终端设备）划分为若干个逻辑工作组，每个逻辑工作组就是一个 VLAN。可以灵活地划分 VLAN，增加或删除 VLAN 成员。当终端设备移动时，无须修改它的 IP 地址。在更改用户所加入的 VLAN 时，也不必重新改变设备的物理连接。

VPN（虚拟专用网）采用加密和认证技术，利用公共通信网络设施的一部分来发送专用信息，为相互通信的节点建立起一个相对封闭的、逻辑的专用网络，通过物理网络的划分，控制网络流量的流向，使其不要流向非法用户，以达到防范目的。

6．数据加密技术

密码技术是保护信息安全的主要手段之一，不仅具有信息加密功能，而且具有数字签名、身份验证、秘密分存、系统安全等功能。所以，使用密码技术不仅可以保证信息的机密性，而且可以保证信息的完整性和确证性，防止信息被篡改、伪造或假冒。

7.1.2 被动防护技术

被动防护技术目前有防火墙技术、防病毒技术、入侵检测技术、路由过滤技术、审计与监测等技术。

1．防火墙技术

我国公共安全行业标准中对防火墙的定义为："设置在两个或多个网络之间的安全

阻隔，用于保证本地网络资源的安全，通常是包含软件部分和硬件部分的一个系统或多个系统的组合"。其基本工作原理是在可信任网络的边界（即常说的在内部网络和外部网络之间，通常认为内部网络是可信任的，而外部网络是不可信的）建立起网络控制系统，隔离内部和外部网络，执行访问控制策略，防止外部的未授权节点访问内部网络和非法向外传递内部信息，同时也防止非法和恶意的网络行为导致内部网络的运行被破坏。

从逻辑上讲，防火墙是分离器、限制器和分析器；从物理角度看，各个防火墙的物理实现方式形式多样，通常是一组硬件设备（路由器、主机等）和软件的多种组合。

2．防病毒技术

在《中华人民共和国计算机信息系统安全保护条例》第二十八条中将计算机病毒定义为："指编制或者在计算机程序中插入的破坏计算机功能或者数据，影响计算机使用并且能够自我拷贝的一组计算机指令或者程序代码。"

防病毒技术就是系统管理及下发防病毒服务器组内的防病毒服务器及各个客户端的防病毒策略，通过设定防病毒升级服务器进行防病毒组内的服务器端及客户端的病毒代码更新，通过搜索来确定网络内的防病毒服务器组，搜集防病毒服务器的运行日志。

3．入侵检测技术

入侵检测（intrusion detection），顾名思义，是对入侵行为的发觉。现在对入侵的定义已大大扩展，不仅包括被发起攻击的人（如恶意的黑客）取得超出合法范围的系统控制权，也包括收集漏洞信息，造成拒绝服务（DoS）等对计算机系统造成危害的行为。入侵检测技术是通过从计算机网络和系统的若干关键点收集信息并对其进行分析，从中发现网络或系统中是否有违反安全策略的行为或遭到入侵的迹象，并依据既定的策略采取一定的措施的技术。也就是说，入侵检测技术包括 3 个部分内容：信息收集、信息分析和响应。

（1）入侵检测系统能使系统对入侵事件和过程作出实时响应。如果一个入侵行为能被足够迅速地检测出来，就可以在任何破坏或数据泄密发生之前将入侵者识别出来并驱逐出去。即使检测的速度不够快，入侵行为越早被检测出来，入侵造成的破坏程度就会越少，而且能越快地恢复工作。

（2）入侵检测是防火墙的合理补充。入侵检测能够收集有关入侵技术的信息，这些信息可以用来加强防御措施。

（3）入侵检测是系统动态安全的核心技术之一。鉴于静态安全防御不能提供足够的安全，系统必须根据发现的情况实时调整，在动态中保持安全状态，这就是常说的系统动态安全，其中检测是静态防护转化为动态的关键，是动态响应的依据，是落实或强制执行安全策略的有力工具，因此入侵检测是系统动态安全的核心技术之一。

从技术上，入侵检测分为两类：一种基于标志（signature-based），另一种基于异常情况（anomaly-based）。

对于基于标志的检测技术来说，首先要定义违背安全策略的事件的特征，如网络数据包的某些头信息。检测主要判别这类特征是否在所收集到的数据中出现。而基于异常的检测技术则是先定义一组系统"正常"情况的数值，如 CPU 利用率、内存利用率、文件校验等，然后将系统运行时的数值与所定义的"正常"情况相比较，得出是否有被攻击的迹象。

两种检测技术的方法所得出的结论有非常大的差异。基于标志的检测技术的核心是维护一个知识库。对于已知的攻击，它可以详细、准确地报告出攻击类型，但是对未知攻击却效果有限，而且知识库必须不断更新。基于异常的检测技术则无法准确判别出攻击的手法，但它可以判别更广泛，甚至未发觉的攻击。

4．路由过滤技术

当两台连在不同子网上的计算机需要通信时，必须经过路由器转发，由路由器把信息分组通过互联网沿着一条路径从源端传送到目的端。路由器中的过滤器对所接收的每一个数据包根据包过滤规则做出允许或拒绝的决定。由于路由器作用在网络层，具有更强的异种网互联能力、更好的隔离能力、更强的流量控制能力、更好的安全性和可管理维护性。

5．审计与监测技术

计算机安全保密防范的第 3 道防线是审计跟踪技术，在系统中保留一个日志文件，与安全相关的事件可以记录在日志文件中，审计跟踪是一种事后追查手段，它对涉及计算机系统安全保密的操作进行完整的记录，以便事后能有效地追查事件发生的用户、时间、地点和过程，发现系统安全的弱点和入侵点。

7.2　网络信息安全防护体系的设计原则

企业的性质决定了企业是电力生产、经营和管理型企业，信息交换频繁，要求安全可靠、方便快捷、实时性强。网络信息安全防御体系的设计应遵循以下原则。

（1）网络环境综合治理原则：信息网络系统配备齐全、职责分工科学，网络系统管理软件功能完备，管理、控制策略合理灵活，具有较强的网络支撑能力。

（2）网络结构优化先行原则：信息网络包括局域网、城域网、广域网协调配置，办公自动化内部信息网络、外部信息网络、DMZ 非军事区、Internet 网络分工明确，网络结构合理。

（3）网络及信息安全防护网络化原则：根据电网公司是网络化的特点，建立网络化2～3 级信息安全监视与管理系统，包括：性能监视与管理（网络管理、网络流量分析、带宽管理软件等）、安全防护与管理（防火墙系统、防病毒系统、VPN 系统、VLAN 系统等）、安全检测与管理（漏洞扫描系统、入侵检测等）。

（4）集中管理与分级控制原则：根据信息网络系统的规模和企业管理体制的实际情况，确定信息网络及应用系统的安全直接管辖以及管理范围，例如，省公司信息中心负责安全直接管辖并运行维护的本级局域网或主干网络系统及其所属设备，负责安全管理的本级与下一级连接的边界路由器和防火墙以及需要直接管辖的系统。

（5）根据企业性质和任务，建立的信息安全总体框架及管理体系、技术体系，应遵循统一领导、统一规划、统一标准、分级组织实施原则。

7.3　经典安全防护工具原理及主要功能

本节介绍的经典安全防护工具包括网络管理、防火墙、防病毒、入侵检测、漏洞扫描、网络流量分析等系统的工作原理及主要功能。

7.3.1　网络管理系统

网络管理系统具有对整个管理系统的趋势进行跟踪并相应采取措施的能力，快速部署应用程序和管理工具，提供了系统管理、安全管理、存储管理和行政管理，通过提供集成化视图来管理支持业务程序的 IT 系统，系统自我管理，并视业务政策和目标的变化进行动态调整，以适应变化的能力。自我管理系统能够根据其监视或检测到的情况实施管理活动，系统会对自身情况实施监控，并执行相应的管理活动。

网络管理系统管理并监控办公自动化、浏览器服务器等功能模块自动监控系统资源；网络资源管理；网络故障分析与报告，对企业内软硬件资源进行跟踪管理，提供软件分发功能；对企业内 IT 资源进行分配管理；提高 IT 部门远程管理系统资源能力。

7.3.2　防火墙系统

1．防火墙的分类

根据在 OSI 参考模型中位置的不同，网络防火墙具有不同的类别，其中最常见的是工作在网络层的路由器级防火墙和工作在应用层的网关级防火墙。网络层的路由器级防火墙一般采用过滤技术完成访问控制，也称包过滤防火墙或 IP 防火墙；应用层的网关级防火墙一般采用代理技术完成访问控制，也称应用代理防火墙。

通常安全性能和处理速度是防火墙设计实现的重点，也是最难处理的一对矛盾。因此防火墙研制的两个侧重点：一是将防火墙建立在通用的安全操作系统和通用的计算机硬件平台上，利用已有平台提供的丰富功能，使防火墙具备尽可能多的安全服务；二是以高速度为设计实现目标，利用快速处理器、ASIC 和实时高效的操作系统实现防火墙，根据有关的测速报告，这类防火墙的实际吞吐率可以接近线速。

防火墙有助于提高网络系统的总体安全性。防火墙的基本思想不是对每台主机系统进行保护，而是让所有对系统的访问通过某一点，并且保护这一点，并尽可能地对外界屏蔽被保护网络的信息和结构。也就是说，防火墙定义了单个阻塞点，将安全能力统一在单个系统或系统集合中，在简化了安全管理的同时可强化安全策略。

2．防火墙的主要功能

（1）实施网间访问控制，强化安全策略。能够按照一定的安全策略，对两个或多个网络之间的数据包和链接方式进行检查，并按照策略规则决定对网络之间的通信采取何种动作，如通过、丢弃、转发等。

（2）有效地记录因特网上的活动。因为所有进出内部网络的信息都必须通过防火墙，所以防火墙非常适合收集各种网络信息。这样一方面提供了监视与安全有关的事件的场所，如可以在防火墙上实现审计和报警等功能；另外还可以很方便地实现一些与安全无关的网络管理功能，如记录因特网使用日志和流量管理等。

（3）隔离网段，限制安全问题扩散。防火墙能够隔开网络中的某个网段，这样既可以防止外部网络的一些不良行为影响内部网络的正常工作，又可以阻止内部网络的安全灾难蔓延到外部网络中。

（4）防火墙本身应不受攻击的影响，也就是说，防火墙自身有一定的抗攻击能力。由于防火墙是实施安全策略的检查站，一旦防火墙失效，则内外网间依靠防火墙提供的安全性和连通性都会受到影响，因此防火墙系统应该是一个具有安全操作系统特性的可信任系统，自身能够抵抗各种攻击。

（5）综合运用各种安全措施，使用先进健壮的信息安全技术。如采用现代密码技术、一次性口令系统、反欺骗技术等，一方面可增强防火墙系统自身的抗攻击能力，另外还提高了防火墙系统实施安全策略的检查能力。

（6）人机界面良好，用户配置方便，易管理。防火墙不是解决所有安全问题的万能药方，它只是网络安全政策和策略中的一个组成部分。

7.3.3　防病毒系统

1．计算机病毒的结构特点和工作原理

计算机病毒是指编制或者在计算机程序中插入的破坏计算机功能或者数据，影响计算机使用并且能够自我拷贝的一组计算机指令或者程序代码。要认清计算机病毒的结构特点和行为机理，为防范计算机病毒提供充实可靠的依据。通过对计算机病毒的主要特征、破坏行为以及基本结构的分析来阐述计算机病毒的工作原理。

（1）可控性

计算病毒与各种应用程序一样也是人为编写出来的。它并不是偶然自发产生的。在某些方面，它具有一定的主观能动性，即是可事先预防的。当程员编写出这些有意破坏、严谨精巧的程序段时，它们就具有严格组织的程序代码，与其所在环境相互适应并紧密配合，伺机达到它们的破坏目的。因此，这里所指的可控性并不是针对其散播速度和范围的，而是对其产生根源的控制，也就是说是对人的控制。

（2）自我拷贝能力

自我拷贝也称"再生"或"传染"。再生机制是判断是不是计算机病毒的最重要依据。在一定条件下，病毒通过某种渠道从一个文件和一台计算机传染到另外没有被感染的文件和计算机，轻则造成被感染的计算机数据破坏和工作失常，重则使计算机瘫痪。病毒代码就是靠这种机制大量传播和扩散的。携带病毒代码的文件成为计算机病毒载体和带毒程序。每一台被感染了病毒的计算机，本身既是一个受害者，又是计算机病毒的传播者，通过各种可能的渠道，如软盘、光盘、活动硬盘、网络去传染其他的计算机。在染毒的计算机上曾经使用过的软盘，很有可能已被计算机病毒感染，如果把它拿到其他机器上使用，病毒就会通过带毒软盘传染这些机器。如果计算机已经联网，通过数据和程序共享，病毒可以迅速传染与之相连的计算机，若不加控制，就会在很短时间内传遍整个世界。

（3）夺取系统控制权

一般的正常程序由系统或用户调用，并由系统分配资源。其运行目的对用户是可见的和透明的。而就计算机病毒的程序性（可执行性）而言，计算机病毒与其他合法程序一样，是一段可执行程序，但它不是一个完整的程序，而是寄生在其他可执行程序上，因此它享有一切程序所能得到的权力。当计算机在正常程序控制之下运行时，系统运行是稳定的。在这台计算机上可以查看病毒文件的名字，查看或打印计算机病毒代码，甚至拷贝被病毒的文件，系统都不会激活并感染病毒。病毒为了完成感染、破坏系统的目的必然要取得系统的控制权。计算机病毒一经在系统中运行，病毒首先要做初始化工作，在内存中找到一片安身之地，随后将自身与系统软件挂起钩来执行感染程序，即取得系统控制权。系统每执行一次操作，病毒就有机会执行它预先设计的操作，完成病毒代码的传播和进行破坏活动。

（4）隐蔽性

不经过程序代码分析或计算机病毒代码扫描，病毒程序与正常程序不易区别开。 计算机病毒的隐蔽性表现在两个方面：一是传染的隐蔽性，大多数病毒在进行传染时速度是极快的，一般不具有外部表现，不宜被人发现；二是病毒程序存在的隐蔽性，一般的病毒程序都夹在正常程序之中，很难被发现，而一旦病毒发作出来，往往已给计算机系统造成了不同程度的破坏。随着病毒编写技巧的提高，病毒代码本身还进行加密和变形，使得对计算机病毒的查找和分析更为困难，容易造成漏查或错杀。

（5）潜伏性

一个编制精巧的计算机病毒程序，进入系统之后一般不会马上发作，可以在几周或者几个月甚至几年内隐藏在合法文件中，对其他系统进行传染，而不被人发现。潜伏性越好，其在系统中的存在时间就会越长，病毒的传染范围就会越大。只有在满足其特定条件后才启动其表现模块，先是发作信息和进行系统破坏。其中一个例子就是臭名昭著的 CIH 病毒，它在平时会隐藏得很好，而只有在每月的 26 日发作时才会凶相毕露。

使计算机病毒发作的触发条件主要有以下几种。

① 利用系统时钟提供的时间作为触发器，这种触发机制被大量病毒使用。

② 利用病毒体自带的计数器作为触发器。病毒利用计数器记录某种事件发生的次数，一旦计算器达到设定值，就执行破坏操作。这些事件可以是计算机开机的次数；可以是病毒程序被运行的次数；还可以是从开机起被运行过的程序数量等。

③ 利用计算机内执行的某些特定操作作为触发器。特定操作可以是用户按下某些

特定键的组合，可以是执行的命令，也可以是对磁盘的读写。被病毒使用的触发条件多种多样，而且往往是由多个条件的组合出发。大多数病毒的组合条件是基于时间的，再辅以读写盘操作，按键操作以及其他条件。

（6）不可预见性

不同种类病毒的代码千差万别，病毒的制作技术也在不断地提高，病毒比反病毒软件永远是超前的。新的操作系统和应用系统的出现，软件技术不断地发展，也为计算机病毒提供了新的发展空间，对未来病毒的预测更加困难，这就要求人们不断提高对病毒的认识，增强防范意识。

（7）病毒的衍生性、持久性、欺骗性等。

2．防病毒系统的主要功能

（1）防病毒系统管理功能为：管理及下发防病毒服务器组内的防病毒服务器及各个客户端的防病毒策略，通过设定防病毒升级服务器进行防病毒组内的服务器端及客户端的病毒代码更新，通过搜索来确定网络内的防病毒服务器组，搜集防病毒服务器的运行日志。

（2）防病毒系统应用功能为：为作为防病毒服务器的主机提供病毒防护，负责为防病毒服务器组内客户端进行病毒代码更新，负责采集防病毒服务器组内客户端及本机的运行日志。负责为客户端所在机器提供病毒防护。可以进行简单的客户端日志采集。

（3）防病毒系统统计分析功能为：进行客户端的日志采集并转发到服务器端，对采集回来的日志进行汇总分析，采取不同的分类方式进行查看，方便网络管理人员进行防病毒的策略调整。

3．计算机网络病毒的检测与防范

当一台计算机染上病毒之后，会有许多明显或不明显的特征。例如，文件的长度和日期忽然改变，系统执行速度下降或出现一些奇怪的信息或无故死机或更为严重的是硬盘已经被格式化了。

常用的防毒软件就是利用所谓的病毒码（virus pattern）。病毒码其实可以想象成是犯人的指纹，当防毒软件公司收集到一个新的病毒时，就会从这个病毒程序中，截取一小段独一无二足以表示这个病毒的二进制程序码（binary code），来当做扫毒程序辨认此病毒的依据，而这段独一无二的二进制程序码就是所谓的病毒码。在电脑中所有可以执行的程序（如* .exe，*.com）几乎都是由二进制程序码所组成的，也就是电脑的最基本语言——机器码。就连宏病毒在内，虽然它只是包含在 Word 文件中的宏命令集中，可是，它也是以二进制代码的方式存在于 Word 文件中。

计算机网络病毒的防范的过程实际上就是技术对抗的过程，反病毒技术相应也得适应病毒繁衍和传播方式的发展而不断调整。网络防病毒应该利用网络的优势，使网络防病毒逐渐成为网络安全体系的一部分；重在防，从防病毒、防黑客和灾难恢复等几个方面综合考虑，形成一整套安全机制，才可最有效地保障整个网络的安全。主要从下列几个方面进行网络病毒防范。

（1）以网为本，防重于治

防治病毒应该从网络整体考虑，从方便减少管理人员的工作着手，透过网络管理 PC。例如，利用网络唤醒功能，在夜间对全网的 PC 进行扫描，检查病毒情况；利用在线报警功能，当网络上每一台机器出现故障、病毒侵入时，网络管理人员都会知道，从而从管理中心处予以解决。

（2）与网络管理集成

网络防病毒最大的优势在于网络的管理功能，如果没有把网络管理加上，很难完成网络防毒的任务。管理与防范相结合，才能保证系统的良好运行。管理功能就是管理全部的网络设备：从 Hub、交换机、服务器到 PC，软盘的存取、局域网上的信息互通及与 Internet 的接口等。

（3）安全体系的一部分

计算机网络的安全威胁主要来自计算机病毒、黑客攻击和拒绝服务攻击这 3 个方面，因而计算机的安全体系也应从这几个方面综合考虑，形成一整套的安全机制。防病毒软件、防火墙产品、可调整参数能够相互通信，形成一整套的解决方案，才是最有效的网络安全手段。

（4）多层防御

多层防御体系将病毒检测、多层数据保护和集中式管理功能集成起来，提供了全面的病毒防护功能，从而保证了"治疗"病毒的效果。病毒检测一直是病毒防护的支柱，多层次防御软件使用了 3 层保护功能：实时扫描、完整性保护、完整性检验。

实时扫描驱动器能对未知的病毒包括异形病毒和秘密病毒进行连续的检测。它能对 E-mail 附加部分，下载的 Internet 文件（包括压缩文件）软盘及正在打开的文件进行实时的扫描检验。扫描驱动器能阻止已被感染过的文件拷贝到服务器或工作站上。

完整性保护可阻止病毒从一个受感染的工作站扩散到服务器。完整性保护不只是病毒检测，实际上它能制止病毒以可执行文件的方式感染和传播。完整性保护还可防止与未知病毒感染有关的文件崩溃和根除。完整性检验使系统无需冗余的扫描并且能提高实时检验的性能。集中式管理是网络病毒防护最可靠、最经济的方法。多层次防御病毒软件把病毒检测、多层数据保护和集中式管理的功能集成在同一产品内，因而极大地减轻了反病毒管理的负担，而且提供了全面的病毒防治功能。

（5）在网关、服务器上防御

大量的病毒针对网上资源的应用程序进行攻击，这样的病毒存在于信息共享的网络介质上，因而要在网关上设防，网络前端实时杀毒。防范手段应集中在网络整体上，在个人计算机的硬件和软件、LAN 服务器、服务器上的网关、Internet 及 Intranet 的 Web Site 上，层层设防，对每种病毒都实行隔离、过滤。

7.3.4　入侵检测系统

对各种事件进行分析，从中发现违反安全策略的行为是入侵检测系统的核心功能。检测主要判别这类特征是否在所收集到的数据中出现。或者将系统运行时的数值与所定义的"正常"情况比较，得出是否有被攻击的结论。

入侵检测系统可以单台独立应用，也可以由多台入侵检测装置组成系统网络或分级、分步入侵检测系统。按根据收集的待分析信息的来源，入侵检测系统（Intrusion Detection System，IDS）可分为以下 3 类。

1. 基于主机的入侵检测系统

基于主机的入侵检测技术，通过分析特定主机上的行为来检测入侵，其数据来源通常是系统和应用程序的审计日志，也可以是系统的行为数据，或者是受保护系统的文件系统等。它们必须从所监测的主机收集信息。这使得 IDS 能够以很细的粒度分析主机上的行为，同时能够精确地确定对操作系统执行恶意行为的进程和用户。该入侵检测技术一般用于保护关键应用服务器，实时地监视和检查可疑连接、非法访问和系统日志等，并可提供对主机上的应用系统（如 WebZ-mail 服务等）进行监视。有些基于主机的 IDS 通过将管理功能和攻击报告集中到一个单一的安全控制台上，简化了对一组主机的管理。还有一些 IDS 可以产生同网管系统兼容的消息。

基于主机的入侵检测系统的优点如下。

（1）由于基于主机的 IDS 可以获悉一个主机上发生的事件，它们能够监测基于网络的 IDS 不能检测的攻击，由于它可以获取系统高层应用的特有信息，理解动作的含义，在实现某些特殊功能时，例如，审计系统资源和系统行为等方面，具有其他技术无法替代的优势。

（2）基于主机的 IDS 可以运行在使用加密的网络上，只要加密信息在到达被监控的主机时或到达前解密即可。

（3）基于主机的 IDS 可以运行在交换网络中。

基于主机的入侵检测系统的缺点如下。

（1）必须在每个被监控的主机上都安装和维护信息收集机制。

（2）由于这些系统的一部分安装在有可能遭到攻击的主机上，基于主机的 IDS 可能受到攻击并被一个高明的攻击者设为元效。

（3）由于每台主机上的 IDS 只能看见该主机收到的网络分组，基于主机的 IDS 不太适合于检测针对网络中所有主机的网络扫描。

（4）基于主机的 IDS 通常很难检测和应对拒绝服务攻击。

（5）由于其原始数据来源受到具体操作系统平台的限制，其入侵检测的实现需要针对特定的系统平台来进行设计，因此，在环境适应性、可移植性方面存在一定问题。

（6）基于主机的 IDS 使用它所监控的主机的计算资源。

2. 基于网络的入侵检测系统

基于网络的入侵检测技术其信息来源是网络系统中的信息流。该技术不依靠审计攻击事件对目标系统的影响来实现，而主要是分析网络行为和过程，通过行为特征或异常来发现攻击事件，从而检测被保护网络上发生的入侵事件。此类系统侧重于对网络活动的监视和检测，因而能够实时地发现攻击的企图，在很多情况下可以做到防患于未然。

例如，网络上发生了针对 Windows NT 系统的攻击行为时，即使其保护的网络中没有 NT 系统，基于网络的入侵检测系统也可以检测到这种攻击。

基于网络的入侵检测一般通过在网络的数据链路层上进行监听的方式来获得信息。以太网上的数据发送是采用广播方式进行的，而计算机的网卡通常有两种工作模式：一种是正常的工作模式，只接收目的 IP 地址为本机地址的 IP 数据包；另一种是杂收模式，当网卡工作在杂收模式时，就能使一台主机不管目的 IP 地址是谁而接收同一广播网段上传送的所有 IP 数据包。

基于网络的入侵检测系统的优点如下。

（1）少量位置适当地基于网络的 IDS 可以监控一个大型网络。

（2）基于网络的 IDS 的安装对已有网络影响很小。基于网络的 IDS 通常是一些被动型的设备，它们只监听网络而不干扰网络的正常运作。因此，为安装基于网络的 IDS 对现有网络的改造很容易进行，所需的代价很小。

（3）由于原始数据来源丰富，只要传输数据未进行底层加密，从理论上就可检测到一切通过网络发动的攻击，特别是只有此类系统能够有效检测针对协议械和特定服务的攻击手段，如远程缓冲区溢出、网络碎片攻击等。

（4）由于只关心网络上的数据，在实时性、适应性、扩展性方面具有其独特的优势。

（5）基于网络的 IDS 可以很好地避免攻击，对于很多攻击者来说甚至是不可见的。

基于网络的入侵检测系统的缺点如下。

（1）在一个大型的或拥挤的网络中，基于网络的 IDS 很难处理所有的分组，因此有可能无法识别网络流量较大时发起的攻击。由于硬件实现的速度要快得多，有些厂商试图通过完全以硬件方式实现 IDS 来解决这个问题。快速分析分组的需求也迫使厂商使用尽可能少的计算资源来监测攻击，这会降低检测的有效性。

（2）基于网络的 IDS 的许多优势并不适用于现代的基于交换的网络。交换机可以将网络分为许多小单元（常常是每台主机一条快速以太网线），可以同时在由同一交换机支持的主机之间提供专用链路。多数交换机不提供统一的监测端口，这就减少了基于网络的 IDS 探测器的监测范围。在提供监测端口的交换机中，往往通过一个端口也不能监测所有通过该交换机的流量。

（3）基于网络的 IDS 不能分析加密信息。由于组织和攻击者越来越多地使用加密手段进行攻击，这个问题就日益严重。

（4）多数基于网络的 IDS 不报告攻击是否成功，它们只报告是否有攻击发起。在检测到一个攻击后，管理员通常需要手工查看每台受攻击的主机以确定主机是否被入侵。

3．基于应用的入侵检测系统

基于应用的入侵检测系统监控一个应用内发生的事件。通常情况下通过分析应用的日志文件检测攻击。由于可以直接接触应用并获悉重要的域或应用信息，基于应用的 IDS 可能对应用内部的可疑行为更具有洞察力或更细粒度的了解。

基于应用的入侵检测系统的优点如下。

（1）基于应用的 IDS 以极细的粒度监测行为，从而可以通过未授权的行为跟踪到个别用户。

（2）由于基于应用的 IDS 常与可能执行加密操作的应用接触，它们常运行在加密的环境中。

基于应用的入侵检测系统的缺点是：由于基于应用的 IDS 通常作为所监控主机上的一个应用而运行，它们同基于主机的 IDS 相比更易受到攻击而失去作用。

7.3.5　漏洞扫描系统

安全扫描系统与防火墙、入侵检测系统互相配合，能够有效提高网络的安全性。通过对网络的扫描，网络管理员可以了解网络的安全配置和运行的应用服务，及时发现安全漏洞，客观评估网络风险等级。网络管理员可以根据扫描的结果更正网络安全漏洞和系统中的错误配置，在黑客攻击前进行防范。如果说防火墙和网络监控系统是被动的防御手段，那么安全扫描就是一种主动的防范措施，可以有效避免黑客攻击行为，做到防患于未然。

1．网络隐患扫描系统所采用的基本方法

（1）基于单机系统的安全评估系统：这是最早期所采用的一种安全评估软件，使用的是基于单系统的方法。安全检测人员针对每台机器运行评估软件进行独立的检测。

（2）基于客户的安全评估系统：基于客户机的方法中，安全检测人员在一台客户机上执行评估软件。在网络中的其他机器并不执行此程序。

（3）采用网络探视（network probe）方式的安全评估系统：网络探测型的评估软件是在一个客户端执行，它通过网络探测网络和设备的安全漏洞。目前国外很多功能较为完善的系统，如 NAI 的 CyberCops Scanner 等采用了这种方式。网络探测将模拟入侵者所采用的行为，从系统的外围进行扫描试图发现网络的漏洞。

（4）采用管理者/代理（manager/agent）方式的安全评估系统：管理者/代理类型的安全隐患扫描结合了网络探测等技术，为企业级的安全评估提供了一种高效的方法。安全管理员通过一台管理器来控制位于网络中不同地点的多个安全扫描代理（包含安全扫描和探测的代码），以控制和管理大型系统中的安全隐患扫描。这是更先进的一种设计思想。

2．数据库安全漏洞扫描系统所采用的基本方法

在各种操作系统和网络系统中存在的可被他人利用和入侵的安全性漏洞或网络攻击手段可达上千种，并且新的漏洞和攻击手段还在不断增加。因此，需要详细分析和掌握现有的漏洞及攻击手段，研究每一种安全性漏洞或入侵手段的原理、入侵方式以及检测方式等，并对所涉及的各种研究对象按照其内在特征进行分类和系统化，再对每一类的漏洞进行深入研究。通过对各类漏洞的分析，从中提取规律性的特征，作为扫描和分析的依据。

通过对安全性漏洞和入侵手段的分析研究，就可以将上述的研究成果进行归纳总结，形成一个安全漏洞数据库，作为扫描检测的依据。这个数据库应该涵盖所有有关各

种安全性漏洞和入侵手段的信息和知识。

（1）安全性漏洞原理描述、危害程度、所在的系统和环境等信息。

（2）采用的入侵方式、入侵的攻击过程、漏洞的检测方式。

（3）发现漏洞后建议采用的防范措施。

数据库的组织逻辑上可划分为一个检测方法库和一个知识库。知识库中详细记录着各种漏洞和入侵手段的相关知识；方法库中记录各种漏洞的检测方法（漏洞检测代码）。在每个数据库中将根据研究对象的分类来组织划分。安全漏洞数据库的设计应该保持良好的可扩展性和独立性，与系统中扫描引擎独立，可实现平滑升级和更新。

3．安全漏洞扫描引擎

利用漏洞数据库可以实现安全漏洞扫描的扫描器。扫描器的设计遵循的原则是：与安全漏洞数据库相对独立，可对数据库中记录的各种漏洞进行扫描。

（1）支持多种 OS，以代理性试运行于系统中不同探测点，受到管理器的控制。

（2）实现多个扫描过程的调度，保证迅速准确地完成扫描检测，减少资源占用。

（3）有准确、清晰的扫描结果输出，便于分析和后续处理。

4．结果分析和报表生成

扫描工具还应具有结果分析和报告生成的能力。通过分析扫描器所得到的结果发现网络或系统中存在的弱点和漏洞，同时分析程序能够根据这些结果得到对目标网络安全性的整体安全性评价和安全问题的解决方案。这些结果和解决方案将通过分析报告的形式提供给系统管理员。报告中包含的内容如下。

（1）目标网络中存在的安全性弱点的总结。

（2）对目的网络系统的安全性进行详细描述，为用户确保网络安全提供依据。

（3）向用户提供修补这些弱点的建议和可选择的措施。

（4）能就用户系统安全策略的制定提供建议，以最大限度地帮助用户实现信息系统的安全。

报表的生成是通过综合分析扫描结果和相关知识库中的信息进行的。

5．安全扫描工具管理器

扫描工具管理器提供良好的用户界面，实现扫描管理和配置。如果采用分布式扫描设计，扫描器（即扫描引擎）可以作为扫描代理的形式分布于网络中的多个扫描探测点，同时受到管理器的控制和管理。管理员可通过管理器配置特定的安全扫描策略，包括在何时、何地启动哪些类型的扫描等。

在网络安全体系的建设中，网络安全扫描工具的费用低、效果好、见效快，不影响网络的运行，安装运行简单并且相对独立，可以极大地减少安全管理员的手工劳动。同时，作为整个网络安全体系中的一部分，网络安全扫描工具也能够与系统中的其他网络安全工具（如防火墙、入侵检测系统）协同工作，共同保证整个网络的安全和稳定以及安全性策略的统一。

7.3.6 网络流量分析系统

网络流量分析系统提供了用户上网行为分析、异常流量实时监测、历史流量分析报表到流量趋势预警等功能，涵盖了网络流量分析的所有细节，可以通过日报、周报、月报的标准报表、对照报表、趋势分析报表等多种格式报告流量分析结果。

可以根据网络的具体情况定义监控参数（Factor），并可以通过监控参数指定流量的来源和目标以配置监控条件，并可通过 OR、NOT 等逻辑运算组合成复合条件（Filter）。系统将依照使用者设定之监控条件过滤收到的 NetFlow 资料，并将符合监控条件的统计资料存入内建的数据库中。最后，系统便可以从数据库里读取资料做成各种图表（Report）。

7.3.7 带宽管理系统

带宽管理系统可以使广域网或互联网上运行的应用程序提高运行效率。带宽管理系统可以控制网络表现，使之与应用程序的特点、业务运作的要求以及用户的需求相适应，然后，提供验证结果。

带宽管理系统技术原理：带宽管理系统自动根据应用程序的种类、子网、URL 和其他信流特征，将网络信息流分成为不同的类别。带宽管理系统所做的远远超过静态地对端口、IP 地址等作分辨，而是以 OSI 网络模型二至七层的特征为基础对信息进行分类，对如 SAP 和 Oracle 等各种应用程序进行精确定位。

7.3.8 VLAN 虚拟网

VLAN（虚拟网，也称逻辑网）是以交换式网络为基础，把网络上的用户（终端设备）划分为若干个逻辑工作组，每个逻辑工作组就是一个 VLAN。也可以说 VLAN 就是将整个网络在逻辑上划分的一些虚拟工作组。网络管理员可以灵活地划分 VLAN，增加或删除 VLAN 成员。同一 VLAN 中的成员不受物理网段和其所在物理位置的限制，也就是说 VLAN 的划分与用户所处的物理网段无关。当终端设备移动时，无须修改它的 IP 地址。在更改用户所加入的 VLAN 时，也不必重新改变设备的物理连接，VLAN 技术提供了动态组织工作环境的功能。

7.3.9 VPN 系统

一般来说，虚拟专用网（Virtual Private Network，VPN）是指利用公共网络，如公共分组交换网、帧中继网、ISDN 或因特网等的一部分来发送专用信息，形成逻辑上的专用网络。VPN 的目标是在不安全的公共网络上建立一个安全的专用通信网络。VPN 实际上是一种服务，其基本概念如下所述。

（1）采用加密和认证技术，利用公共通信网络设施的一部分来发送专用信息，为相互通信的节点建立起一个相对封闭的、逻辑的专用网络。

（2）通常用于大型组织跨地域的各个机构之间的联网信息交换，或是流动工作人员与总部之间的通信。

（3）只允许特定利益集团内建立对等连接，保证在网络中传输的数据的保密性和安全性。

虚拟专用网可以实现不同网络的组件和资源之间的相互连接。虚拟专用网络能够利用 Internet 或其他公共互联网络的基础设施为用户创建隧道，并提供与专用网络一样的安全和功能保障。

其中虚拟（virtual）的概念是相对传统专用网络的构建方式而言的，对于广域网连接，传统的组网方式是通过远程拨号和专线连接来实现的，而 VPN 是利用服务提供商（ISP 或 NSP）所提供的公共网络来实现远程的广域连接，即网络不是物理上独立存在的网络，而是利用共享的通信基础设施，仿真专用网络的设备。任意两个节点之间的连接并不是传统专网中的端到端的物理链路，而是利用某种公众网的资源动态组成的。IETF 草案中将基于 IP 的 VPN 理解为：“使用 IP 机制仿真出一个专用的广域网”，是通过专用的隧道技术在公共数据网络上仿真一条点到点的专用线路的技术。用户不再需要拥有实际的长途数据线路，而是使用 Internet 公众数据网络的长途数据线路。

专用（private）的含义是用户可以为自己制定一个最符合自己需求的网络，使网内业务独立于网外的业务流，且具有独立的寻址空间和路由空间，而且使得用户获得等同于专用网络的通信体验。

对于企业来说，VPN 提供了安全、可靠的 Internet 访问通道，为企业进一步发展提供了可靠的技术保障。而且 VPN 能提供专用线路类型服务，是方便快捷的企业私有网络。企业甚至可以不必建立自己的广域网维护系统，而将这一繁重的任务交由专业的 ISP 或 NSP 来完成。由于 VPN 的出现，用户可以从以下几方面获益。

1. 实现了网络安全

具有高度的安全性，对于现在的网络是极其重要的。新的服务，如在线银行需要高度的安全性，而 VPN 多种方式增强了网络的智能和安全性。首先，它在隧道的起点，在现有的企业鉴别服务器上，提供对分布用户的鉴别、权限设置等；其次在传输中采用加密技术；另外，VPN 支持安全和加密协议，如 IPSec 协议和 Microsoft 点对点加密（MPPE）协议。在可靠性方面，当公共网络的一部分出现故障时，数据可重新选择路由组成新的逻辑网络，不会受到影响，而传统的专线一旦出现故障则会导致相应的网络瘫痪。

2. 简化网络设计和管理

网络管理者可以使用 VPN 替代租用线路来实现分支机构的连接。这样就可以将对远程链路进行安装、配置和管理的任务减少到最小，仅此一点就可以极大地简化企业广域网的设计。另外，VPN 通过使用 ISP 或 NSP 提供的服务，减少了调制解调器池，简化了所需的接口，同时简化了与远程用户认证、授权和记账相关的设备和处理。

3．降低成本

VPN 可以立即且显著地降低费用。当使用因特网时，实际上只需付短途电话费，却收到了长途通信的效果。因此，借助 ISP 或 NSP 来建立 VPN，就可以节省大量的通信费用，局域网互联费用可降低 20%～40%，而远程接入费用更可减少 60%～80%。此外，VPN 还使企业不必投入大量的人力和物力去安装和维护 WAN 设备和远程访问设备，这些工作都可以交给 ISP 或 NSP。具体的，VPN 使用户可以降低如下一些费用。

（1）通信费用：VPN 可以通过减少长途费或 800 局电话费用来节省移动用户的通信花费。此外，VPN 可以以每条连接的 40%～60% 的成本对租用线路进行控制和管理。对于国际用户来说，这种节约是极为显著的。对于话音数据，节约金额会进一步增加。

（2）主要设备费用：VPN 通过支持拨号访问外部资源，使企业可以减少不断增长的调制解调器费用。另外，它还允许一个单一的 WAN 接口用作多种用途，从分支网络互联、商业伙伴的外联网终端、本地提供高带宽的线路连接到拨号访问服务提供者，原来需要流经不同设备的流量可以统一地流经统一设备，因此，只需要极少的 WAN 接口和设备。由于 VPN 可以完全管理，并且能够从中央网站进行基于策略的控制，因此可以大幅度地减少在安装配置远端网络接口设备方面上的开销。另外，由于 VPN 独立于以前的协议，这就使得远端的接入用户可以继续使用原有的传统设备，保护了用户在现有硬件和软件系统上的投资。

（3）支持维护费用：不需要购置专门的维护设备并费心费力地派专人培训、维护、操作和值班，大量的网管及维护工作均可由服务提供商集中管理而完成。

4．容易扩展，适应性强

如果企业想扩大 VPN 的容量和覆盖范围。企业需做的事情很少，而且能及时实现，企业只需与新的 IPS 签约，建立账户，或者与原有的 ISP 重签合约，扩大服务范围。在远程办公室增加 VPN 能力也很简单，几条命令就可以使 Extranet 路由器拥有 VPN 能力，路由器还能对工作站自动进行配置。

5．可灵活与合作伙伴联网

在过去，企业如果想与合作伙伴联网，双方的信息技术部门就必须协商如何在双方之间建立租用线路或帧中继线路。有了 VPN 之后，这种协商毫无必要，真正达到了要连就连，要断就断。

6．完全控制主动权

借助 VPN，企业可以利用 ISP 的设施和服务，同时又完全掌握着自己网络的控制权。比方说，企业可以把拨号访问交给 ISP 去做，由自己负责用户的查验、访问权、网络地址、安全性和网络变化管理等重要工作。

7. 支持新兴应用

许多专用网对许多新兴应用准备不足，例如，那些要求高带宽的多媒体和协作交互式应用。VPN 则可以支持各种高级的应用，如 IP 语音、IP 传真，还有各种协议，如 IPv6、MPLSSNMPv3 等。

7.4　网络信息安全防护体系应用实例

2001 年～2004 年结合辽宁电力系统信息安全示范工程实施，省公司信息中心组织中国电科院、哈尔滨工业大学、中科院沈阳计算所、北京东华诚信公司、辽宁奥联通公司等，为了及时有效地了解这些系统的运行状况，对整个网络的安全状况作出评估，设计和建设了辽宁电力网络信息安全防护系统。设计根据辽宁电力网络信息安全的实际需要，按照辽宁电力网络信息安全的逻辑层次，构建了从基础网络平台、安全产品到应用系统的信息安全防护系统。全方位地保障电力信息网络的安全。辽宁电力系统网络信息安全防护体系是由防病毒系统、防火墙系统、漏洞扫描、入侵检测和网络流量分析等综合应用系统构成。

7.4.1　部署统一分层管理的防火墙系统

1. 防火墙系统实现的应用功能

在省公司及所属 13 个供电公司统一部署了防火墙系统，形成统一的层次化的防火墙防护体系。将辽宁电力信息网整体划分为外网、行业、基层、住宅区、DMZ 和内网 6 个安全域；在安全域之间采取有效的访问控制措施。在 Internet 出口、服务器集群网段接口处，以及基层的接入处的防火墙，采用双机热备、负载均衡的部署方案。

为了保证防火墙安全策略的一致与完整性，提高安全管理水平，在省公司对所有的防火墙进行集中管理，统一设置、维护安全策略并下发，监督所有防火墙运行状况，查看、统一分析安全日志。落实防火墙管理制度，技术手段和管理手段结合使用，保证企业安全。

辽宁电力有限公司信息网络系统经过广域网接口或拨号与各所属单位连接，为了保证省公司信息网络中信息系统的安全性，对经过省公司信息网络边界的信息流进行限制、监控、审计、保护、认证等方面的要求，需要采用 VPN 和防火墙协作的技术，同时结合其他各种安全技术，搭建出一个严密的业务安全平台。

2. VPN 和防火墙协作主要的特点

（1）关键信息在安全域内传输。确保关键信息只能在受限的安全域内传输，以确保信息不会通过网络泄密。通过制定安全策略，对于特写类型的信息，只允许在指定的安全域内传输，如果信息的发送者试图向安全域之外发送信息，那么发送请求将被拒绝，同时，这种破坏安全策略的行为将会被记录到系统日志中。

（2）完善的认证与授权体系。无论是外网用户还是内网用户，在访问关键的业务资源时，都需要经过严格的身份认证和授权检查。通过 RADIUS 协议，VPN 网关可以与各种认证服务器无缝集成。也可以通过 LDAP 协议，支持公钥证书来认证用户的身份。这种身份的验证不仅仅是验证用户的身份，还包括验证用户的操作权限及保密级别。

（3）严密的信息流向审查及系统行为的监控。对于省公司信息网络系统来说，在保证业务正常进行的前提下，确保信息不失密，同时要监控各类主体（用户、程序）对关键业务信息的存取是至关重要的。VPN 和防火墙协作具有功能强大的审计系统，可以记录关键业务主机之间传递信息的流向，以及对关键业务主机的所有访问（源 IP、用户、时间、访问的服务），确保系统的可审计性和可追查性。在发生违反安全策略的事件时，可采用多种方式实时发出报警。

（4）通过采用公钥验证技术，确保网络连接的真实性和完整性，包括在连接中传输数据的机密性和完整性。

在实际操作中，配置防火墙根据 IP、协议、服务、时间等因素具体实施区域间边界访问控制。

3. 建立网络安全边界

（1）在东北公司、网调和省调接口部署防火墙进行访问控制和审计，建立省网安全边界，保障省网安全。图 7-1 为调整后的省公司信息网络系统上述接口。

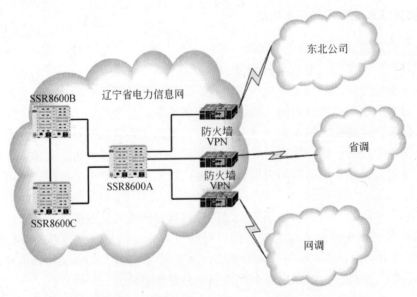

图 7-1　调整后的省公司信息网络与东北公司、网调和省调系统接口图

（2）在拨号接口和内部财务接口部署防火墙进行访问控制和审计，建立省网安全边界，保障省网安全。图 7-2 为调整后的省公司信息网络系统上述接口。

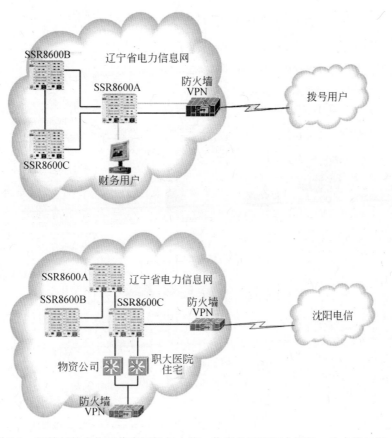

图 7-2　调整后的省公司信息网络与电信、物资公司和职大医院、住宅接口图

（3）在各电业公司和发电厂接口和各地市供电公司当地部署防火墙进行访问控制和审计，建立省网安全边界，保障省网安全。图 7-3 为调整后的省公司信息网络系统上述接口。

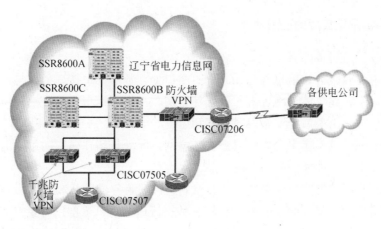

图 7-3　调整后的省公司信息网络与各电业公司和发电厂系统接口图

（4）部署防火墙后辽宁电力信息网络系统，图 7-4 为部署防火墙后的辽宁省电力有限公司电力信息网网络拓扑图。

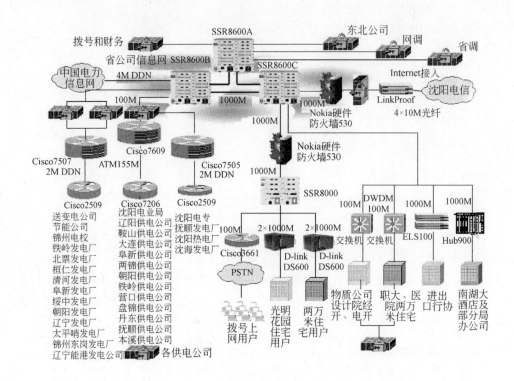

图 7-4　部署防火墙后的辽宁省电力有限公司电力信息网网络拓扑图

7.4.2　部署统一分层管理的防病毒系统

1. 防病毒系统实现的应用功能

（1）网关型防病毒部署

在辽宁电力有限公司信息网与 Internet 出口处、基层单位接口处，与国家电力公司企业网以及辽宁省党政信息网等出入口处部署网关型的防病毒产品，这样可以在辽宁电力有限公司信息网出入口处实施内容检查和过滤，可以防止病毒通过 SMTP、HTTP、FTP等方式从 Internet 进入辽宁电力有限公司信息网。此处是堵住病毒的第一道关口，应部署采用先进技术、高性能的防病毒的产品。

在具体配置网关型防病毒系统，涉及路由、代理服务器以及 SMTP 服务器等相关配置的变化和是用户端配置的修改。对 SMTP 数据流进行查、杀毒，需要将其安装在防火墙的后面，在邮件服务器的前面。在扫描完病毒后，SMTP 网关型防病毒服务器把所有的邮件路由到原始的邮件服务器上，然后传递给邮件用户。对网络性能影响较小。

（2）服务器型防病毒部署

辽宁电力有限公司内部有大量重要数据和应用，都存在信息中心中央的数据库服务器以及相应的应用服务器中。如果它们遭受病毒袭击，以至不能恢复，对辽宁电力有限公司会造成业务中断和重大损失。对中央数据库服务器、邮件服务器、WWW 应用服务器以及部门服务器等重要服务器配置服务器型防病毒产品，以免当网关级防病毒产品失效时，进一步保护服务器免受病毒困扰。

针对辽宁电力有限公司内的邮件服务器系统，部署相应的邮件服务器防病毒产品。

辽宁电力有限公司内部有多种平台的服务器系统，如 Windows NT、UNIX、Solaris 等，可针对不同平台的服务器部署相应的服务器型防病毒产品。

（3）桌面型防病毒部署

对一般桌面机，包括机关大楼的 PC 和住宅区的 PC，配置桌面型防病毒产品，实现对系统、磁盘、可移动磁盘、光盘以及调制解调器连接所收发文件的病毒防护。

桌面机防病毒系统采用 C/S 模式，服务端防病毒系统将自动检测各桌面机上防病毒软件的安装情况，服务端将自动分发并远程安装、更新各工作站病毒防护系统，并对所有桌面机的防病毒工作进行集中管理和控制，可使全网的防病毒工作更加简单和易于管理。同时用户也可以主动安装，通过共享目录、安装 CD 或基于 Web 的方式安装。在信息安全中心部署一台服务器，安装相应的防病毒软件，负责对全省局范围内桌面机的远程安装、更新升级等。

2. 统一防病毒策略和分布式管理防病毒系统

（1）统一防病毒策略和分布式管理

根据辽宁电力有限公司（包括基层单位）纵向、层次的网络结构，在整个网络防病毒管理方面，采取统一、分布式的管理方式。即在整个辽宁电力有限公司内采用统一防病毒策略和分布式管理的方式。在这种管理模式下，整个辽宁电力有限公司（包括基层）制定并采用统一的防病毒策略和防病毒管理制度，通常情况下，省局、基层单位按照统一的病毒防治策略各自管理自己的局域网内的防病毒产品，但省局可以在需要的时候对基层单位进行管理和监督，确保统一的防病毒软件和策略在整个网络中的贯彻和实施。

其中对防病毒产品的统一管理还包括防病毒软件的安装、维护、病毒定义码和扫描引擎的更新升级、报警的集中管理、定时调度、隔离、实时扫描和监控等。其中对某些安全策略和配置设置、病毒码和扫描引擎的更新，采用强制执行的政策，以免由于个别员工安全意识薄弱，而降低企业的整体防病毒能力。

不同产品的实现形式不一样，例如对 symantec 防病毒产品，省局防毒控制系统是 SSC 兼主一级服务器，基层单位防毒控制系统是 SSC 兼一级服务器，而防毒产品包括基于服务器和客户机的各个层次上的防病毒产品（其中网关处和邮件服务器防病毒产品是通过 Web 方式或专用的控制台进行管理的）；其中省局的主一级服务器可管理省局的防病毒产品，同时管理基层单位的一级服务器。

（2）对防病毒产品及时、自动更新

对防病毒产品进行及时、自动更新，可以及时查除新近出现的各种病毒，保护辽宁电力有限公司信息网免受病毒侵害。其中对防病毒产品的更新主要是对网络病毒定义码和扫描引擎的更新升级。目前主要有如下更新升级方式。

① 所有防病毒产品到防病毒厂商网站处更新病毒定义码和扫描引擎。

② 省局和基层单位的管理控制系统各自分别到防病毒厂商处更新病毒定义码和扫描引擎，然后由省局和各基层单位的管理控制系统分别负责本单位内病毒定义码和扫描引擎的更新。

③ 由省局统一进行病毒定义码和扫描引擎的更新、升级。也就是说，由省局的防毒管理控制系统自动到厂商的防病毒网站上更新最新的病毒定义码和扫描引擎，而其他防病毒产品的更新则靠管理控制系统自动下推/或上拉更新的病毒定义码和扫描引擎来完成，形成一种树状的结构。

④ 为避免重复下载相同的病毒定义码和扫描引擎，节省广域网网络带宽，确保辽宁电力有限公司任何时刻都具有最强的防病毒能力，同时确保辽宁电力有限公司和其基层单位保持管理的相对独立性，可将病毒定义码和扫描引擎的更新升级方式结合使用。

⑤ 不同厂商的防病毒产品的实现方式存在差异，本方案中将结合 symantec 公司的防病毒产品介绍病毒码和扫描引擎的更新升级方式。

⑥ 在省局、各基层单位局域网内部，分别建立内部病毒定义码和扫描引擎升级服务器——LiveUpdate Server，由这台升级服务器到上一级或赛门铁克网站自动更新最新的病毒定义码和扫描引擎，局域网内部所有服务器和客户端防病毒产品（包括网关防病毒产品）都到这台 LiveUpdate 服务器上更新升级最新的病毒定义码和扫描引擎；可以通过省局的 LiveUpdate Server 进行更新，也可以直接通过互联网到 symantec 网站上进行更新，如图 7-5 所示。

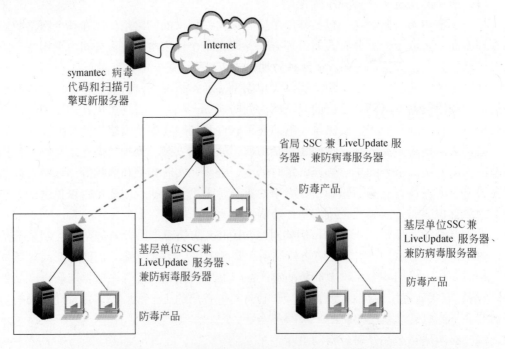

图 7-5　统一部署防病毒策略和分布式管理防病毒系统

（3）定义统一防病毒安全规则

定义适合辽宁电力有限公司的防病毒安全规则，可以提高整个企业对病毒的抵抗能力。此处涉及的安全规则主要是和防病毒管理人员相关的，其中主要包括如下内容。

① 打开时自动防护功能。

② 设定病毒定义码和扫描引擎自动更新。

③ 每周定时对所有系统进行一次全面杀毒（包括关键业务服务器）。

④ 设定提供详尽病毒活动记录，方便追踪病源。

⑤ 设置报警方式。当发现病毒时，在本机上显示消息，同时通过适当方式通知管理员，以便管理员迅速采取应对措施。

⑥ 为保证重要数据不丢失，设置侦测到病毒时的处理动作为转移至特定目录，然后根据情况进行杀毒，删除等处理。

⑦ 遇到传染性特强的病毒时，主动和防病毒厂商联系，寻求解决方案等。

⑧ 锁定某些策略配置，如对关键服务器，只能从管理控制系统进行配置修改。

（4）落实对应的管理制度和策略

落实对应的管理制度和策略，使防病毒系统发挥其应有的作用。落实病毒防治管理制度和策略是和辽宁电力有限公司内的全体员工息息相关的，需要在相关管理部门的督促下，加强对防毒系统的管理，使其发挥最大功效，同时对全体员工进行病毒危害和病毒防治的重要性相关教育、培训，提高员工安全意识，使广大员工自觉执行、落实各项规章制度，才能最大程度上确保企业免受病毒困扰。

在辽宁电力信息网内统一部署了防病毒系统，制定并采用统一的防病毒策略和防病毒管理制度，省公司设一级防病毒服务器，基层单位及其二级单位设二、三级防病毒服务器，由省公司负责病毒定义码的更新。

落实《辽宁电力有限公司病毒防治管理制度》的各项规定。针对辽宁电力有限公司信息系统的网络拓扑图及其实际需求，防病毒方案如图 7-6 所示。

7.4.3　部署统一分层管理的入侵检测系统

在省公司系统中统一部署了入侵检测系统（IDS）、漏洞扫描系统和主机加固系统。可以发现网络中的可疑行为或恶意攻击，及时报警和响应。可对网络和主机进行定期的扫描，及时发现信息系统中存在的漏洞，采取补救措施，增加系统安全性。通过建立信息安全防护体系，有效地保证了省公司信息网络和应用的安全。

1. 入侵检测系统实现的应用功能

（1）入侵检测系统（IDS）整体功能

① 检测来自数千种蠕虫、病毒、木马和黑客的威胁。

② 检测来自拒绝服务攻击的威胁。

③ 检测您的网络因为各种 IMS（实时消息系统）、网络在线游戏导致的企业资源滥用。

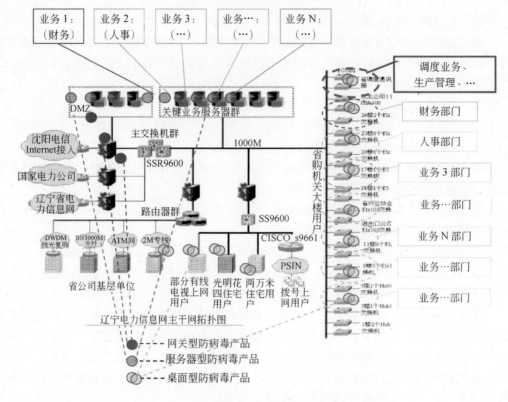

图 7-6　辽宁电力信息主干网络防病毒部署拓扑图

④ 检测 P2P 应用可能导致的企业重要机密信息泄露和可能引发与版权相关的法律问题。

⑤ 保障您的电子商务或电子政务系统 24×7 不间断运行。

⑥ 提高企业整体的网络安全水平。

⑦ 降低企业整体的安全费用以及对于网络安全领域人才的需求。

⑧ 迅速定位网络故障，提高网络稳定运行时间。

（2）入侵检测分析过程

从总体来说，入侵检测系统可以分为两个部分：收集系统和非系统中的信息然后对收集到的数据进行分析，并采取相应措施。

第一部分：信息收集

信息收集包括收集系统、网络、数据及用户活动的状态和行为。而且，需要在计算机网络系统中的若干不同关键点（不同网段和不同主机）收集信息，这除了尽可能扩大检测范围的因素外，还有一个就是对来自不同源的信息进行特征分析之后比较得出问题所在的因素。

第二部分：信号分析

对收集到的有关系统、网络、数据及用户活动的状态和行为等信息，一般通过 3 种技术手段进行分析：模式匹配、统计分析和完整性分析。其中前两种方法用于实时的入侵检测，而完整性分析则用于事后分析。

① 模式匹配就是将收集到的信息与已知的网络入侵和系统已有模式数据库进行比较，从而发现违背安全策略的行为。该过程可以很简单（如通过字符串匹配以寻找一个简单的条目或指令），也可以很复杂（如利用正规的数学表达式来表示安全状态的变化）。一般来讲，一种进攻模式可以用一个过程（如执行一条指令）或一个输出（如获得权限）来表示。该方法的一大优点是只需收集相关的数据集合，显著减少系统负担，且技术已相当成熟。它与病毒防火墙采用的方法一样，检测准确率和效率都相当高。但是，该方法存在的弱点是需要不断的升级以对付不断出现的黑客攻击手法，不能检测到从未出现过的黑客攻击手段。

② 统计分析方法首先给系统对象（如用户、文件、目录和设备等）创建一个统计描述，统计正常使用时的一些测量属性（如访问次数、操作失败次数和延时等）。在比较这一点上与模式匹配有些相像之处。测量属性的平均值将被用来与网络、系统的行为进行比较，任何观察值在正常值范围之外时，就认为有入侵发生。例如，本来都默认用 GUEST 账号登录的，突然用 ADMINI 账号登录。这样做的优点是可检测到未知的入侵和更为复杂的入侵，缺点是误报、漏报率高，且不适应用户正常行为的突然改变。具体的统计分析方法如基于专家系统的、基于模型推理的和基于神经网络的分析方法，目前正处于研究热点和迅速发展之中。

③ 完整性分析主要关注某个文件或对象是否被更改，这经常包括文件和目录的内容及属性，它在发现被更改的、被特洛伊化的应用程序方面特别有效。完整性分析利用强有力的加密机制，称为消息摘要函数（例如 MD5），它能识别哪怕是微小的变化。其优点是不管模式匹配方法和统计分析方法能否发现入侵，只要是成功的攻击导致了文件或其他对象的任何改变，它都能够发现。缺点是一般以批处理方式实现，用于事后分析而不用于实时响应。尽管如此，完整性检测方法还应该是网络安全产品的必要手段之一。例如，可以在每一天的某个特定时间内开启完整性分析模块，对网络系统进行全面的扫描检查。

2. 入侵检测系统（IDS）在辽宁电力信息网的实际应用

按照"二级部署，二级监控，一级管理中心"的部署内容，在辽宁省电力有限公司及各地市供电公司部署绿盟科技入侵检测设备，从而实现入侵检测系统"引擎分布、监控集中、管理统一"的功能要求，达到增强辽宁电力信息网安全防护能力的设计目标。

辽宁省电力有限公司：部署绿盟科技千兆入侵检测设备 NIDS1600，负责对本地局域网和所辖范围进行区域管理，包括与各局通信口、家属区通信口和 Internet 出口，全部部署工作完成后，实现省公司入侵检测设备的统一管理及监控

地市各供电公司：部署绿盟科技百兆入侵检测设备 NIDS 200，负责对本地局域网的安全监控管理，包括与省公司通信口、重要服务器区或 VLAN、本地的 Internet 出口。

在省公司建立入侵检测系统并部署一台绿盟科技千兆入侵检测引擎 NIDS1600。入侵检测系统设备安装在系统网管机房，负责本省范围内入侵检测系统的安全监控管理，实现全网统一的策略定制、报警等管理功能。省公司局域网入侵检测系统部署情况如图

7-7 所示。

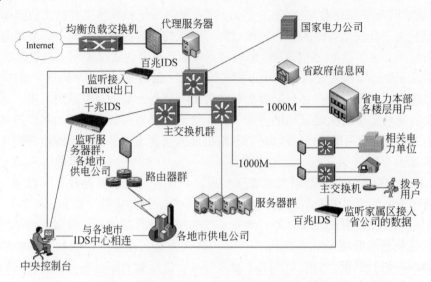

图 7-7　省公司局域网入侵检测系统部署结构图

在地市公司建立本地入侵检测系统并部署一台绿盟科技入侵检测引擎 NIDS 200。地市公司入侵检测系统在省公司入侵检测系统的管理下，实现对本地入侵检测系统的管理以及本地策略定制、报警信息上传等功能。地市分公司入侵检测系统部署结构图如图 7-8 所示。

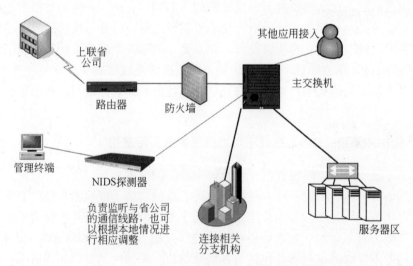

图 7-8　地市分公司入侵检测系统部署结构图

7.4.4　集中部署管理的漏洞扫描系统

安全扫描技术与防火墙、入侵检测系统互相配合，能够有效提高网络的安全性。通过对网络的扫描，网络管理员可以了解网络的安全配置和运行的应用服务，及时发现安全漏洞，客观评估网络风险等级。

1. 漏洞扫描系统整体应用功能

端口扫描技术和漏洞扫描技术是网络安全扫描技术中的两种核心技术，并且广泛运用于当前较成熟的网络扫描器中。

（1）端口扫描向目标主机的 TCP/IP 服务端口发送探测数据包，并记录目标主机的响应。通过分析响应来判断服务端口是打开还是关闭，就可以得知端口提供的服务或信息。端口扫描也可以通过捕获本地主机或服务器的流入/流出 IP 数据包来监视本地主机的运行情况，它仅能对接收到的数据进行分析，帮助我们发现目标主机的某些内在的弱点，而不会提供进入一个系统的详细步骤。

（2）漏洞扫描主要通过以下两种方法来检查目标主机是否存在漏洞：在端口扫描后得知目标主机开启的端口以及端口上的网络服务，将这些相关信息与网络漏洞扫描系统提供的漏洞库进行匹配，查看是否有满足匹配条件的漏洞存在；通过模拟黑客的攻击手法，对目标主机系统进行攻击性的安全漏洞扫描，如测试弱势口令等。若模拟攻击成功，则表明目标主机系统存在安全漏洞。

能够检测超过 1600 条以上经过安全专家审定的重要安全漏洞，涵盖各种主流操作系统（Windows、UNIX 等）、设备（路由器、防火墙等）和应用服务（FTP、WWW、Telnet、SMTP 等）。

2. 漏洞扫描系统实际应用

辽宁省电力有限公司漏洞扫描系统采用的是绿盟科技的极光远程安全评估系统 AURORA-200，部署图如图 7-9 所示。

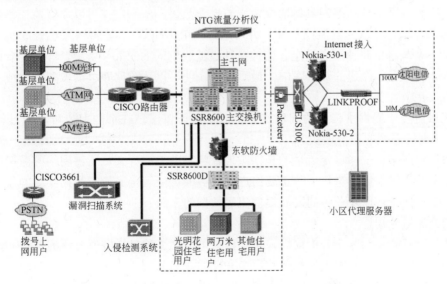

图 7-9　辽宁电力信息主干网络漏洞扫描部署结构图

通过漏洞扫描系统（极光远程安全评估系统 AURORA-200），能过对辽宁省公司及其基层单位的网络和主机检测超过 1400 条以上经过安全专家审定的重要安全漏洞，涵盖各种主流操作系统（Windows、UNIX 等）、设备（路由器、防火墙等）和应用服务（FTP、WWW、Telnet、SMTP 等）。

7.4.5　集中部署统一管理的网络流量分析系统（NTG）

GenieNTG 流量分析仪提供了用户上网行为分析、异常流量实时监测、历史流量分析报表到流量趋势预警等功能，涵盖了网络流量分析的所有细节，可以通过日报、周报、月报的标准报表、对照报表、趋势分析报表等多种格式报告流量分析结果。

1. 网络流量分析系统（NTG）技术原理

NTG 是台湾威睿科技股份有限公司的一款硬件产品，它的主要功能是利用接收到的 NetFlow/sFlow 流量数据进行流量数据分析。

NetFlow 是一种数据交换方式，其工作原理是：NetFlow 利用标准的交换模式处理数据流的第一个 IP 包数据，生成 NetFlow 缓存，随后同样的数据基于缓存信息在同一个数据流中进行传输，不再匹配相关的访问控制等策略，NetFlow 缓存同时包含了随后数据流的统计信息。

一个 NetFlow 流定义为在一个源 IP 地址和目的 IP 地址间传输的单向数据包流，且所有数据包具有共同的传输层源、目的端口号。

2. 网络流量分析系统（NTG）整体功能

（1）流量监控

使用者可以根据网络的具体情况定义监控参数（Factor），并可以通过监控参数指定流量的来源和目标以配置监控条件，并可通过 OR、NOT 等逻辑运算组合成复合条件（Filter）。系统将依照使用者设定之监控条件过滤收到的 NetFlow 资料，并将符合监控条件的统计资料存入内建的数据库中。最后，系统便可以从数据库里读取资料做成各种图表（Report）。

流量监控还提供了二级的阈值告警机制，既可以呈现在页面上也可以通过 SNMP trap 送至网管系统的告警模块。

通过对网络中一些特定流量的长期监控，将有助于网管人员了解网络的流量模型，形成流量的基线数据。进行一些重要用户、业务或可能病毒流量的长期实时的监测，将会对网络的优化，以及业务的发展提供流量数据的来源。

（2）流量分析

产品可开启 4 到 8 个分析窗口，每一窗口可按照 3 种分析模型对新的 NetFlow 数据或保存在 GenieNTG 中的历史数据进行 TOPN 的排名分析。

分析结果可依据流量率、应用类型、分组率、联机率进行排序，自动生成长条图和表格，并可输出成 CSV 文件以便汇总运算，结果的图形数据可以输出成 PDF 文件。

产品内建一套数据库提供历史记录（History Record）的储存，当使用者停止数据分析的时候，系统会将所有排序资料新建文件以便储存，文件名则为开启此监控窗口时所设定的名称并附注时间。此外，系统具有目录管理功能，方便使用者查询历史记录。

通过定期地对网络中一些重要流量进行排名的分析，将帮助使用者了解所辖网络中的流入流向信息，以及应用协议的分布状况，有助于使用者建立自己网络的流量模型，最终为网络的运维、建设、优化和决策支持提供服务。

（3）实时分析

实时分析能清楚而立即地呈现被设定之网络范围内瞬间的流量状况并做成 TOP N 报表。用户可依据流量来源和目标的"AS 号"、"IP 区段"、"主机"、"应用端口"、"网口"等列表或监控参数配置监控范围。

对监控范围内的流量，用户可依据来源或目标的"AS 号"、"IP 区段"、"应用端口"、"网口"实时计算流量分布，分析结果可依据流量率、分组率或联机率进行实时的排序分析。

通过对网络内实时数据的排名分析，有助于使用者及时地发现网络中异常流量（DDoS，蠕虫病毒等）的源和目的，以及流量的特性，为及时地处理故障提供依据。

3．网络流量分析系统（NTG）实际应用

辽宁省电力有限公司部署了一台 GenieNTG 流量分析仪，NTG 流量分析仪对整个网络进行流量监控、流量分析、实时分析，提供了用户上网行为分析、异常流量实时监测、历史流量分析报表到流量趋势预警等功能，涵盖了网络流量分析的所有细节，可以通过日报、周报、月报的标准报表、对照报表、趋势分析报表等多种格式报告流量分析结果。

7.4.6　部署 PacketShaper 带宽管理系统

不可预测的应用程序性能会影响商务运作。大的电子邮件、对等下载和网络浏览都会使 Oracle 或 SAP 这样担负着重要任务的应用程序陷入瘫痪。Packereer 公司的 PacketShaper 带宽管理系统为这些问题的解决提供方案。PacketShaper 是一种带宽管理解决方案，它可以使广域网或互联网上运行的应用程序提高运行效率。PacketShaper 可以控制网络表现，使之与应用程序的特点、业务运作的要求以及用户的需求相适应，然后，提供验证结果。

1．PacketShaper 技术原理

PacketShaper 自动根据应用程序的种类、子网、URL 和其他信流特征，将网络信息流分成为不同的类别。PacketShaper 所作的远远超过静态地对端口、IP 地址等作分辨，而是以 OSI 网络模型二至七层的特征为基础对信息进行分类，对如 SAP 和 Oracle 等各种应用程序进行精确定位。

2. PacketShaper 整体功能

PacketShaper 的多种型号能够在各种不同网络环境中实现基于应用程序的带宽管理。

（1）带宽设定：最小保证值和最大允许值。

（2）精确选择传输速率、相对优先权及绝对优先权。

（3）可以针对每个应用程序、用户、用户组别或以上组合来设定带宽。

（4）可针对某类对话/信息流的总和或对单个对话/信息流设定带宽。

（5）设有对数据包的 Diffserv 标记的功能，以向广域网发送 QoS 信号。

（6）TCP 速率控制。

辽宁省电力有限公司在 Internet 出口上部署了一台 PacketShaper 6500，实现基于应用程序的带宽管理，保证用户对 Internet 的访问。

第 8 章　网络信息身份认证与
授权管理系统及应用

网络信息身份认证与授权管理是系统应用层安全的核心问题之一，PKI 采用电子证书的形式管理公钥，通过 CA 把用户的公钥和用户的其他标识信息（如名称、身份证号码、E-mail 地址等）捆绑在一起，实现用户身份的验证；PMI 通过对主体访问权限的设置和维护，来阻止对计算机系统和资源的非授权访问，确保只有适当的人员才能获得适当的服务和数据。

本章介绍 PKI-CA/PMI 基本概念及工作原理，系统结构及系统技术特点，论述 PKI-CA/PMI 在网络安全中的作用、PKI 与 PMI 主要区别和联系及基于 PKI-CA/PMI 的应用系统升级改造实施方法。同时，介绍辽宁电力组织实施 PKI-CA/PMI 身份认证与授权管理系统建设与应用情况。

8.1　信息网络 PKI-CA 身份认证系统

本节介绍 PKI-CA 基本概念及工作原理，系统结构及系统技术特点，论述 PKI 在网络安全中的作用和基于证书的应用系统升级改造实施情况。

8.1.1　PKI-CA 基本概念

PKI 是 Public Key Infrastructure 的缩写，提供公钥加密和数字签名服务的综合系统，通常译为公钥基础设施。PKI 是使用公钥（公开密钥）理论和技术建立的提供安全认证服务的基础设施。按照 X.509 标准中定义，"是一个包括硬件、软件、人员、策略和规程的集合，用来实现基于公钥密码体制的密钥和证书的产生、管理、存储、分发和撤销等功能。" 应用 PKI 的目的是管理密钥并通过公钥算法实现用户身份验证。

CA（Certificate Authority）是数字证书认证中心的简称，是指发放、管理、废除数字证书的机构。CA 的作用是检查证书持有者身份的合法性，并签发证书（在证书上签字），以防证书被伪造或篡改，以及对证书和密钥进行管理。

PKI 从技术上解决了网络通信安全的种种障碍。CA 从运营、管理、规范、法律、人员等多个角度解决了网络信任问题。由此，人们统称为 "PKI-CA"。从总体构架来看，PKI-CA 主要由最终用户、认证中心和注册机构组成。

PKI 体系结构采用电子证书的形式管理公钥，通过 CA 把用户的公钥和用户的其他标识信息（如名称、身份证号码、E-mail 地址等）捆绑在一起，实现用户身份的验证；将公钥密码和对称密码结合起来，通过网络和计算机技术实现密钥的自动管理，保证机密数据的保密性和完整性；通过采用 PKI 体系管理密钥和证书，可以建立一个安全的网络环境，并成功地为安全相关的活动实现 4 个主要安全功能。

（1）身份认证：保证在信息的共享和交换过程中，参与者的真实身份。

（2）信息的保密性：保证信息的交换过程中，其内容不能够被非授权者阅读。

（3）信息的完整性：保证信息的交换过程中，其内容不能够被修改。

（4）信息的不可否认性：信息的发出者无法否认信息是自己所发出的。

8.1.2　PKI-CA 系统工作原理

PKI-CA 电子证书认证系统通过挂接密钥管理中心（KMC）来管理用户的解密密钥，从而提高了用户解密密钥的安全性和可恢复性。通过支持证书模板，提高了签发各种类型证书的灵活性。

PKI-CA 电子证书认证系统支持可用密钥的选择和虚拟 CA，用户可以在一套系统中采用不同的密钥来签发不同类型的证书。PKI-CA 电子证书认证系统具有为用户签发双证书的功能，可以很方便地同其他 CA 建立交叉认证。在证书的审核方面，PKI-CA 电子证书认证系统支持多级审核，用户可以建立多级审核机构来完成对申请的审核。此外 PKI-CA 还支持在线证书状态查询，支持多种加密设备和多种数据库平台。

PKI-CA 电子证书认证系统是用于数字证书的申请、审核、签发、注销、更新、查询的综合管理系统。PKI-CA 应用国际先进技术，拥有高强度的加密算法，高可靠性的安全机制及完善的管理及配置策略。提供自动的密钥和证书管理服务。

8.1.3　PKI-CA 系统结构

PKI-CA 由签发系统、注册系统、证书发布系统、密钥管理中心、在线证书状态查询系统 5 个部分组成。PKI-CA 的系统结构如图 8-1 所示。

1. 签发系统

（1）签发服务器：签发系统的核心。负责签发和管理证书 CRL，并负责管理 CA 的签字密钥以及一般用户的加密密钥对。

（2）系统管理终端：签发服务器的客户端。以界面的方式向签发服务器发送系统配置和系统管理请求，完成签发系统的配置管理功能。

（3）业务管理终端：签发服务器的客户端。以界面的方式向签发服务器发送系统配置和业务管理请求，完成签发系统的配置和业务管理功能。

（4）审计终端：签发服务器的客户端，可配置。以界面的方式向签发服务器发送日志查询和日志统计请求，以便对签发系统的日志进行审计。

（5）配置向导：生成签发服务器运行所必需的配置文件。

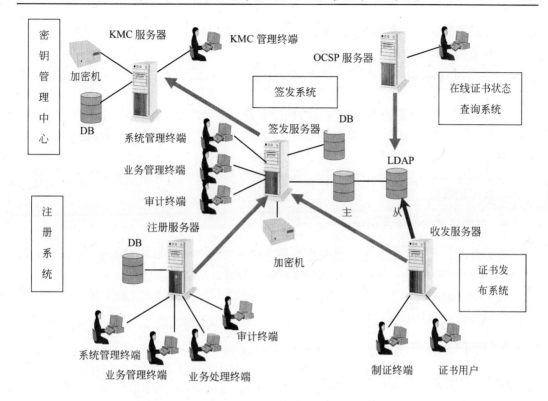

图 8-1　PKI-CA 系统结构图

2. 注册系统

（1）注册服务器：是注册系统的核心部分。负责审核用户，用户申请信息的录入，接收签发服务器的返回信息并通知用户。

（2）RA 系统管理终端：注册服务器的客户端。以界面的方式向注册服务器发送系统配置和系统管理请求，完成注册系统的配置管理功能。

（3）RA 业务管理终端：注册服务器的客户端。以界面的方式向注册服务器发送系统配置和业务管理请求，完成注册系统的配置和业务管理功能。

（4）RA 业务处理终端：注册服务器的客户端。主要负责处理日常证书业务，可面对面地处理用户的证书申请、注销、恢复、更新以及证书授权码发放等证书业务。

（5）RA 审计终端：注册服务器的客户端，可配置。以界面的方式向注册服务器发送日志查询和日志统计请求，以便对注册系统的日志进行审计。

（6）注册服务器配置向导：生成注册服务器运行所必需的配置文件。

3. 密钥管理中心

（1）密钥管理中心服务器：是密钥管理中心的核心部分。为签发系统的签发服务器提供密钥管理服务；为密钥管理中心管理终端提供系统配置和管理服务。

（2）密钥管理中心管理终端：密钥管理中心服务器的客户端。以界面的方式实现 KMC

服务器的系统配置、管理和审计功能。

（3）密钥管理中心提供的对外接口。

4．证书发布系统

（1）收发服务器：是证书发布系统的核心部分。以 Web 方式（B-S 模式），与 Internet 用户交互，用于处理在线证书业务，方便用户对证书进行申请、下载、查询、注销、恢复等操作。

（2）制证终端：收发服务器的客户端。向收发服务器发送请求，用于为客户发放证书，以及密钥恢复。

5．在线证书状态查询系统

（1）在线证书查询服务器：是向外提供在线证书状态查询的服务系统。通过访问服务器用户可以实时查询与访问服务器相绑定的 CA 颁发的证书的状态。

（2）OCSPAPI：本接口是在 PKI-CA 在线证书协议需求基础之上建立的，为用户提供一个广泛的、独立的接口。

6．PKI-CA 软件结构

PKI-CA 系统软件结构图如图 8-2 所示。

图 8-2　PKI-CA 系统软件结构图

8.1.4　PKI-CA 系统技术特点

PKI-CA 系统是灵活的、易用的、可扩展的、可互操作的认证系统软件，它提供强大的安全特征和多重策略支持，使用户建立的 PKI 安全体系能支持大量的应用。

体系结构的设计保证了用户能按照适合其组织的方式建设 PKI 安全体系。CA 作为构建安全体系的基石，它能使用户已建立的 PKI 安全体系不断满足日渐变化的需求，如支持新应用、增加用户、与合作伙伴进行互操作、改变自己的基础设施等。

1．完全基于 PKI 标准

PKI 即"公开密钥体系"，是一种遵循既定标准的密钥管理平台，它是为所有网络应用提供加密和数字签名等密码服务的一种密钥和证书管理体系，简单来说，PKI 就是利用公钥理论和技术建立的提供安全服务的基础设施。PKI 技术是信息安全技术的核心，也是电子商务、电子政务的关键和基础技术。

PKI 的价值在于使用户能够方便地使用加密、数字签名等安全服务。CA 是证书的签发机构，它是 PKI 的核心。

2．功能完备

（1）基本证书业务。

（2）支持多级 CA。

（3）支持虚拟 CA*。

（4）支持证书模板*。

（5）支持双证书*。

（6）支持汉字证书*。

（7）支持交叉认证。

（8）支持密钥管理中心（KMC）*。

（9）支持 OCSP（在线证书状态查询）*。

3．安全性

（1）通信安全：采用 SPKM 安全通信协议。

（2）数据安全：数据库、配置文件加密；提供集中的数据校验、备份及恢复的手段。

（3）人员安全：主用户采用 M of N 验证机制；管理员采用双证书进行身份验证。

（4）主机安全：分布式权限管理，管理员间权限分离，某一管理员只管理某一部分功能并受其他管理员监督；可接受主机列表控制。

（5）完善的审计手段：系统提供对每一步操作及运行状态的记录和查询手段。

（6）提供安全的证书归档及备份功能。

4．兼容性

（1）支持多种操作系统：Windows、UNIX。

（2）支持多种加密设备：软加密库、加密机等。

（3）支持多种数据库：Oracle、SQL Server。

（4）支持多种证书存储介质：IC 卡、文件、USB 设备。

5．灵活性

（1）灵活的证书登记和授权码发送方法：Web、面对面登记，E-mail 和打印方法发放授权码。

（2）灵活的加密算法：RSA、DSA、DES、3-DES、CAST5、IDEA 等。

（3）灵活的系统配置。

（4）KMC 具有可配置性。

（5）目录服务器具有可配置性。

（6）OCSP 具有可配置性。

（7）注册系统具有可配置性。

（8）灵活的证书种类：个人证书、企业证书、站点证书、代码签名证书。

6．互操作性

PKI-CA 在设计和开发过程中完全遵循国际开放标准，所选择的加密模块也符合开放标准。因此它能够很方便地与第三方产品进行集成、与其他系统互操作。

7．可扩展性

作为建立信用的支撑平台，PKI 系统必须具有可扩展功能，随组织的发展而发展，同时，能够满足不断呈现的各类需求，实现与各类应用系统的整合和扩展。PKI-CA 在设计时充分考虑了以上现实情况。

（1）模块化设计，可替换、可重组的系统构架，支持与其他应用系统互操作。

（2）分布式、可拆装的系统模块。

（3）所有系统中只有核心服务器承担着真正的运行与管理任务，其他模块可随组织的发展需要逐步挂接到系统中。

（4）通过提供 API 接口的手段为用户提供二次开发能力。

（5）支持虚拟 CA：PKI-CA 在设计的初期就考虑到了虚拟 CA 及以后的扩展功能，将虚拟 CA 集成到本系统中。JIT CA 的用户可以直接享受到虚拟 CA 带来的好处。

（6）支持多级 CA 及交叉认证：组织可根据需要建立无限制多级的 CA，并通过交叉认证与外界建立广泛的联系。

（7）支持多级 RA 及多级审核。

（8）系统支持多级 RA，组织可根据自身的特性建立不同的 RA 级别。

（9）支持不同的审核路线及策略。

8.1.5　PKI-CA 系统主要功能

1．签发系统是 PKI-CA 的核心部分，负责证书和 CRL 的签发和管理

签发服务器：是电子证书认证系统中核心的核心，拥有最高的安全级别，负责所有证书的签发和注销，具有下列功能。

（1）签发证书及 CRL 主用户的管理

① CA 自身根钥的管理。

② 首席安全官员的管理。

③ 日志功能。

④ 数据库管理。

⑤ 目录服务管理。

⑥ 自身的配置和管理。

（2）系统管理终端

签发服务器的客户端。以界面的方式向签发服务器发送系统配置和系统管理请求，完成签发系统的配置管理功能。

① 签发服务器端服务的启动和停止。

② 签发服务器系统配置。

③ 高安全级别的系统管理任务。

④ 虚拟 CA 管理。

⑤ 数据库管理。

⑥ 本地的基本配置。

⑦ 本地日志管理。

⑧ 主用户身份验证。

（3）业务管理终端

签发服务器的客户端。以界面的方式向签发服务器发送系统配置和业务管理请求，完成签发系统的配置和业务管理功能。

① CA 配置管理。

② 权限管理。

③ 证书模板管理。

④ 证书管理。

⑤ 本地日志管理。

（4）系统审计终端

签发服务器的客户端，可配置。以界面的方式向签发服务器发送日志查询和日志统计请求，以便对签发系统的日志进行审计。

负责对签发系统的操作历史和现状进行及时监查和审计。

① 系统菜单。

② 日志菜单。

③ 配置。

④ 切换。

⑤ 安全。

⑥ 窗口。

⑦ 签发系统密钥管理。

⑧ CA 证书密钥。

⑨ SPKM 证书密钥。

⑩ 管理员证书密钥。

⑪ 用户证书密钥。

⑫ 数据库加密密钥。

⑬ 主密钥。

2. 注册系统：RA 注册服务器的主要功能

（1）证书申请。

（2）证书注销。

（3）注销证书恢复。

（4）证书更新。

（5）证书模板。

（6）权限管理。

（7）安全通信。

（8）注册服务器采用 SPKM 协议和客户端及上级进行通信。

（9）导出安全通信证书的申请书。

（10）导入安全通信证书。

（11）导出******文件。

（12）配置管理。

（13）系统管理。

（14）启动服务。

（15）停止服务。

（16）数据库备份。

（17）数据库恢复。

（18）更新数据库加密密钥。

（19）更新系统密钥。

3. RA 系统管理终端

（1）RA 服务器端服务的启动和停止。

（2）安全。

（3）任命首席官员。

（4）导出******文件。

（5）导出通信证书申请书。

（6）导入安全通信证书。

（7）主用户管理。

（8）数据库管理。

（9）数据库备份。

（10）数据库恢复。

（11）数据库密钥更新。

（12）日志归档。

（13）本地的基本配置。

（14）本地日志管理。

（15）日志查询。

（16）日志归档。

（17）日志打印。

（18）日志视图：一般列表，详细列表。

4. RA 业务管理终端的主要功能

（1）系统配置：包括通信配置、安全配置、伺服参数配置、数据库配置和最大日志数配置。

（2）证书模板管理。

（3）更新证书模板。

（4）修改证书模板的审核方式。

（5）权限模板管理。

（6）新建权限模板。

（7）修改权限模板信息。

（8）删除权限模板。

（9）终端管理员管理。

（10）新建管理员。

（11）修改管理员信息。

（12）删除管理员。

（13）下级 RA 管理。

（14）新建下级 RA。

（15）修改下级 RA 信息。

（16）删除下级 RA。

（17）日志管理。

5. RA 业务处理终端的主要功能

（1）设置系统配置。

（2）恢复默认配置。

（3）更改管理员口令。

（4）查看系统状态。

（5）证书申请。

（6）证书注销。

（7）注销证书的恢复。

（8）更新证书。

（9）日志管理。

6. 审计终端

功能同签发系统审计终端。但配置不同。

7. 密钥管理中心：密钥管理中心服务器

命令行服务功能在 KMC 服务器中以命令行参数的形式提供，在执行这些功能时，将停止一切远程服务。

（1）通信证书配置管理。

（2）重新产生密钥管理中心服务器申请书。

（3）导入 KMC 证书的颁发者 CA 的证书链。

（4）数据库管理。

（5）数据库备份。

（6）数据库恢复。

（7）重新加密数据库。

（8）验证数据库签名（验证数据库的完整性）。

（9）备份归档表，同时清空归档表。

（10）系统管理。

（11）建立管理员。

（12）为用户产生 KMC 配置文件。

（13）更改主用户口令。

（14）查看数据表中密钥信息。

（15）产生密钥。

（16）启动 KMC 但不自动产生密钥。

远程应用服务主要是为登录用户（Authority 用户）提供的服务功能，登录用户在注册完毕后可以通过 KMC API 来调用相应的服务。

（1）申请新密钥。

（2）更新用户密钥。

（3）恢复用户密钥。

（4）获取密钥历史。

（5）更新密钥状态。

（6）修改用于保护加密证书私钥的口令。

（7）远程管理服务。

（8）配置管理。

（9）远程通信配置。

（10）远程更新数据库配置。

（11）远程更新 CA 证书链。

（12）用户管理。

（13）增加登录用户。

（14）修改登录用户。

统计服务是指将提取的密钥按照密钥类型做数量上的统计。密钥管理中心 KMC Server 的管理员能够根据用户的需求调整 KMC Server 预产生密钥的数量等系统参数。

（1）密钥管理。

（2）密钥归档。

（3）司法取证。

（4）托管密钥查询。

（5）归档密钥查询。

（6）审计功能。

（7）系统日志查询。

（8）提取系统日志。

（9）公用服务。

公用服务是任何一个能够登录 KMC Server 的用户都可以调用的服务。公用服务可以通过 T KMC API 来调用。

（1）取得 KMC 版本。

（2）提取 KMC Server 支持的密钥类型。

8. 密钥管理中心管理终端

密钥管理中心管理终端是密钥管理中心负责管理和审计的终端，它由主用户管理。对 KMC Server 系统配置、登录用户和用户的密钥进行管理。

（1）系统功能：登录、注销、退出。

（2）配置管理：通信配置、数据库配置、设置锁屏时间、取 KMC Server 的密钥类型。

（3）系统管理：增加登录用户、查询登录用户、注销登录用户、恢复登录用户、统计用户密钥、查询归档密钥信息、查询托管密钥、司法取证、密钥恢复、密钥注销、查询系统日志。

（4）安全管理：更新主用户口令、更新 KMC Server 证书链、密钥归档。

8.1.6　PKI 在网络安全中的作用

建立公钥基础设施的目的是管理密钥和证书。通过 PKI 对密钥和证书的管理，一个组织可以建立并维护可信赖的网络环境。PKI 使加密和数字签名服务得到广泛的应用。

就商业上实现有效的公钥基础设施而言，存在许多需求。首先，如果用户不能从应用中的加密和数字签名中获得益处，那么 PKI 是没有价值的。因而，对 PKI 最重要的约束是透明性。透明性意味着用户不必知道 PKI 是如果管理密钥和证书的，只从加密和数字签名中获得益处就足够了。一个有效的 PKI 是透明的。

8.2　信息网络 PMI 安全授权管理系统

本节介绍 PMI 基本概念、工作原理及系统结构，论述 PMI 在应用安全中的作用和基于 PMI 技术的授权管理模式的主要特点。说明 PKI 与 PMI 的主要区别和联系。

8.2.1　PMI 基本概念

属性证书、属性权威、属性证书库等部件构成的综合系统，用来实现属性证书的产生、管理、存储、分发和撤销等功能，称为权限管理基础设施，简称 PMI（Privilege Management Infrastructure）。

PMI（授权管理基础设施）是 X.509v4 中提出的授权模型，它建立在 PKI（公钥管理基础设施）提供的可信身份认证服务的基础上。X.509v4 中建议基于属性证书 AC（Attribute Certificate）实现其授权管理。PMI 向用户发放属性证书，提供授权管理服务；PMI 将对资源的访问控制权统一交由授权机构进行管理；PMI 可将访问控制机制从具体应用系统的开发和管理中分离出来，使访问控制机制与应用系统之间能灵活而方便地结合和使用，从而可以提供与实际处理模式相应的、与具体应用系统开发和管理无关的授权和访问控制机制。

建立在 PKI 基础上的授权管理基础设施（PMI）是信息安全基础设施的一个重要组成部分，其目标是向用户和应用程序提供授权管理服务，提供用户身份到应用授权的映射功能，提供与实际应用处理模式相应的、与具体应用系统开发管理无关的授权和访问控制机制，简化具体应用系统的开发与维护，并减少管理成本，降低管理复杂度，提高系统整体安全级别。

8.2.2　PMI 系统工作原理

PMI 体系是计算机软硬件、权限管理机构及应用系统的结合，它为访问控制应用提供权限和角色服务。PMI 是基于"属性证书"的系统，类似于用户的"电子签证"，即可以通过属性证书作为识别用户权限和资质的依据。基于属性证书的授权管理示意图如图 8-3 所示。

PMI 使用属性证书表示和容纳权限信息，通过管理证书的生命周期实现对权限生命周期的管理。属性证书的申请、签发、发布、注销、验证过程对应着传统的权限申请、产生、存储、撤销和使用的过程。

使用属性证书进行权限管理，使得权限的管理和具体的应用分离，同一种权限可以在多个受信任的应用中使用，利于支持分布式环境下的更为安全的访问控制应用。分布式授权模型的应用模式如图 8-4 所示。

8.2.3　PMI 系统结构

PMI 由授权和访问控制策略、权限管理系统、权限发布系统、访问控制支持系统 4 个部分组成。

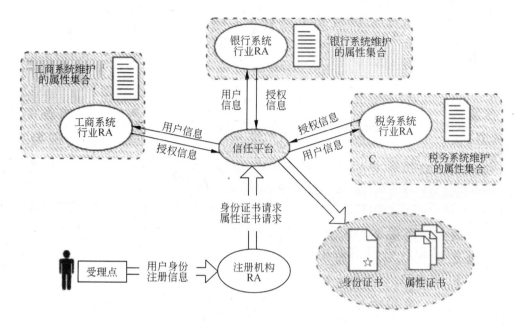

图 8-3　基于属性证书的授权管理示意图

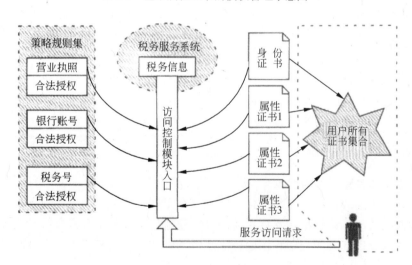

图 8-4　分布式授权模型的应用模式示意图

1. 授权和访问控制策略

访问控制和授权策略展示了一个机构在信息安全和授权方面的顶层控制，授权遵循的原则和具体的授权信息。在一个机构的 PMI 应用中，策略应当包括一个机构如何将它的人员和数据进行分类组织，这种组织方式必须考虑到具体应用的实际运行环境，如数据的敏感性，人员权限的明确划分，以及必须和相应人员层次相匹配的管理层次等因素。所以，策略的制定是需要根据具体的应用量身定做的。

具体说，策略包含着应用系统中的所有用户和资源信息以及用户和信息的组织管理方式；用户和资源之间的权限关系；保证安全的管理授权约束；保证系统安全的其他约束。

2．权限管理系统

属性证书实施说明：PMI 系统的认证机构需要一个称为"属性证书实施说明"（Attribute Certification Practice Statements，ACPS）的文件对相关操作过程及策略进行说明，主要包括授权安全策略在实践中怎样被加强和支持。

属性证书：对于一个实体进行权限绑定是由一个被数字签名了的数据结构来提供的，这种数据结构称为属性证书。属性证书的功能如下。

（1）将用户或实体的标识与角色（权限/属性）绑定。

（2）能被分发和存储在非安全的分布式环境中。

（3）与身份证书配合使用。

（4）必要时，通过发行证书撤销表，确保证书能被撤销。

属性证书的签发模块：最终负责给用户分配具体的权限/角色，并将属性证书发布到权限发布系统。

属性证书的申请模块：为权限管理者提供了一个界面，它负责获取权限申请信息，并把申请提交给签发模块。

3．权限发布系统

签发的数字属性证书主要通过目录服务的方式进行发布，尽管可以通过用户自定义的手段。使用目录权限发布系统的优点在于，可以为各种形式的系统提供一致和标准的权限发布及获取服务，为所有应用系统提供统一的权限接口。

4．访问控制支持系统

如果使用属性证书没有给安全应用在权限管理和访问控制上带来设计、实施、管理、审计、总体安全的改善和提高，PMI 技术便没有得到实质上的应用，也不会改变访问控制实施复杂的情况。访问控制支持系统能够方便地将属性证书和具体的应用集成起来，极大地简化了属性证书的应用和访问控制系统的设计、实施和管理。

8.2.4　基于 PMI 技术的授权管理模式的主要特点

应用 PKI 的目的是管理密钥并通过公钥算法实现用户身份认证，在实际访问控制应用中，存在一些问题：如，用户数目很大时，通过身份验证仅可以确定用户身份，但却不能区分出每个人的用户权限。这就是 PKI 新扩展产生的一个原因。

另外，传统的应用系统通常是通过使用用户名和口令的方式来实现对用户的访问控制的，而对权限的控制是每个应用系统分别进行的，不同的应用系统分别针对保护的资源进行权限的管理和控制，在应用系统较多、环境复杂时，这样会带来许多问题，如要为同一个在不同的应用系统中开设用户，并为其授权以便控制对资源的访问，各个应用系统的授权方式不同，安全强度也不同，这给使用、安全、维护带来各种各样的问题。在这样复杂的应用权限控制环境下，有一个点上出现了问题整个应用系统就有可能变成不安全的了，而这样复杂的环境仅凭系统管理员进行人员维护，其工作量是可想而知的，出错的可能将非常得大。

而且，权限信息相对于身份信息来说容易改变，维护授权信息代价相对维护身份信息要高得多。同时，又因为不同系统的设计和实施策略不同，导致了同一机构内存在多种权限管理的现状。总之，基于 PMI 技术的授权管理模式与传统的同应用密切捆绑的授权管理模式相比主要存在以下 3 个方面的特点。

1. 授权管理的灵活性

基于 PMI 技术的授权管理模式可以通过属性证书的有效期以及委托授权机制来灵活地进行授权管理，从而实现了传统的访问控制技术领域中的强制访问控制模式与自主访问控制模式的有机结合，其灵活性是传统的授权管理模式所无法比拟的。

与传统的授权管理模式相比，采用属性证书机制的授权管理技术对授权管理信息提供了更多的保护功能；而与直接采用公钥证书的授权管理技术相比，则进一步增加了授权管理机制的灵活性，并保持了信任服务体系的相对稳定性。

2. 授权操作与业务操作相分离

基于授权服务体系的授权管理模式将业务管理工作与授权管理工作完全分离，更加明确了业务管理员和安全管理员之间的职责分工，可以有效地避免由于业务管理人员参与到授权管理活动中而可能带来的一些问题。

基于 PMI 技术的授权管理模式还可以通过属性证书的审核机制来提供对操作授权过程的审核，进一步加强了授权管理的可信度。

3. 多授权模型的灵活支持

基于 PMI 技术的授权管理模式将整个授权管理体系从应用系统中分离出来，授权管理模块自身的维护和更新操作将与具体的应用系统无关，因此，可以在不影响原有应用系统正常运行的前提下，实现对多授权模型的支持。

在 PKI 得到较大规模应用以后，人们已经认识到需要超越当前 PKI 提供的身份验证、机密性、完整性和不可否认性，步入到授权验证的领域，提供信息环境的权限管理将成为下一个主要目标。

8.2.5 PMI 在应用安全中的作用

建立 PMI 的目的是管理权限的生存周期，通过 PMI 对证书和权限的管理，可以为应用系统建立一个高安全强度，更易维护管理，扩展能力极强的访问控制环境，提供可以不断延伸和标准化的授权平台。

PMI 实际提出了一个新的信息保护基础设施，能够与 PKI 和目录服务紧密地集成，并系统地对用户进行授权，对权限管理进行了系统的定义和描述，完整地提供了授权服务所需的过程。

建立在 PKI 基础上的 PMI，以向用户和应用程序提供权限管理和授权服务为目标，主要负责向访问控制应用提供权限服务，提供用户身份到应用角色/权限的映射功能。实现与具体应用系统开发无关的权限管理模式，极大地简化应用系统中权限管理的开发与维护。更为重要的是，PMI 为应用提供一致和标准的权限服务，强有力地支持与应用的集成，使用户建立的访问控制体系能支持大量的用户和访问控制应用，并能够有效地控制管理的复杂性，可以根据应用的发展随时在体系中加入新的访问控制应用。

8.2.6　PKI 与 PMI 的主要区别和联系

PMI 授权管理基础设施需要 PKI 公钥基础设施为其提供身份认证服务。PKI 和 PMI 之间的主要区别在于：PMI 主要进行授权管理，证明这个用户有什么权限，能干什么，即"你能做什么"为各类应用提供相对独立的授权管理，并且各类应用相互之间的权限资源独立；PKI 主要进行身份鉴别，证明用户身份，即"你是谁"并且由各类应用共同信任的有关机构提供统一管理。它们之间的关系类似于护照和签证的关系。护照是身份证明，唯一标识个人信息，只有持有护照才能证明你是一个合法的人。签证具有属性类别，持有哪一类别的签证才能在该国家进行哪一类的活动。

授权的信息可以放在身份证书扩展项中或者直接使用属性证书表示，但是将授权信息放在身份证书中是很不方便的。因为，首先，授权信息和公钥实体的生存期往往不同，授权信息放在身份证书扩展项中导致的结果是缩短了身份证书的生存期，而身份证书的申请审核签发是代价较高的；其次，对授权信息来说，身份证书的签发者通常不是业务资源的拥有者，也就是不具有权威性，这就导致身份证书的签发者必须使用其他的方式从权威源（资源的拥有者）获得授权证明信息。此外，授权发布要比身份发布频繁的多，对于同一个实体可由不同的属性权威来颁发属性证书，即，一个人有一张身份证书但可以有多张属性证书。

因此，一般使用属性证书来容纳授权信息，即 PKI 可用于认证属性证书中的实体和所有者身份，并鉴别属性证书签发权威 AA 的身份。

PMI 和 PKI 有很多相似的概念，如属性证书与公钥证书，属性权威与认证权威等，相关术语的比较如表 8-1 所示。

表 8-1　PMI 和 PKI 系统功能比较表

概　　念	PKI 实体	PMI 实体
证书	公钥证书	属性证书
证书签发者	认证权威	属性权威
证书用户	主体	持有者
证书绑定	主体名和公钥绑定	持有者名和权限绑定
撤销	证书撤销列表（CRL）	属性证书撤销列表（ACRL）
信任的根	根 CA/信任锚	权威源（SOA）
从属权威	子 CA	属性权威 AA

（1）公钥证书是对用户名称和他/她的公钥进行绑定，而属性证书是将用户名称与一个或更多的权限属性进行绑定。在这个方面，公钥证书可被看为特殊的属性证书。

（2）数字签名公钥证书的实体被称为 CA，签名属性证书的实体被称为 AA。

（3）PKI 信任源有时被称为根 CA，而 PMI 信任源被称为 SOA。

（4）CA 可以有它们信任的次级 CA，次级 CA 可以代理鉴别和认证，SOA 可以将它们的权利授给次级 AA。

如果用户需要废除他/她的签字密钥，则 CA 将签发证书撤销列表。与之类似，如果用户需要废除授权，AA 将签发一个属性证书撤销列表。

8.3　信息网络身份认证与授权管理系统应用实例

为保证辽宁电力系统的信息安全，完成国家"十五"重大科技攻关项目——电力系统信息安全应用示范工程，推进辽宁省电力公司信息化建设的进程，辽宁省电力有限公司与吉大正元公司合作，从 2002 年～2004 年全面组织 PKI-CA/PMI 身份认证与授权管理系统项目的建设，对于保障辽宁省电力有限公司应用安全将起到重要的作用。

8.3.1　辽宁电力 PKI-CA 系统的建设与应用

根据辽宁省电力公司的实际情况，辽宁省电力公司 PKI-CA 认证系统本着分步建设的原则，在辽宁省电力有限公司初步建立认证体系基本架构，并在此基础上进行相关应用的安全建设。将来随着应用安全需求的增长再进行认证系统的进一步扩展建设。辽宁电力 PKI-CA 系统一期工作，在几个月的建设中，完成 PKI-CA 系统的认证系统建设，以及屏蔽环境建设等，并在相应的邮件系统，NOTES 办公系统，综合数据库查询系统中实现利用数字进行安全认证、安全传输。

辽宁省电力公司 PKI 是一个企业内部的信息安全基础设施，其建设的总体目标是：建立全网统一的认证与授权机制，确保信息在产生、存储、传输和处理过程中的保密、完整、抗抵赖和可用；将全公司的信息系统用户纳入到统一的用户管理体系中；提高应用系统的安全强度和应用水平。

1. 辽宁电力 PKI-CA 认证系统设计原则及主要内容

（1）建设技术先进、安全性能高的身份认证体系（PKI，Public Key Infrastructure），即在省公司建立一个 KM（密钥管理）中心、CA（证书认证）中心、RA（注册审核）中心和分发中心（信息发布），并分别部署在 3 个不同的安全域内。每个安全域之间使用防火墙、入侵检测系统进行安全隔离。为了保证辽宁电力 PKI-CA 认证系统的安全性、可靠性、高效性、可扩展性，辽宁电力 CA 中心设计为单层结构。在将来国家电力网的 CA 系统建立后，可平滑地连接到国家电力公司根 CA 上，成为整个国家电力行业 PKI-CA 认证系统的省级认证体系。

（2）建立完善的目录服务体系，即全省建立一套 LDAP 体系。在省公司建立一个主 LDAP 服务器和从 LDAP 服务器，以及 OCSP 服务器，存放全省所有的证书和废除证书列表。并实现证书的查询及 CRL 的发布。

（3）建立完善可靠的安全应用支撑体系，即向全省的电力应用系统提供密码服务（加密、解密、签名、验签、OCSP 等服务）。

（4）在认证系统建立的基础上应用 PKI 技术对现有的应用系统进行安全改造建设，对现有邮件系统、NOTES 办公系统等进行相应的安全改造，实现利用 PKI-CA 系统来保障应用系统安全。从而在整个辽宁省电力系统建立起完整的认证体系，为辽宁电力的信息化建设提供安全基础保障。

2. 辽宁电力 PKI-CA 认证系统层次规划

根据辽宁省电力公司信息安全项目对 CA 中心和密钥管理中心的需求，系统总体的建设如下。

第一级为辽宁电力 CA 中心和密钥管理中心。其中 CA 中心是辽宁省电力 PKI-CA 认证系统的信任源头，实现在线签发用户证书、管理证书和 CRL、提供密钥管理服务、提供证书状态查询服务等功能；密钥管理中心负责加密密钥的产生、备份，并提供已备份密钥的司法取证。

第二级为注册中心（RA 中心）。省公司设立一个 RA 中心，完成接受用户申请、审核、证书制作等功能，以满足省公司用户的证书业务需求。

第三级是最终用户，可通过 RA 中心、远程受理中心进行证书申请、撤销申请等相关证书服务。

3. 辽宁电力 PKI-CA 认证系统总体安全体系

根据辽宁省电力公司的情况，本期认证系统建设将认证系统布置在其省公司的服务器集群网络中，共用其已有的物理、网络等相关安全保护设备及设施，从而在达到满足安全需求的前提下，实现认证系统的安全建设。标准认证系统的整个安全体系由下面的结构组成。

除上面的安全体系结构之外，还要考虑灾难恢复的问题，即当出现影响系统安全运行的情况之后，应该迅速作出反应，在尽可能短的时间里恢复系统的运行。标准认证系统的整个安全体系结构图如图 8-5 所示。

（1）物理安全和环境安全建设

CA 系统的物理安全和环境安全是整个系统安全的基础，要把 CA 系统的危险减至最低限度，需要选择适当的设施和位置，同时要充分考虑水灾、地震、电磁干扰与辐射、犯罪活动以及工业事故等的威胁。

物理隔离：由于 CA 安全的需要，从网络上将划分非军事区、操作区、中心安全区。因此，在辽宁电力 PKI-CA 系统的物理建设中，按此来划分不同的物理功能区对其进行分隔管理。每道门是一道屏障，如锁着的门或关闭的大门，它可以对个人的进入提供强制性的控制；并且每个人要进入下一个区域，必须作出积极的反应（例如，刷智能卡、输密码等）。

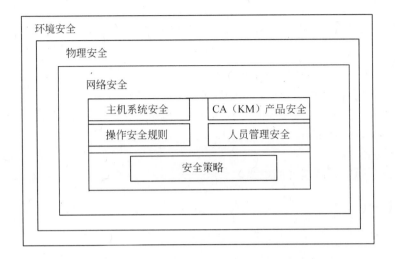

图 8-5　标准认证系统的整个安全体系结构图

物理访问控制：每个进入 CA 物理环境的人都需要预先得到授权，作为物理访问控制的一部分，所有人员被分成具体的授权组。授权组主要根据进入者自身在系统中承担的角色来确定。根据每个人所属的授权组，确定此人有权访问的地区（区域）和每天允许访问的时间。身份识别卡（可以与密码输入一体化）和生物识别都是访问控制系统识别个人所属授权组的方法的例子。

当进入者向卡机出示其身份识别卡时，读卡机从这个卡上读出与访问控制系统所保存的该个人信息相关的信息（例如，系列序号）。访问控制系统决定该个人是否被授权进入特定区域或地区。访问控制系统只能够跟踪其信息保存在系统数据库中。

物理安全加固：CA 系统中涉及微型计算和主机、LAN 服务器等资源的房间，必须进行严格的管理，对这些部门的访问要严格控制，要求经过授权并进行监控。

具体的实施方案如下。

① 整个 CA 系统的各个房间之间要利用隔墙进行保护，防止通过天花板下面的假平顶进入。

② 中心安装防盗门，防止窃贼撬门而入。

③ 在有人操作期间双层门由出入卡系统进行控制；在无人操作期间，外层门要加锁保护。

④ 在 CA 系统工作室安装电子出入控制（监控）系统、防侵入系统、机械组合锁等装置。

⑤ CA 系统中的服务器、密钥管理设备采用专用屏蔽室，以防止电磁干扰，增加系统的安全性。

⑥ 按照防火管制的要求，尽量减少出入口数量。

墙壁和地板：敏感区域的墙壁必须加固，并且需要进行防辐射处理；地板需要铺设防静电材料。

执行连续操作的所有硬件设备，配备空调系统、冷却设备以及照明系统等，同时还要考虑应急环境设施。

为 CA 系统提供支持的公用设施、管线等均通过地下进入大楼或采用其他措施加以保护。

对支持 CA 系统的服务设施，如配电盘、通信与电话间、通风以及空调系统都要采取严格的保护措施，首先加锁保护，同时要限制人员的随意进入。

CA 系统的电气系统应符合电子数据处理设备的防火标准、组织政策、职业安全与保健法等。主要包括以下几个方面。

① 电源电缆。

② 铺设于通风和地板下的电缆。

③ 变压器。

④ 机房设备的断电装置。

⑤ 不间断电源系统（UPS），及电池装置。

⑥ 位于不同防火区的设备和 UPS 之间的导电器。

⑦ 机房应急照明设备。

⑧ 所有设备的电源系统应该与厂商技术规范保持一致，必要时配备净化电源，以保证电源的性能。

（2）网络安全设计

网络安全性设计的目标是保证网络安全可靠的运行，从网络拓扑结构、网络安全区域的划分、防火墙系统的设置等各个方面的设计中防范来自网络的攻击并加强对内部的安全管理。

CA 中心的网络结构：在 CA 中心里签发服务系统既要为用户签发证书，又要支持用户对 CRL、CPS 等的查询，并且很多工作都要求实时完成，这样 CA 受外界攻击的机会最多，这就对系统的网络安全提出了很高的要求。在辽宁电力 PKI-CA 系统设计中通过网络划分，综合运用三道防火墙、入侵检测等来保障 CA 中心的网络安全。

网络区域划分：CA 系统在为用户签发证书，响应用户对 CRL、CPS 的查询都是在线连接实时处理，所以在网络系统中，将把整个 CA 中心网络划分为 4 个区，并在各区间采用不同的防火墙产品进行保护。这些区分别如下所示。

公共区：在 CA 中心控制范围之外的区域，这里主要指辽宁省电力专用网络。

非军事区：非军事区是认证中心为客户和最终用户提供服务的地方。在非军事区中是一个高可用性的目录服务器，配置成映射目录。非军事区是用路由器和防火墙来保护的，通过对它们的端口进行配置，只能允许进行安全策略授权的通信。

非军事区和所有的组件区要设置在一个安全的设施之中，要有适当的物理安全、人员安全和操作安全。系统管理部件（代理、引擎等）可以安装在非军事区，如果安全策略允许。这些部件是可选的。

操作区：操作区主要是对 CA 操作人员进行限制。操作人员在操作区执行每天的工作，需要配置运行管理工作站。操作区的房间应该是高度安全的，使用监视器、报警和访问控制系统。并且应该考虑应用多人同时工作的方式（任何一个成员不能自己在房间里完成一项操作）。

安全区：安全区是最安全的房间。CA 服务器、主目录服务器和密钥系统都存储在安全区中，安全区的房间必须具有屏蔽功能，保障安全区内软硬件的高安全性。

多层次防火墙保护：防火墙保护是网络安全性设计中重要的一环，在辽宁电力 PKI-CA 系统中采用多层次的防火墙保护方案提高系统安全性，即限制外部对系统的非授权访问，也限制内部对外部的非授权访问，同时还限制内部系统之间特别是安全级别低的系统对安全级别高的系统的非授权访问。

入侵检测：在采用多层防火墙技术增加系统的安全性的同时，还使用了入侵检测系统，入侵检测系统可以从多方面对网络系统进行监测和分析，能够及时发现入侵者并及时报警，同时还能够采取一定的补救措施。

入侵检测系统（Intrusion Detection System），从计算机网络系统中的关键点收集信息，并分析这些信息，检查网络中是否有违反安全策略的行为和遭到袭击的迹象。IDS 主要执行如下任务。

① 监视、分析用户及系统活动。

② 系统构造变化和弱点的审计。

③ 识别反映已知进攻的活动模式并向相关人士报警。

④ 异常行为模式的统计分析。

⑤ 评估重要系统和数据文件的完整性。

⑥ 操作系统的审计跟踪管理，并识别用户违反安全策略的行为。

实现以下功能。

① 监视用户和系统的运行状况，查找非法用户和合法用户的越权操作。

② 检测系统配置的正确性和安全漏洞，并提示管理员修补漏洞。

③ 对用户的非正常活动进行统计分析，发现入侵行为的规律。

④ 检查系统程序和数据的一致性与正确性。如计算和比较文件系统的校验和能够实时对检测到的入侵行为进行反应。

在本系统中通过入侵检测系统来收集并分析计算机系统和网络中的关键信息，检查系统和网络中是否有违反安全策略的行为和遭到袭击的迹象。

（3）主机安全性设计

在辽宁电力 PKI-CA 系统中，关键服务器等均采用 HP 系统主机系统。HP 公司的企业服务器扩展了传统网络服务器的性能，采用了一些过去只有在大型主机上才有的关键技术，将多处理器性能、系统容量和外设的连通性提高到一个新的层次上。此外 HP 注重平衡的系统性能，使每个部件通过合理化的设计和集成，为系统提供最优性能。

HP 企业服务器的 RAS 功能在安全可靠性方面，提供了很好的可靠性、可用性和可维护性。

4．基于证书的应用系统升级改造

辽宁电力信息网的应用服务环境主要是由信息发布系统、电子邮件系统、代理系统、应用服务系统、用户管理系统、数据库服务器组成，是 C/S 结构与 B/S 结构相结合的应用体系结构，数据库系统主要采用 Sybase 和 SQL Server。主要应用系统有房改、计划、人事、营业、物资、科技、财务、机关、开发调试、综合数据库、营业部服务器等各种应用。

（1）应用系统存在的主要安全问题

现有应用系统多采用"用户名＋口令"的机制来对企业内部员工和外部客户进行身份认证，这种方式由于用户名、口令均为明文传递到服务器，在服务器端进行验证；用户的信息存放在服务器端，只是服务器验证用户，用户对服务器没有进行有效的验证。极易造成用户口令的泄露，从而造成系统的安全漏洞。无法有效保障其运行数据的安全，不能有效实现对相关操作的抗抵赖。同时还能看到以往的各种应用系统，由于各成一套体系，造成用户在访问不同应用系统时要记忆不同的用户+口令，或出示不同的凭证（如磁卡），既不安全又不方便，大大制约了辽宁省电力系统信息化应用的发展。

（2）办公自动化系统的安全改造

辽宁省电力有限公司的办公自动化系统是 Lotus Notes 5.06a 办公协作平台，在辽宁电力 PKI-CA 系统建设完成后，在 Notes 系统中能够使用自己的 CA 系统签发的高密钥强度的数字证书，并能够对 Notes 系统中的表单进行加密和签名等操作。

基于 Lotus Notes 系统提供的口令扩展接口、管理扩展接口和对数字证书的支持，在客户端提供了登录安全和文档安全两个插件。实现了用智能卡登录、用数字证书签名加密文档的功能，同时在服务器端对数字状态进行查询，确保证书的有效性。

辽宁电力 PKI-CA 系统将数字证书签发到 key 中，由信息中心统一管理 key 并发放到辽宁电力的办公自动化注册人员手中，注册人员把 key 连接到终端计算机上，输入 key 的保护口令，就能够登录办公自动化系统的客户端，并对编辑的文档进行加密和签名操作，对收到的文档进行解密和验证签名操作。

（3）安全电子邮件系统的安全改造

辽宁省电力有限公司的员工邮件客户端是 Microsoft Outlook Express，在辽宁电力 PKI-CA 系统建设完成后，在邮件系统中能够使用自己的 CA 系统签发的数字证书，并能够对邮件进行加密和签名等操作。

安全电子邮件——S/MIME（Secure/ Multipurpose Internet Mail Extensions）是 Internet 中用来发送安全电子邮件的协议。S/MIME 为电子邮件提供了数字签名和加密功能。该标准允许不同的电子邮件客户程序彼此之间收发安全电子邮件。为了使用 S/MIME，您必须使用支持 S/MIME 功能的电子邮件程序，例如 Outlook Express 4 或以上版本。

在安全邮件应用中用户证书存储在 CA 中心签发的 key 中，联系人的证书可以从 CA 中心的 Web 服务网页中获得，一次导入 Outlook Express 就可以多次使用，方便快捷，使用简单。导入证书到 Outlook Express 中后就可以利用这些证书签名电子邮件和加密电子邮件。

签名一个电子邮件意味着，您将自己的数字证书附加到电子邮件中，接收方就可以确定您是谁。签名提供了验证功能可以保证邮件在网络上传输过程中没有被篡改。加密电子邮件意味着只有指定的收信人才能够看到信件的内容。为了发送签名邮件，您必须有自己的数字证书。为了加密邮件，您必须有收信人的数字证书。

辽宁电力 PKI-CA 系统将数字证书签发到 key 中，由信息中心统一管理 key 并发放到辽宁电力的电子邮件注册人员手中，注册人员把 key 连接到终端计算机上，输入 key 的保护口令，就能够在 Microsoft Outlook Express 中，对编辑的邮件进行加密和签名操作，对收到的邮件进行解密和验证签名操作。

（4）应用系统（B/S、C/S 结构）的安全改造

在辽宁省电力有限公司内部信息网上有多种应用系统（包括 B/S、C/S 结构），一直以来，人们登录系统普遍都采用用户名+口令的方式，即在用户登录时输入事先设定好的用户名和与之相对应的口令，如与数据库中的记录相吻合则可成功登录，并可根据数据库中的相关记录分配相应的用户权限。这种方式具有简单方便，易于使用的优点。但也存在一些不足，如用户姓名不易记忆，用户登录的有效期不易控制，用户的用户名，用户口令容易失密（包括用户口令被暴力破解、用户登录口令被窃取）。而其中最主要的问题就是用户口令失密问题。当用户口令失密时又不易察觉。容易造成严重的损失。在辽宁电力 PKI-CA 系统建设完成后，在这些应用系统中能够使用自己的 CA 系统签发的数字证书，对访问这些应用系统的人员进行身份验证和权限管理。

开发了相应的加密签名控件加入到相应的应用系统中，使得应用系统可以使用数字证书进行登录，员工在访问应用系统时，将 key 连接到终端计算机上，输入 key 的保护口令，这时应用系统就能够根据员工所使用的数字证书对其进行身份验证并判断员工所拥有的权限，直接登录到应用系统中进行相应的操作。完成了 11 个应用系统安全改造。

8.3.2　辽宁电力 PMI 授权管理系统的建设与应用

在完成国家"十五"重大科技攻关项目——电力系统信息安全应用示范工程辽宁电力 PKI-CA 身份认证系统建设之后，为进一步推进辽宁省电力公司信息化建设的进程，辽宁电力公司继续与吉大正元公司合作，在 PKI-CA 安全基础设施之上又建设了以 PMI 授权管理系统为基础的安全支撑平台。同时，还建立了辽宁电力系统的电子印章系统、时间戳系统和网站防篡改系统。为辽宁电力应用系统提供以数字证书为核心的安全保障服务。

1．辽宁电力 PMI 授权管理系统的建设原则及主要内容

（1）对原有 PKI-CA 系统进行升级扩容。即除了省中心已经建设完毕的 CA（证书认证）系统、RA（证书注册）系统、KM（密钥管理）中心以外，还在沈阳、大连、锦州三地供电公司建设了 3 个 RA 中心。通过省中心和 3 个 RA 中心的建设，可以形成覆盖全省电力行业的证书发放体系，为全省电力应用提供身份认证和信息加密服务。

（2）建设 PMI 授权管理系统。在 PKI-CA 的安全认证平台基础上，通过属性证书对用户权限进行管理，可以为应用系统建立一个高安全强度，更易维护管理，扩展能力极强的访问控制环境，提供可以不断延伸和标准化的授权平台。

（3）建设时间戳系统，为辽宁电力应用系统提供精确可信的时间戳服务，为业务处理的不可抵赖性和可审计性提供支持。

（4）建立电子印章系统，实现辽宁电力传统公章的电子化，为发展无纸化办公提供基础条件。

（5）基于 PKI 和 PMI 的应用系统安全加固。应用系统安全建设主要是针对辽宁电力目前的应用系统情况，在辽宁电力的综合查询、PMIS、人力资源、信息发布、科技管理等系统中引入 PMI 权限管理功能，实现这些业务应用系统的安全权限分配、管理及控制。同时，在 NotesOA 系统中加入了电子印章系统；对安全电子邮件系统进行完善；实现相关的网站网页的篡改。并提供相应的表单签名等应用产品，实现在相应的系统中对数字签名等安全功能的要求。

2．辽宁电力 PKI-CA 系统的升级和扩建

（1）辽宁电力 PKI-CA 认证系统升级和扩建后体系结构

辽宁电力 PKI-CA 认证系统前期建设已建立起省公司的认证系统主体框架，并承担起为应用系统提供数字证书及认证信息等相关服务，为进一步提高辽宁电力 PKI-CA 认证系统的服务范围及能力，本期建设中将在省电力公司所辖的 3 个地市供电公司建立 RA 中心，与前期的系统形成辽宁电力 PKI-CA 认证系统的完善体系，如图 8-6 所示。

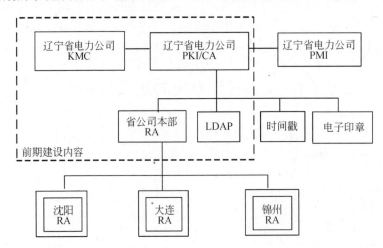

图 8-6　辽宁电力 PKI-CA 认证系统升级和扩建后体系结构

（2）省中心网络拓扑

3 个地市公司的 RA 建设主要是为大连、沈阳、锦州供电公司。对于未建立 RA 中心的 11 个供电公司，也可通过覆盖全省的电力网获得相关的证书业务服务。

因为新增 PMI 授权管理系统和原 PKI 身份认证系统安全级别相近，为避免重复投资，新增 PMI 授权管理系统和原 PKI 身份认证系统共用一套网络设备。省中心网络拓扑如图 8-7 所示。

（3）各地市 RA 中心建设

RA 中心是直接面对用户提供服务的系统，在辽宁省的 3 个地市供电公司建立 RA 中心，为地市供电公司提供证书的申请、审核、签发等功能，并提供数字证书信息的查

询服务。各 RA 中心利用加密机通过电力专网与辽宁省电力公司 PKI-CA 认证系统中心的 RA 中心进行安全连接通信。

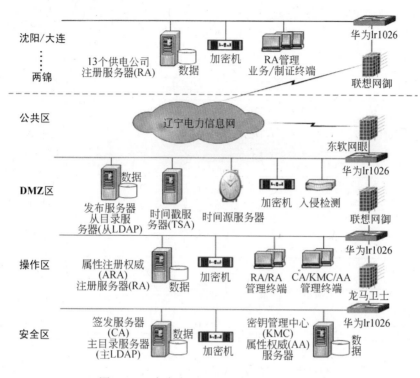

图 8-7　辽宁电力 PKI-CA/PMI 系统网络结构

各地市供电公司 RA 中心由 RA 服务器、业务终端（录入终端、审核终端、制证终端）、管理终端、审计终端组成。其中 RA 服务部署在一台服务器上，实现各地市供电公司对证书申请、审核管理的需求，负责将用户的证书审核通过的申请信息发送到省公司 CA 中心的 RA 注册服务器上，其相应的数据由利用加密机加密后，经电力专网与辽宁电力省公司 CA 中心进行交换传输；业务终端、管理终端、审计终端分别安装在 3 台 PC 上，其权限的划分是靠管理员的证书来区分的，并且录入、审核是有范围限制的，不能做越权操作的。

为保障 RA 中心的安全，RA 中心通过防火墙进行安全防护，防火墙根据实际需要只开放相应的端口，并制定相应的控制策略，在最大程度上保证 RA 中心的安全。同时，采用电力系统已有各种防护机制对 RA 中心进行网络边界的防护，保证 RA 中心数据信息及系统的安全。RA 中心的管理终端负责对 RA 中心的设备进行设置管理，RA 中心的审计终端对服务器的操作系统日志、防火墙日志进行管理、审计、存储。

各地市 RA 中心的证书业务受理，主要实现了以下功能：收集和管理各地市供电公司人员的信息；录入证书申请者身份信息；初步审核与提交员工身份信息；下载数字证书并制证；发放数字证书；沈阳、大连和锦州 RA 已经建设完毕，并按照产品测试大纲进行了测试。目前已经可以对外提供证书服务。

3. 辽宁电力 PMI 授权管理系统建设与应用

（1）辽宁电力 PMI 系统网络结构

辽宁电力 PMI 系统是一套基于 PKI-CA 系统的权限管理系统，其单独网络结构如图 8-8 所示。

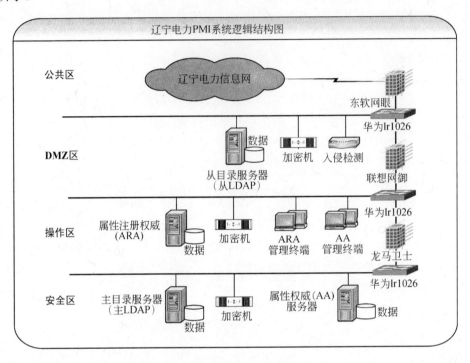

图 8-8　辽宁电力 PMI 系统网络结构图

根据辽宁电力现在的实现环境条件，辽宁电力 PMI 系统部署在辽宁电力现有的 PKI-CA 机房中，并充分利用现有的相应的网络及主机设备，达到不影响整体安全及系统性能的前提上，将 PMI 系统与 PKI-CA 系统紧密结合，构筑起辽宁电力整体的应用安全基础设施。

授权管理基础设施（PMI）是信息安全基础设施的一个重要组成部分，其目标是向用户和应用程序提供授权管理服务，提供用户身份到应用授权的映射功能，提供与实际应用处理模式相应的、与具体应用系统开发管理无关的授权和访问控制机制，简化具体应用系统的开发与维护，提高系统整体安全级别。

PMI 体系是计算机软硬件、权限管理机构及应用系统的结合，它为访问控制应用提供权限和角色服务。PMI 是基于"属性证书"的系统，类似于用户的"电子签证"，即可以通过属性证书作为识别用户权限和资质的依据。

根据辽宁电力应用的特点，我们对 PMI 系统进行了客户化工作。主要修改了以下几个部分。

① 操作界面，使之符合辽宁电力应用系统风格。

② 录入方法，采用树状结构分配权限，使之操作简便，易于上手。

③ 权限管理方法，采用了先进的资源+动作组合分配权限方式，更适于电力系统复杂权限的分配。

（2）PMI 系统

PMI 系统主要包括以下几部分。

① 属性证书的签发系统：最终负责给用户分配具体的权限/角色，并将属性证书发布到权限发布系统。

② 属性证书的申请模块系统：为权限管理者提供了一个界面，它负责获取权限申请信息，并把申请提交给签发模块。部署在操作区对外提供服务。

③ 权限发布系统：签发的数字属性证书主要通过目录服务的方式进行发布，尽管可以通过用户自定义的手段。使用目录权限发布系统的优点在于，可以为各种形式的系统提供一致和标准的权限发布及获取服务，为所有应用系统提供统一的权限接口。权限发布系统部署在非军事区，供应用系统查询用户权限。

④ 访问控制支持系统：如果使用属性证书没有给安全应用在权限管理和访问控制上带来设计，实施，管理，审计，总体安全的改善和提高，PMI 技术便没有得到实质上的应用，也不会改变访问控制实施复杂的情况。访问控制支持系统能够方便地将属性证书和具体的应用集成起来，极大地简化了属性证书的应用和访问控制系统的设计，实施和管理。访问控制支持系统部署在应用服务器上。

（3）时间戳系统的建设

辽宁电力的时间戳系统要为省公司及 3 个地市供电公司提供可信的时间服务，时间戳系统可以采用集中部署和分布部署两种方式，集中部署即时间戳服务器部署在省公司，各地市供电公司不再部署时间戳服务器；分布部署即在省公司和各地市供电公司都部署时间戳服务器，我们从成本、管理、实用方面考虑辽宁电力的用户群是本公司，相对用户量不是很大，我们采用了集中部署方式，如果将来随着用户量增大时，我们可以采用负载均衡方式提高系统的健壮性和响应速度。

① 时间源的部署：我们的时间戳系统采用了上海寰泰的 GTT100 网络时间源服务器。时间源的时间来自于与卫星同步时间，误差在十万分之一秒内。

时间源服务器存放于 PKI-CA 机房内，通过三道防火墙与电力专网相连，保证了其安全性。时间源服务器与时间信号接收器通过电缆直连，最大程度减小了对时间信号的干扰。

② 时间戳的部署：时间戳服务是提供在特定时间内某数据存在的服务，该服务是一个可信任第三方提供的，提供该服务的第三方称之为"时间戳权威（TSA－Time Stamp Authority）"，TSA 是时间戳的签发机构，一个提供可信赖的且不可抵赖的时间戳服务的可信任第三方，它是 PKI 的重要组成部分。TSA 的主要功能是提供可靠的时间信息，证明某份文件（或某条信息）在某个时间（或以前）存在，防止用户在这个时间前或时间后伪造数据进行欺骗活动。目前在辽宁电力也存在大量的应用系统，时间戳系统可以提供统一的权威可信时间源。

时间戳服务区域与公用证书下载系统同属一区，用防火墙在网络层面做访问控制，入侵检测系统保证攻击的抵御与预防。

我们还设置严格的访问控制列表，只有被授权的管理员才能配置系统，系统对每个操作做严格的审计记录以保证事件的可追溯性。

（4）网站防篡改系统的建设

PKI/PMI 系统都是安全等级非常高的系统，为了防止页面被非法改变，采用基于数字证书的网页防篡改系统 JIT-Keeper 进行保护。在网页内容防篡改的实现中，采用数字证书来识别程序的身份，同时采用数字签名技术，传递数据时附加一个对数据的数字签名，以保证所传递数据的安全性和完整性。

根据电力系统信息安全应用示范工程——辽宁电力 PKI-PMI 系统的整体实施要求，在本阶段使用本系统对 PKI 系统中的对外发布系统进行实时监控；对 PMI 系统中的属性证书注册系统（ARA）进行实时监控，来进一步保障辽宁电力的信息安全基础设施的安全性。

目前防篡改系统已经部署完毕，并开始实时监控。

Keeper 功能示意图如图 8-9 所示。

图 8-9　基于数字证书的网页防篡改系统结构图

4．基于 PKI/PMI 的应用系统升级改造

辽宁电力应用系统多属 B/S 结构，B/S 结构模式在目前的应用开发中得到了广泛的应用。其优点为方便维护，降低应用总体成本，升级方便灵活，操作控制简单，但 B/S 结构的应用普遍存在以下弱点。

（1）身份认证：很多 B/S 结构的应用沿用了 C/S 结构的用户名/口令的认证方式，由于 http 协议自身也是一个明文协议，所以这种身份认证方式无疑面临着诸如窃听、仿造、暴力测试等多种威胁。

（2）传输安全：用户和服务器之间的明文传输导致全部的用户数据都毫无保护地暴露在网络环境中。服务器和服务器之间的通信安全也是我们常常忽视的问题。

（3）权限控制：权限控制在旧的应用系统中是一个普遍存在的问题，由于大多数权限控制都以 ACL 的模式实现，并且权限只在本系统有效，造成了系统边界成为了权限管理的弱点。

（4）系统审计：由于缺乏技术上的不可否认能力，系统审计缺乏足够的可信性。

（5）系统认证：网络时代的大型应用往往由多个系统共同组成，系统之间相互协作共同完成整个应用，这就为我们带来了系统之间的安全问题，如何保证协作的系统确实是获得许可的，这是多机分布式系统要解决的问题。

① 旧应用系统改造步骤如图 8-10 所示。

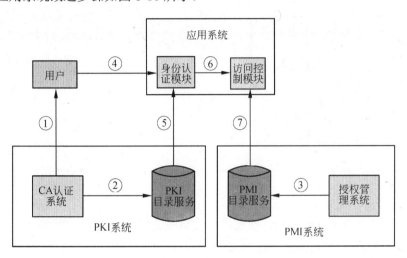

图 8-10　应用系统访问控制流程图

由于旧应用系统的不规范性，很难提供一套通用的解决办法。针对这种用户的要求提供了一套应用改造 API，用户可能根据自己应用实际情况使用这套 API 灵活地定制自己的访问控制功能。

B/S 应用系统的改造：利用数字证书提供身份认证服务，代替原有的用户名/口令方式，并充分利用 SSL 协议在实现身份认证的同时，为信道提供高强度的加密，保证数据的传输安全。应用系统在用户登录后，根据数字证书提供的身份信息从权限管理中心的目录服务器中获取用户的属性证书，判断用户在该应用系统中的访问控制权限。B/S 应用系统改造流程图如图 8-11 所示。

a. 身份认证。系统采用数字证书代替了原有的用户名/口令的认证方式，用户使用 HTTPS 协议利用浏览器登录 Web 服务器，如果用户证书是由 Web 服务器所信任的 CA 颁发，而且有效，应用将允许用户登录。

b. 权限的获取和判断。由于系统采用数字证书代替了原有的用户名/口令的认证方式，并用属性证书来作为用户权限的载体，所以需要替换到系统原有的权限获取的模块，我们采用针对 B/S 结构的安全中间件来作为应用系统获取用户权限的工具。该安全中间件是一个组件，应用系统调用即可。

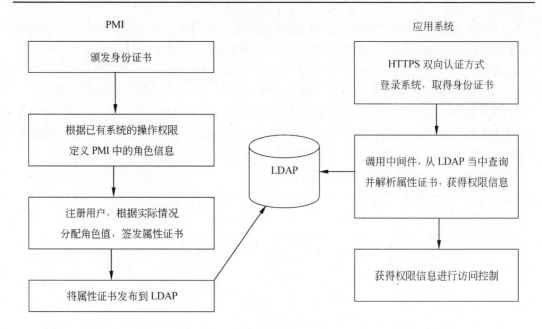

图 8-11　B/S 应用系统改造流程图

c. 安全中间件的功能如下。

第一，在身份认证结束后，获取用户的数字证书。

第二，根据用户的身份证书从目录服务上获取用户的属性证书。

第三，验证属性证书的有效性，从属性证书中提取用户的权限，提交给应用系统。

第四，应用系统根据用户的权限、资源的敏感程度和访问控制策略判断是否允许访问。

C/S 应用系统的改造：服务器要求用户使用数字签名进行身份认证，代替原有的用户名/口令方式。应用系统在用户登录后，安全中间件根据数字证书提供的身份信息从权限管理中心的目录服务器中获取用户的属性证书，判断用户在该应用系统中的访问控制权限。登录后，服务器与用户间生成一个共享临时会话密钥来保护通信数据。

可以使用提供的安全开发包（中间件）和安全应用服务器对原有应用系统进行改造。下面以开发包为例简要说明改造方式。

a. 改造用户端。

替换用户端基于用户名/口令登录模块，使用安全开发包开发基于数字证书的登录模块。

在原有系统的通信基础上，使用安全开发包开发通信保护模块加密信道。

b. 改造服务器端。

第一，使用安全开发包验证解析证书，获取用户的身份信息。

第二，使用安全开发包开发通信保护模块加密信道。

第三，使用安全开发包开发权限获取和验证模块。

　　第四，安全中间件可以很好地和应用系统结合在一起，采用这种方式无需额外的投资，并且不会改变系统原有的流程。

　　第五，安全应用服务器是独立于应用系统之外的功能服务器，它将身份认证和权限获取的功能从原系统之内剥离出来形成一个单独的系统。应用系统本身不再需要单独的身份认证模块，它只需要和安全应用服务器进行通信，从安全应用服务器获得身份认证的结果，根据从身份认证服务器传来的权限信息进行访问控制。

　　② 系统改造遇到的主要问题及解决办法。为保证原系统的正常运行，同时不耽误应用改造进度的进行。我们搭建了与生产系统完全一致的软件环境，并在该环境的基础上进行应用改造和测试。已经完成改造的应用有：综合查询、人力资源、信息网络、科技管理、生产管理（PMIS）系统、电力行业协会系统和 OA 办公系统。

　　a. 应用系统采用了 Weblogic、Iplanet 等不同的 Web 服务器，进行应用改造前我们需要熟悉每一种 Web 服务器的使用方法和原理。为保障应用改造早日开始，我们的开发人员认真学习，在最短的时间内掌握了不同 Web 服务器的配置方法，为以后的改造工作打好了基础，也节省了工期。

　　b. 应用系统的操作系统也不一样，分别部署在不同的 UNIX 和 Windows 服务器上，所使用的 JDK 版本也不尽相同。这导致同一功能接口在不同的应用中不能通用，必须针对每种操作系统作相应开发。为保障项目的正常开发进度，我们投入人力对各应用系统进行同时开发。经过探讨，最终决定在每个应用的服务器上对应用接口进行现场编译工作，并直接测试。这样保障了应用接口与操作系统和 JDK 版本的兼容性和可用性。

　　c. 应用系统的开发涉及了 Java、VC、JSP、ASP 等不同开发语言；我们根据需要，先后召集了多位不同语言的开发人员对应用系统进行改造，通过合理地调配资源和认真学习，我们对系统改造拥有了较高的把握。在应用开发上的协助下顺利完成了不同语言平台的改造工作，并且保障了系统的开发进度和质量。

　　d. 应用由多家应用厂商开发，所采用的方法也有很大差异。由于不同应用有不同人员同时进行开发的方法，每个开发人员都能有针对性地与应用厂商进行交流，避免了重复劳动。同时也能以最快的开发进度结束应用开发。

　　e. PMI 系统部署中解决的问题。PMI 授权管理系统采用的是标准 SQL 语句开发，在系统的部署过程中我们发现与电力公司所使用的 Oracle 数据库存在不兼容现象。经过仔细调研和讨论、测试提出解决问题办法，节省了大量的改造时间。也为应用改造工作的早日开展创造了有利条件。

　　f. 地市 RA 部署中解决的问题。由于各地市与省中心是通过电力网络联通，且中间经过很多路由和防火墙，网络十分复杂。尤其是我们在 RA 中心和省中心配备了多层防火墙，并且为了保障主机安全我们对主机 IP 进行了多次 NAT 转换来保护主机真实 IP。在有关技术人员配合下，逐步分析终于找到问题所在，并一举解决。使各市电力 RA 中心与省中心保持了畅通连接。

　　g. OA 系统与 PKI/PMI 系统的结合。电子印章系统制作的电子印章具有唯一性、不可复制性和防伪能力；已签章电子文件用电子印章封装加密，保障电子文件的隐秘性和数据完整性；签章流程可全程跟踪，签章人的身份利用生物技术完全确认，利于政府和企业运作的高效和安全。所用的时间戳系统配合完成。

h. PKI 系统与统一管理平台（Portal）的结合。PKI 系统与 Portal 的结合有利于辽宁电力信息资源的整合和统筹，按照组织、部门、邮件等多种条件进行组合查询，并能够根据检索条件中的某一条信息从指定 LDAP 上读取制证所需要的用户信息（C、S、L、O、OU、CN、E-mail），证书是否已经存在以及证书状态；判断目录上指定用户的证书是否已经存在，并要能够给用户证书加上状态属性；根据条件发放的证书上传到 LDAP 上，位置由 IEI 决定，对吉大透明；按照条件进行查询并删除已经存在的用户证书（该功能在证书注销时使用）。

8.4　系统建设成果及应用情况

8.4.1　建立起完善的 PKI-CA/PMI 认证及授权管理体系

辽宁电力公司通过两期建设，建立起完善的 PKI-CA/PMI 认证及授权管理体系，完成对原有的各种应用系统的安全改造，构建起整个辽宁省电力信息系统的安全认证保障体系，形成辽宁省电力公司整体的安全信息化应用平台，如图 8-12 所示。

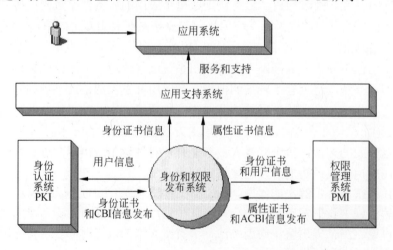

图 8-12　辽宁电力 PKI/PMI 应用安全支撑逻辑示意图

从技术体系确保了省公司应用系统中信息在产生、存储、传输和处理过程中的保密、完整、抗抵赖和可用；为应用系统建立了统一的用户管理体系、系统的资源提供了统一的授权管理服务；为企业内部实现办公自动化奠定了安全保障；提高了应用系统的安全强度和应用水平。

从物理环境建设方面，遵循国家 B 级要求建设机房的墙面、地面、照明、空调和新风、综合布线等，为了保证密码产品的安全性和防电磁泄漏，按照国家密码管理局的要求建设了屏蔽机房，并通过了 GJBZ20219-94《军用电磁屏蔽室通用技术要求和检测方法》

C 级标准的验收，机房还部署了门禁与监控系统，来保证人员出入和审计的安全性。

8.4.2　完善的辽宁电力 PKI/PMI 系统功能

建立完善的辽宁电力 PKI/PMI 系统功能，即在省公司建立一个 KM（密钥管理）中心、CA（证书认证）中心、RA（注册审核）中心和分发中心（信息发布）。

在省公司建立一个主 LDAP 服务器和从 LDAP 服务器，存放全省所有的证书和废除证书列表，实现证书状态查询。建立完善可靠的安全应用支撑体系，即向全省的电力应用系统提供密码服务（加密、解密、签名、验签、OCSP 等服务）。在各地市供电公司建立证书注册机构，提供证书申请、审核和查询服务，如图 8-13 所示。辽宁电力 PKI/PMI 系统逻辑结构图如图 8-14 所示。

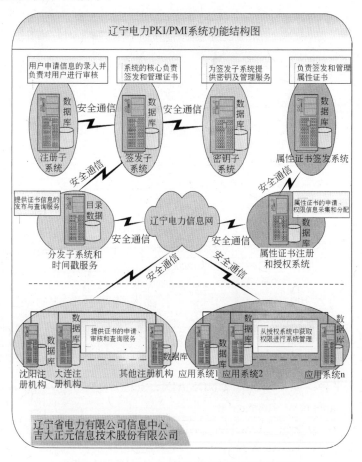

图 8-13　辽宁电力 PKI/PMI 系统功能结构图

8.4.3　完成了基于证书的各种应用系统改造

（1）基于证书的应用系统改造已完成 21 个应用系统，发放数字证书共有 400 余张，在省公司和基层供电公司得到了应用，成为辽宁电力系统信息安全防线。

不同的开发工具：开发语言有 Java、C/C++、Visual Basic 等，开发工具有 C++5.0/6.0、PowerBuilder 6.0/9.0、Visual Basic 6.0 等。

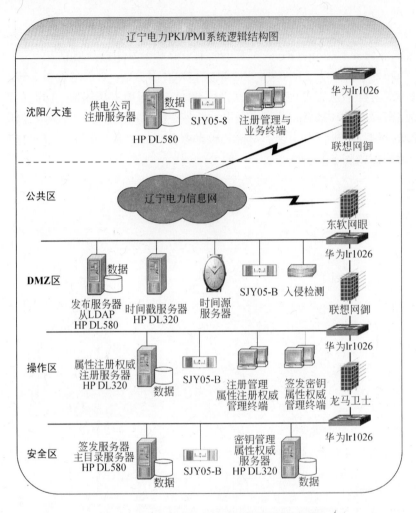

图 8-14　辽宁电力 PKI/PMI 系统逻辑结构图

不同的系统平台：操作系统有 UNIX AIX、Solaris、Windows NT，应用服务器有 WebLogic 8.1、Iplanet 6.5、Tomcat 4.0。

不同的数据库：数据库有 Oracle9i、Sybase11.5/12.5、Sybase SQL Anywhere 5.0 需要提供相应的判断机制和编码转换方法。

不同的开发商：大约将近 16 个开发商完成，采用的系统设计也略有不同，导致要分别提供认证接口。

不同的客户端操作系统：Windows 98、2000、ME、XP，再加上用户计算机操作水平的不同。

例如，原有应用多采用"用户名＋口令"的机制进行身份认证，这种方式由于用户名、口令均为明文传递到服务器，在服务器端进行验证；用户的信息存放在服务器端，只是服务器验证用户，用户对服务器没有进行有效的验证。极易造成用户口令的泄露，从而造成系统的安全漏洞。

各种应用系统（包括 B/S、C/S 结构），无法有效保障其运行数据的安全，不能有效实现对相关操作的抗抵赖。以往的各种应用系统，由于各成一套体系，造成用户在访问不同应用系统时要记忆不同的用户+口令，或出示不同的凭证（如磁卡），既不安全又不方便。

（2）具体实施方法为：（包括 B/S、C/S 结构）为此而开发了相应的加密签名控件加入到相应的应用系统中，将 key 连接到终端计算机上，输入 key 的保护口令，这时应用系统就能够根据员工所使用的数字证书对其进行身份验证并判断员工所拥有的权限，直接登录到应用系统中进行相应的操作。

存有数字证书的智能密码钥匙储存 Notes 用户的用户名称和 ID 文件保护口令，实现用智能密码钥匙登录 Lotus Notes 客户端的功能，实现了基于数字证书的身份验证。

使用证书登录 B/S 结构的管理系统，证书经过后台服务器验证证明是否为真实有效。验证通过后系统根据登录的用户赋予相应的权限完成整个登录过程。例如，生产管理、信息发布、综合数据查询、人力资源、信息中心管理、科技成果管理、行协信息系统共 7 个 B/S 结构的管理信息系统。

在邮件客户端（Outlook Express）中使用数字证书，对编辑的邮件进行加密和签名操作，对收到的邮件进行解密和验证签名操作，实现安全电子邮件功能。

对于 C/S 结构的管理系统：通过使用数字证书确认用户的身份，并保证用户被确认后，用户本身不可抵赖。由于用户私钥证书存储于智能密码钥匙中，就像用户的钥匙，安全性得到了很好的保证。其他人无法获得用户的钥匙就无法冒名进行对数据库的操作。应用系统能对系统中用户进行有效的识别，对合法用户的操作行为的可确认性也得到了很好的保证。例如：营业管理、干部管理、外事管理、安全监察、燃料管理、机关房产、机关人事、综合计划、社保管理、学会协会、公积金管理和职工健康档案共 12 个应用系统。

8.4.4　建设辽宁电力 PKI-CA/PMI 认证中心机房

（1）建设了辽宁电力 PKI-CA/PMI 认证中心机房在安全区选用 2.5mm 优质钢板拼装成电磁屏蔽机房，实用于频带较宽场合的抗干扰，达到国家 C 级安全标准。空调、门禁、完整的消防系统。采用数字监控系统，对所有通道和主要房间进行实时监控，确保无监控死角。

（2）完成了 UPS 电源及监控系统、机房空调、温度和湿度监控系统、消防系统等安全基础设施的升级、扩建和改造工程；完成了计算机主机房、网络管理中心、PKI-CAA/PMI 认证中心、信息安全实验室和培训教室等重点部位的在线安全视频监视系统的建设。

第9章 数据存储备份与灾难恢复系统及应用

数据存储备份和容灾备份是网络信息安全关键环节。数据存储备份网络化及数据存储备份虚拟化是数据存储备份和容灾备份技术发展方向。

本章介绍企业数据保护与备份目的意义及实现方法，灾难影响分析及制定灾难恢复计划和灾难恢复实现方法。介绍辽宁电力数据备份及灾难恢复系统建设与应用实例。

9.1 数据存储备份与灾难恢复基本原理

本节介绍数据存储备份和容灾备份的基本概念，数据存储备份网络化及数据存储备份虚拟化技术，LAN-Base 备份系统与 LAN-Free 和 Server-Free 的备份系统性能比较。

9.1.1 数据存储备份基本概念

传统数据存储备份通常是指：把计算机硬盘驱动器中的数据拷贝到磁带或光盘上，本机磁盘存储、直接附加存储（DAS）和手工备份。企业级数据备份是指：对精确定义的数据收集进行拷贝，无论数据的组织形式是文件、数据库，还是逻辑卷或磁盘，管理保存上述拷贝的备份介质，以便需要时能迅速、准确地找到任何目标数据的任何备份，并准确追踪大量介质。提供复制已备份数据的机制，以便进行离站存档或灾难防护。准确追踪所有目标数据的所有拷贝位置。备份的方式一般有 3 种：全备份——备份所有选择的文件；增量备份——只备份上次备份后改变过的文件；差分备份——只备份上次全备份后改变过的文件。

数据保护对象，狭义指计算机系统中的：操作系统、数据库、应用系统和应用数据。保护数据的主要技术手段是：存储和备份恢复。传统的数据存储和备份技术主要是：服务器本机磁盘存储、直接附加存储（DAS）和手工备份。这些技术已经不能满足数据快速增长、数据可靠存储和有效管理、数据备份管理和恢复的发展需求。

在数据存储备份网络化，或者说，以服务器为中心转向以存储器为中心的趋势下，网络连接存储（NAS）和存储区域网（SAN），带来了真正的高可用性、高扩展性、安全性和可管理性。最新的网络化存储可以在数据中心和 WAN 中建立经济有效的存储连接。

采用数据存储备份虚拟化技术，可以将历史遗留的、来自于不同厂商的存储硬件"孤岛"整合到统一的"存储池"中，再进一步提供镜像、快照、复制、存储质量管理（Quality of Storage Services，QoSS）、数据归档、迁移、生命周期管理等服务。提供各种 UNIX 及 Windows 平台上的文件系统和数据库的增量及全备份方法，提供 LanFree，Serverless 及 BLIB 等先进技术缩短数据备份窗口，以适应应用的不同要求。支持操作系统和数据的快速恢复，具有灾难恢复功能；支持层次化的数据管理策略以节省磁盘空间并提高备份效率；支持防火墙复杂网络环境下的数据备份与恢复；对多个异地备份域提供集中的管理与控制，可以与网络管理工具集成。

9.1.2　容灾备份基本概念

容灾备份通过设置合理的备份策略，如果受到灾难性重大事故的打击，整个系统最多只丢失几个小时的数据，再通过几个小时的数据恢复应急处理，系统又可以重新恢复正常的业务。容灾备份的目的是防止数据的意外丢失造成系统业务的中断。容灾备份系统从对系统业务的弥补效果来看分为磁带容灾、数据容灾和应用容灾 3 个级别，分别满足不同的 RTO、RPO 指标。对 RTO、RPO 的解释如图 9-1 所示。

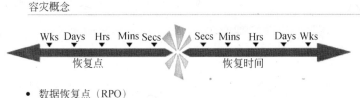

图 9-1　容灾备份及恢复时间节点示意图

从图 9-1 的最左侧算起，为系统进行容灾备份的时间点。图 9-1 的中间部位表示灾难事故发生造成数据损失以及系统服务中断。图 9-1 的右侧代表数据业务恢复的时间。

RPO（Recovery Point Object）指灾难发生前的数据丢失量，RTO（Recovery Time Object）指灾难发生后系统的修复时间。

磁带的备份/恢复能够将 RTO、RPO 的指标缩短到几个小时。但是，实时容灾备份技术，已经能够将上述指标缩短到分钟级、秒级甚至到零，从而为用户带来真正意义上的业务连续性效果。实时容灾技术包括数据复制和跨地域的集群两种方案，如图 9-2 所示。

备份容灾解决方案如图 9-3 所示。

LAN-Base 备份方式如图 9-4 所示。

LAN-Base 备份结构如图 9-4 所示，在该系统中数据的传输是以网络为基础的。其中配置一台服务器作为备份服务器，由它负责整个系统的备份操作。磁带库则接在某台服务器上，在数据备份时备份对象把数据通过网络传输到磁带库中实现备份的。

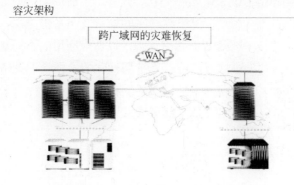

图 9-2　广域网络的灾难恢复结构示意图

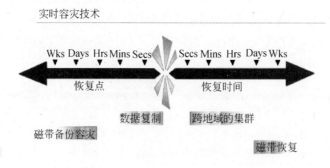

图 9-3　备份容灾解决方案控制图

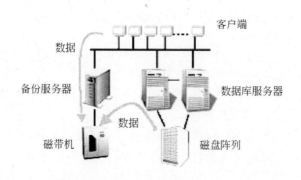

图 9-4　备份容灾系统 LAN-Base 备份方式结构图

LAN-Base 备份结构的优点是节省投资、磁带库共享、集中备份管理；它的缺点是对网络传输压力大、备份效率不高。

LAN-Free 备份方式如图 9-5 所示。

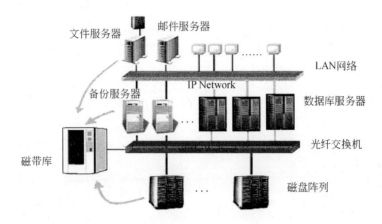

图 9-5　备份容灾系统 LAN-Free 备份方式结构图

LAN-Free 和 Server-Free 的备份系统是建立在 SAN（存储区域网）的基础上的，其结构如图 9-5 所示。基于 SAN 的备份是一种彻底解决传统备份方式需要占用 LAN 带宽问题的解决方案。它采用一种全新的体系结构，将磁带库和磁盘阵列各自作为独立的光纤节点，多台主机共享磁带库备份时，数据流不再经过网络而直接从磁盘阵列传到磁带库内，是一种无需占用网络带宽（LAN-Free）的解决方案。

在备份技术中，将 SAN 结构中磁盘向磁带库系统的直接备份称为 LAN Free Backup。实际上，在 SAN 形成的根本原因中，高速的备份系统成为很重要的一个因素。SAN 为存储系统提供了高速的光通道连接网络，因此使磁盘的数据向磁带库的直接备份成为可能，并且可以直接获得接近 100MB/s 的通道传输速率（采用基于千兆以太网的网络备份平均只能获得 30MB/s 的数据传输速度）。这种备份大大优化了备份结构，完全将应用 LAN 解放出来，可以说，充分利用了 SAN 带来的巨大潜力，这也是 LAN Free Backup 的优势所在。这种备份方式采用全新的存储区域网络的概念，有着其本身独特的特点。

备份的性能能够得到最佳的发挥，释放备份所占用的 LAN 带宽。LAN 本身不是为高数据流所设计的，而 SAN 则是基于高数据流设计，能够将高速磁带设备的性能体现出来。

磁带库易于被所有的服务器所共享，磁带库本身作为一个节点，而不是作为外设，不再需要通过所连接的主机来实现共享；可扩展性好，若现有带库不能满足要求，只需增加一个节点的带库，就可实现容量的扩展。

9.2　网络存储与数据备份

本节论述企业数据保护与备份目的意义及实现方法，介绍企业数据存储与备份技术，企业数据备份方式的选择。

9.2.1　企业数据存储与备份

1．企业数据保护与备份意义

不管发生任何情况，作为企业重要资产之一的在线数据都必须得到竭力保护。只有保护好数据，企业才能实现。

（1）在服务器、应用程序、存储设备或软件发生故障，或发生操作失误或站点灾难后，尽快恢复正常运营。

（2）迅速地将数据迁移到需要的任何地方。

（3）使历史数据的保留符合商业规定的要求。

备份是最基本的数据保护方法，可以帮助企业进行灾难恢复。备份技术可以防止数据在故障或灾难中丢失。

2．数据保护的方式

数据保护主要包括制作和使用重要数据拷贝。

（1）制作数据库和文件中的数据备份并将其存档。

（2）将电子文档从数据中心转移到安全的保险库。

（3）将数据从生成地点复制到使用地点。

（4）将数据从不常用的地方转移到常用的地方。

这种拷贝数据的任务看似简单，实际上却有很多技术挑战。

（1）设计和实施适当策略，使数据能在适当的时间到达适当的地点，即使发生故障或程序错误。

（2）追踪文件的拷贝位置（例如，哪些备份位于哪些磁带，以及磁带保存的位置等）。

（3）拷贝时保证目标数据收集的内部一致性。

（4）最大限度地减少由备份应用程序不能使用数据导致的信息系统服务停机时间。

（5）确定管理策略何时改变会有效，如备份频率应当何时增加，或者产品数据或价格表副本应当何时复制到地区办事处，才能减少网络数据流量。

3．企业备份目的

备份是任何企业数据保护体系结构的核心。备份是特定数据（理想状态下）在其存在的某一时刻的复制。（现在还有一种"模糊"文件和数据库的备份技术，它在不完全保证数据现时性和一致性的情况下，对数据库改变的内容部分进行拷贝。在数据库出现某些故障时，这种技术可以恢复数据库，然而，这种拷贝不能作为商业上长久的数据记录。）

企业备份的目的如下。

（1）使信息服务能在故障、灾难或应用程序错误发生后尽快恢复。

（2）使数据能快速而容易地转移。

（3）历史数据的保留符合商业规定的要求。

对个人计算机用户而言，备份通常是指把计算机硬盘驱动器中的数据拷贝到磁带或光盘上。个人备份介质通常由人手工标记，备份"管理"就是将备份放在计算机所在房间的抽屉或壁橱里。

对企业而言，数据保护要比上述情况复杂得多。企业备份必须能够满足下列要求。

（1）对精确定义的数据收集进行拷贝，无论数据的组织形式是文件、数据库，还是逻辑卷或磁盘。

（2）管理保存上述拷贝的备份介质，以便需要时能迅速、准确地找到任何目标数据的任何备份，并准确追踪大量介质。

（3）提供复制已备份数据的机制，以便进行离站存档或灾难防护。

（4）准确追踪所有目标数据的所有拷贝位置。

4. 企业备份的复杂性

企业进行磁带备份的功能看似简单，但在大型企业中，实施满足要求的备份策略却十分复杂。在设计或者更新备份策略时则更为复杂，其原因如下。

（1）数据的组织和分类。要想在故障或灾难恢复中有用，备份必须包括可能丢失的所有数据。对于提供成百上千个信息服务项目的企业，有的数据会与其他部门共享，要确定"正确的"备份目标数据组可能是一项非常复杂的任务。

（2）资源使用和数据实时之间的平衡。备份频率本质上是资源消耗（网络和输入/输出带宽、处理器容量、磁带和磁带库硬件、应用程序接入等）和数据实时需求的彼此消长。在提供众多信息服务的企业中，找到备份频率和资源消耗之间的平衡并非易事。

（3）平台和数据管理器。提供众多信息服务的企业，很可能使用多个数据管理器（文件系统以及数据库管理系统），每个管理器都有自己的目标数据备份机制。要将这些机制整合为一种方案，提供所有必要服务数据的一致性备份，并保持数据随服务变化而实时更新。这样的备份是一项巨大的系统工程。

（4）技术选择。企业对应用程序连续可用性的要求与日俱增。现有的各种备份机制使企业能用最少的停机时间实现一致性数据备份。如何选择并实施备份技术，也将是一项复杂的任务。

（5）业务限制。业务和法规可能要求将数据保留多年，企业的数据备份和存档介质可能多达上万个，管理如此众多的介质的程序本身就十分复杂。

（6）地理位置。从业务角度考虑，可能需要服务器和数据位于多个分散的位置，多个数据中心均保持一套统一的备份程序，这需要周密的设计和细致的管理。

企业在制定数据备份策略时，必须考虑到以上所有因素。

从概念上看，备份很简单。系统管理员判断哪些数据很重要，确定对系统运行影响较少的备份计划，并采用备份管理器软件进行实际的备份操作。备份被保存在一个安全的地方，因此可以用来进行故障恢复。备份应当保存在远离数据中心的地方，以保证灾后的可恢复性。理论上，备份的确很简单，但其复杂性体现在如下细节中。

（1）数量的负担：在大型数据中心，系统管理员必须备份不同类型的众多服务器上的数据，这就有很多工作需要执行和管理，而且需要针对每一个平台，开发和维护不同的备份技巧和经验。

（2）可靠的执行：系统管理员必须确保实际执行了预定的备份。在繁忙的数据中心，运营压力可能使执行这样的备份比说起来要难得多，因为除非灾祸降临，企业不会有备份这样的业务需求。如果有更紧急和压力更大的业务需求，繁忙的系统操作人员就很容易忽视备份工作。

（3）介质处理错误： 随着企业的不断成熟，备份磁带或其他备份介质的拥有量也会不可避免地增加。特别是操作员在处理这些备份介质时，难免会出现滥用、毁坏、丢失或者覆盖等情况。

（4）恢复执行的压力：当在线数据丢失，需要从备份中恢复时，情景往往十分紧张。在有压力的情形下，执行很少练习的恢复程序，使应用程序重新上线，会很容易出现错误操作，如装错恢复介质，或者超过恢复保护点，造成恢复时间延长、错误恢复，甚至完全不能恢复数据等。

因此，尽管备份从本质上是重要目标数据的拷贝制作和操作过程，而拷贝则是整个企业备份中的最简单操作，但它却比可靠的备份排程、程序自动化、错误处理以及介质管理都重要得多。除此之外，最重要的一点是：尽一切可能去减少上述程序的人工干扰（实现备份自动化）。

备份的唯一目标就是，在故障或者灾难发生后，信息服务能够恢复。因此，制定备份策略时要从企业的恢复需求入手。比如，某个订单处理系统允许有 8 小时的宕机时间，而不会对其业务产生严重影响，那么采用增量备份策略也许是合适的。增量备份的特点是较短的备份时间，但恢复时间相对较长。对于互联网上的零售业务来说，哪怕一分钟的停机都意味着永久性的销售损失。更适合这种信息服务的备份策略应当是：即使较大程度地牺牲应用性能，也要实时复制数据。

9.2.2　企业数据存储与备份技术

1．企业备份结构的组件

要了解企业备份技术，首先要了解备份的主要功能组件。图 9-6 展示了一个企业备份结构中的四大功能组件。

（1）备份客户端（通常简称为客户端）。我们把需要备份数据的任何计算机都称做备份客户端。这个定义可能让人糊涂，因为企业备份的客户端通常是指应用程序、数据库或文件服务器。实际上，备份客户端也用来表示能从在线存储设备上读取数据并将数据传送到备份服务器的软件组件。

（2）备份服务器（通常简称服务器）。它是指将数据拷贝到备份介质并保存历史备份信息的计算机系统。有些企业备份管理器将备份服务器分成两类。

（3）主备份服务器（Master Server）。这类备份服务器用于安排备份和恢复工作，并维护备份编录（备份编录用以描述什么数据保存在什么介质上）。用来执行以上功能的软件通常称为备份管理器。

（4）介质服务器：（Media Server）。这类备份服务器按照主备份服务器的指令将数据拷贝到备份介质上。备份存储单元通常与介质服务器相连。

（5）备份存储单元：它们是数据磁带、磁盘或光盘，通常由介质服务器控制和管理（"磁带"这个词通指任何用于离线存储数据的记录介质，原因是到目前为止，数据磁带仍然是计算机领域最常用的存储介质）。

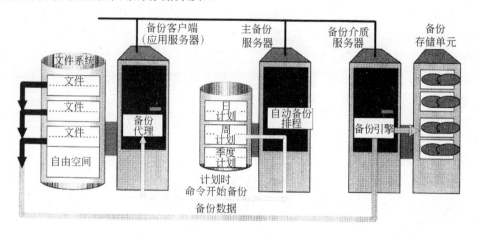

图 9-6　企业备份的功能组件

备份是主备份服务器、备份客户端和介质服务器三方协作的过程。

（1）主备份服务器根据预先设定的备份安排，启动并监控备份工作。主备份服务器根据预先制定的策略和当前的条件为每个备份任务选择一个介质服务器。

（2）有数据需要备份的客户端执行备份任务时，将要备份的数据从它的在线卷传送到指定的介质服务器，同时将实际备份过的文件列表传送至主备份服务器。

（3）介质服务器选择一个或多个备份存储单元，选择并加载介质，通过网络接收客户端数据，并将数据写入存储介质中。

同样，要从备份恢复数据。

（1）客户端请求主备份服务器恢复特定备份的数据。

（2）主备份服务器确定由哪个备份介质服务器来监控被请求的备份，然后命令该介质服务器执行恢复操作。

（3）介质服务器查找并安装包含恢复数据的备份介质（可能需要人工协助），然后将数据发送到请求恢复的客户端。

（4）备份客户端接收来自介质服务器的数据，并将数据写入本机文件系统。

2. 根据企业需求扩展备份体系机构

在小型系统中，三大备份功能通常在一个应用服务器中运行。介绍模块化备份体系结构的目的是希望大家了解，随着企业运营的增长或需求的变化，每一种功能可以迁移到特定服务器，而无需中断预先设定的备份程序。

可扩展备份体系结构具有的两大优势。

（1）中心控制：主备份服务器为整个企业维护备份计划和数据编目。单点控制意味着单个管理团队就能管理所有备份操作。当然，该主备份服务器应当是一个集群，这样，当某台计算机发生故障时，就不会出现企业不能恢复数据的窘迫局面。此外，从增强灾难的恢复性来看，备份目录应在广泛的区域内进行复制。

（2）资源的扩展与共享：介质服务器可以随时随地添加到系统。而磁带机，特别是与自动介质库合并使用时，资源成本相当高且使用频率较低。因此，从经济角度考虑，几个应用程序服务器共享这些设备极具诱惑力。

正如图 9-7 所述，分布式备份体系结构不仅可以最小化管理成本，还能优化利用昂贵的硬件资源。但随着企业网络流量的增加，相应的成本也会上升。目前有几种技术可以最小化备份对在线操作的影响，但不可避免的是，大量数据必须在不适当的时候从备份客户端到转移到备份服务器。企业为分布式数据中心设计备份体系结构时，必须评估分布式备份对网络流量的影响（图 9-7），从而做如下决定。

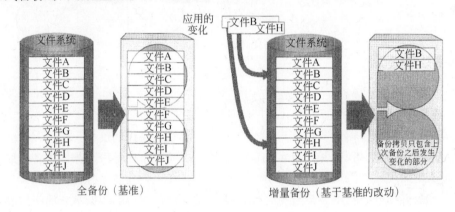

图 9-7　全备份和增量备份之间的差异示意图

（1）应用和备份流量共享企业网络。

（2）基于主机备份的专用备份网络。

（3）使用存储区域网备份流量。

（4）通过直接连接到应用服务器的介质服务器，进行本地备份。

9.2.3　企业备份策略

1．企业备份数据选择

决定什么数据需要备份，不仅需要了解企业的运营策略，还需要了解计算机系统的操作。有效的备份策略应当可以区分很少变化的数据和经常变化的数据，并且对后者的备份要比对前者的备份更频繁。

需要备份的数据可以文件列表的形式表示。对于较大的或者特别活跃的文件系统，较为理想的备份方法通常是对某个或多个目录树的全部内容进行备份。这样，就不需要在备份策略说明中反映备份内容的增减。

备份说明甚至可能更复杂。有时会使用排除列表来表示备份策略，排除列表是不需要备份的文件或目录的指定列表，备份时，这个列表中的文件或目录会被忽略，不进行备份。

2．企业数据备份方式的选择

决定何时备份也需要了解企业运营策略和计算机系统的操作。系统管理员必须平衡可以接受的最长备份周期（用以决定最坏情况下有多少个小时的数据更新需要通过其他方式重建）和备份资源消耗对信息服务的影响之间的关系。

如果不考虑资源消耗，很明显，备份策略就应当持续备份所有的在线数据——对每个文件的每次变化进行全部拷贝。然而，考虑资源消耗时，持续备份就会消耗大量的处理、输入/输出、网络容量，以及大量的存储空间和编录空间，从而负面影响备份成本和系统性能。在这种情况下，备份的时间安排通常应对信息服务的影响最小。对于能够预料繁忙和空闲时期的信息服务，备份时间比较容易安排。然而，通常情况是，很多服务很难预料空闲期，这样，企业就必须寻找尽量减少备份资源消耗的方法，使备份和在线信息服务同时进行。

表面上看，将数据备份到何处这一问题似乎很简单。备份客户端是数据的来源，目的地是某个（或几个）介质服务器。但对介质服务器的选择会因商业周期、设备可用性或其他考虑因素的不同而不同。通常，主备份服务器软件追踪每一客户端的备份任务执行情况，并动态选择介质服务器，动态选择根据备份设备的可用性、相对负载以及是否符合选择标准而定。

利用企业备份管理器，用来执行特定备份任务的备份设备，通常由介质服务器根据系统管理员制定的备份策略进行动态选择。

备份介质也用类似的方法进行管理。企业备份管理器根据分配策略来管理介质，每个介质池都有一个或多个预定的备份任务。介质服务器通常会根据平均使用（以及磨损）存储介质的运算法则，从某个任务的介质池中选取可用介质进行备份操作。介质管理器也负责介质的清洁和介质退废的时间安排，并追踪介质的物理位置。

3．备份策略

备份策略的参数如下。

（1）备份客户端。

（2）文件和目录列表。

（3）合格介质服务器、介质类型与介质池、设备组。

（4）信息排程。

以上参数通常会综合考虑，抽象地称为备份策略。备份策略通常还包括诸如相对于其他策略的优先级特征等。主备份服务器管理企业的备份策略，并与客户端和介质服务器协作，启动、监控和记录预定备份等。

4. 增量备份

（1）全备份和增量备份

在大多数企业信息服务中，连续两次备份之间只有一小部分在线数据发生变化。在基于文件的系统中，只有很小比率的文件会变化。增量备份技术可充分利用这一事实，最大限度地减少备份资源需求。增量备份只拷贝上次备份以后发生变化的文件。备份客户端可利用文件系统元数据来确定哪些文件已经发生变化，并只拷贝这些文件。

增量备份是在全备份的基础上增加，而不是替代全备份。增量备份只包含某一时刻全备份之后发生变化的文件。要从增量备份中恢复一套文件，必须首先恢复此前的全备份，以建立基准，然后按照时间顺序（最早的最先）恢复增量备份，根据前面建立的基准替换发生变化的文件。增量备份可以减少耗时的全备份的必要执行频率。

（2）增量备份的影响

如果一个大型文件系统中只有很小比率的文件在上一次备份之后发生变化，那么只有小比率的数据需要备份。通常，增量备份完成的速度会很快（快好几个数量级），而且在线信息服务的影响要比全备份的影响小得多。

每个已备份文件的每个版本位置的在线编录通常由企业备份管理器来维护。从增量备份或全备份中恢复单个文件的步骤一样——必须找到和安装包含该文件的磁带，然后读取和备份该文件。

然而，灾难之后要从增量备份中恢复整个文件的系统就相对较复杂。首先必须恢复作基准的全备份，然后按照时间顺序恢复所有新增的增量备份。尽管企业备份管理器一般都指导管理员按照正确顺序安装介质，但在实际操作中，全备份和增量备份的恢复程序比理想状态涉及的人力要多，以便进行决策和介质处理。

相对不频繁（如每周一次）的全备份应安排在企业信息服务不繁忙（如周末）的时段，而相对频繁的增量备份（如每天一次）则应安排在平时。这样，备份对信息服务的影响要比全部采用全备份策略小，这是因为每一天的增量备份中只需拷贝很少的数据。但这种备份的恢复时间相对较长，而且需要处理更多的介质。

图 9-8 显示了从全备份和增量中恢复整个文件系统的过程。

（3）增量备份的不同类型

增量备份有两种截然不同的类型。差异备份包含最新任意类型备份之后修改的所有文件拷贝。这样，采用"每周全备份和每天差异备份"的策略时，通过恢复最新的全备份，然后按时间顺序恢复每一次新增的差异备份，即可完成整个系统的恢复。越靠近周末，就有越多的增量备份需要恢复，因此完全恢复花费的时间就越长。

累积备份是最新全备份之后修改的所有文件拷贝。从累积备份中恢复文件系统只需要恢复最新的全备份和最新的累积备份。从累积备份中恢复文件系统简单迅速，但花费的时间较长，因为随着时间的推移，相对于最新全备份以后的改动越来越多。

全备份、累积备份和差异备份可以合并使用，以平衡备份对系统运行的影响和文件系统或数据库全恢复所需时间之间的关系。

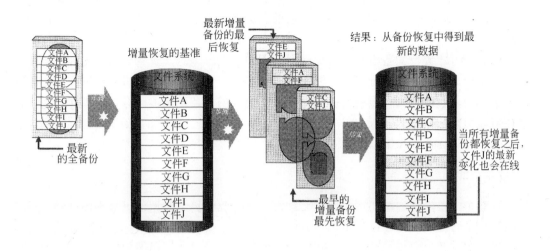

图 9-8　从全备份和增量中恢复整个文件系统的过程

表 9-1 举例说明了合并使用全备份、差异备份和累积备份这 3 种备份方法的备份安排，以此平衡备份时间和恢复复杂性之间的关系。在这种情况下，要获得最新数据的恢复，最多只需要 5 次备份（可以恢复到星期六差异备份结束时的数据）。

表 9-1　周备份策略

	星期日	星期一	星期二	星期三	星期四	星期五	星期六
备份类型	全备份	差异 增量备份	差异 增量备份	累积 增量备份	差异 增量备份	差异 增量备份	差异 增量备份
备份数据	星期日存储的完整数据库	星期日全备份之后改动的文件	星期一备份之后改动的文件	星期日全备份之后改动的文件	星期三备份之后改动的文件	星期四备份之后改动的文件	星期五备份之后改动的文件
完整数据库恢复程序	恢复星期四的备份	恢复星期日的备份和星期一的差异备份	恢复星期日的备份、星期一和星期二的差异备份	恢复星期日的备份和星期三的累计备份	恢复星期日的备份、星期三的累计备份和星期四的差异备份	恢复星期日的备份、星期三的累计备份、星期四和星期五的差异备份	恢复星期日的备份、星期三的累计备份、星期四、星期五和星期六的差异备份

企业备份管理器一般允许系统管理员制定与表 9-1 类似的自动备份计划。利用自动磁带库，预定备份能够完全自动化。一旦备份策略制定好，备份过程就不需要系统管理员或者计算机操作人员的手工介入。

9.2.4　数据库备份

数据库管理系统一般能够进行时间点数据库的备份。所采用技术类似于文件系统快照。暂停数据库活动，旨在启动并继续备份。备份过程中应用程序的更新，会保存以前更新的内容。换句话说，备份程序读取以前的镜像，其他的所有应用程序读取实时目标数据内容。

以这种方式进行的备份是备份启动时间点的数据库内容。这种备份技术通常称为数据库热备份，被企业大力推崇和广泛采用。有些企业备份管理器可以与数据库管理器备份设施集成，这样数据库热备份就成为企业整体备份策略的组成部分。数据库热备份可以明显地增加数据库的输入/输出，其原因有两个方面，一是因为备份本身，二是因为保存了以前的目标数据库镜像。

1. 快照和数据库备份

有些企业备份管理器还可以通过从文件系统快照中拷贝数据，以最小的开销，进行数据库某个时间点的一致性热备份。其中每个快照都代表了某个时间点数据库数据的镜像。快照或者采用随写随拷贝（copy on write），或者采用在线镜像分离出来的数据库卷的完整镜像拷贝方式。

当数据库没有处理数据，并且所有高速缓存数据都写入磁盘时，应立即启动用于数据库备份目的的快照操作。因此快照开始之前，需要暂停数据库操作。当数据库暂停时，文件系统快照便即时启动（花几秒钟时间），随后数据库可以重新启动，供应用程序使用。快照几乎（但不完全）不需要数据库备份窗口。全备份和增量备份都可以通过快照进行。

如图 9-9 所示，有些文件系统可以进行多次快照。尽管数据更新时每一次快照都会占用存储空间和输入/输出资源，但这种快照为数据库管理员提供了灵活的备份选择。而且有些集成备份管理器能从快照中将数据块更改以前的镜像写成主数据库镜像，以"滚回"快照时的数据库状态。

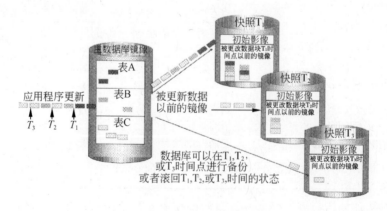

图 9-9　多次快照和数据库滚回

2. 块级增量备份

尽管增量备份对于基于文件的应用程序十分有用，但在数据库中的用处却十分有限。数据库一般将数据存储在少数几个大型主数据库中，大部分容器文件会随着数据库的更新频繁变化（虽然只是轻微变化）。因此，即使只有很少一部分数据在最新备份之后发生了变化，拷贝每个文件的全部变化的增量备份也很可能包括数据库中的所有容器文件。

　　然而，随写随拷贝快照可以准确识别"快照"之后发生变化的数据库容器文件数据块快照本身包含该数据块的以前内容。而主数据库则包含快照之后发生变化的数据（在对应的数据块地址中）。有些企业备份管理器可以利用快照数据块地址，来创建数据库的块级增量备份，如图 9-10 所示。

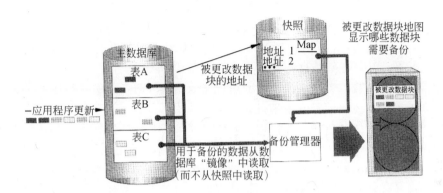

图 9-10　采用"无数据"快照的块级增量备份

　　块级增量备份只包括快照后修改的数据库块。如果数据库中只有很小比率的数据被更新，块级增量备份的数据量也相应很小。与数据库全备份相比，块级增量备份一般只需要很少的备份时间，以及很少的存储和输入/输出带宽。

　　与文件系统增量备份相似，块级增量备份也是基准全备份的相对概念。要从块级增量备份中恢复整个数据库，必须首先恢复数据库的全备份，然后按照时间顺序恢复新增的所有块级增量备份。

　　为了大幅减小备份的影响，块级增量备份鼓励数据库管理员更频繁地安排备份。频繁备份不仅可以减少资源需求（输入/输出和存储容量），还能使数据库恢复到更接近故障发生时间点的状态。

3．存档

　　随着时间的推移，企业保存的历史数据会不断增长。月度、季度、年度报表，销售、生产、发货和服务记录，以及其他数据必须保留，但通常情况下，历史数据不需要在线。这类数据可以存档处理。从功能的角度看，存档和备份是相同的。存档是把指定的文件按照预定的时间计划拷贝到备份介质，然后进行编目，以便日后查询。然而，存档与备份的不同之处在于：一旦存档任务完成，被存档的文件将从硬盘上删除，释放其占用的磁盘空间，以做他用。

　　这样一个文件系统：数据库表占用了一个编目，每月的汇总表和报告信息占用了另一个编目。正如前面章节所述，数据库编目安排了定期备份。月汇总编目下的数据的使用次数十分有限，但根据规定必须保留。因此，包含月汇总数据的编目安排了定期存档。

　　一旦该编目中的文件拷贝到存档介质，月汇总编目下的文件就会被删除，所占用的空间会被释放，该空间一般会留给下一个月的汇总数据。利用自动介质库，存档可以自动完成，除非特殊情况发生，通常不需要手工介入。

9.2.5 备份管理器技术性能

1. 多路备份（Multiplexed Backup）

在分布式信息服务的企业中，有以下几个变量会影响备份的速度。

（1）客户端的负载：应用服务器忙于处理其他工作时，可能会使备份客户端不能快速地获取数据，从而导致数据备份过程处于不饱和状态。

（2）网络的负载：当网络流量被应用程序数据主导时，备份客户端就不能快速地传送数据从而导致介质服务器或磁带机处于不饱和状态。

（3）介质服务器的负载：介质服务器有可能忙于其他备份任务（或其他工作，如果它同时也是应用服务器的话），从而导致磁带机处于不饱和状态。

（4）磁带机的数据传输速率：如果数据传输速度赶不上磁带机的数据流（即磁带一边前进，磁头一边写数据）速度，磁带机的性能就会大幅降低。如果磁带机传输的数据流出现短暂中断，当重新配置磁带机本身时就会出现更长时间的数据流中断。

除此之外，有效利用介质是备份应当考虑的一个重要问题。高容量磁带的容量通常是硬盘容量的2～4倍。频繁的增量备份会造成许多小的备份数据集，每个数据集会占用一小部分磁带容量。这样，不仅由于磁带未被充分使用而造成成本增加，而且介质库中备份磁带增加更容易导致操作错误。

为了优化磁带机的性能（同时尽量减小数据备份过程对性能参数的负面影响），以及提高介质的有效使用，一些企业的备份管理器可以进行多路备份，换句话说，就是将几个同时备份的数据块交错写入同一张磁带中。数据流的多路备份可以弥补客户端数据传输缓慢、网络繁忙，以及网络和磁带机速度不匹配的诸多不足。当多路备份数据流交错写入时，数据流的每个数据块都会标上任务识别符，这样它们就可以在恢复过程中被正确识别。

随着更多数据集中到备份服务器上，写入磁带的数据流会增加，整个数据中心的备份吞吐量也会提高。由于好几个备份任务的数据都写在同一盘磁带中，介质的使用率也会提高。恢复多路备份的单个文件或文件系统时，介质服务器可以从备份介质中过滤出数据块。因此，从多路备份磁带中恢复数据自然要比从包含单一数据流的磁带中恢复数据花费的时间长。但用户通常并不关心备份是否交叉（多路）进行。

2. 并行备份（Parallel Backup）

在具有高性能网络和大容量存储空间的系统中，大规模的备份任务可以通过把数据分散到几个磁带同时进行备份的方法来提高速度。这种并行备份的方法非常高效，特别是通过快照对大型数据库进行全备份时，效果更为明显。每个备份任务一次只处理一个文件。如果快照文件的备份可以分成多个备份任务同时执行，则可以一次性激活多个数据流，而且如果多个网络连接都可以使用，这几个数据流就可以占用多个网络连接。根据客户端、网络、服务器以及磁带机的相对速度，来确定采用不同的磁带机进行并行备份，还是采用一盘磁带进行多路备份。

3. 快闪备份（Flash Backup）

所谓快闪备份就是将文件系统占用的所有磁盘数据块一次性读取，然后不间断地写入磁带中，其中包括没有指派给文件的数据块。常规的备份管理器在备份时，打开要备份的文件，然后逐个拷贝，结果是文件系统的输入/输出开销非常大。快闪备份能够尽可能快地读取磁盘块内容，而不管这些数据块代表用户数据、文件系统元数据还是代表未被分配的空间。

要从快闪备份中检索文件，备份管理器必须重建文件系统元数据，然后从磁带上的潜在分散区域检索该文件。由于数据是在恢复时而不是在备份时被重建，因此快闪备份的速度特别快，但恢复的时间却比较长。

很少有人使用的文件系统通常不适合采用快闪备份，因为快闪备份会把未分配的磁盘空间的内容和数据一起拷贝。快闪备份最适合包含大量小文件的系统，因为在常规备份中，这些小文件会引发系统的巨大输入/输出开销。

4. 备份管理器的性能选择

备份管理器的性能会对备份产生积极和消极影响。企业选择备份管理器时应当考虑备份管理器的性能。尽管不同企业对不同性能有不同的权重，但以下性能应当认真考虑而不应忽略。

（1）有效利用硬件。磁带机的设计是为了尽可能长时间的使用并提供更优的性能。如果备份管理器既能支持多路备份独立数据流，又能支持并行备份某个高速数据流，那么就可以调整备份程序，以适应全方位的应用需求、硬件和网络设施以及不断变化的环境等。

（2）热备份。可以在应用程序访问数据库和文件系统时进行热备份。

（3）开放式磁带格式。可以将备份数据写到不需要特殊软件或授权就可以读取或恢复的磁带中。特别是灾难恢复期间，压力很大，恢复站点和数据中心又相隔一定距离时，要是延期获得恢复磁带的特殊许可或软件，就会延长平均恢复时间。

（4）统一管理。原则上，统一管理可以从一个控制台管理整个企业的备份。企业备份管理器应当支持可扩展备份体系结构的集中管理功能。

（5）快速灾难恢复。有些备份管理器可以通过扫描备份磁带内容来重建编目。尽管在某些极端情况下，这个功能十分有用，但它只应在万不得已的情况下使用，企业应当避免采用带有该功能的备份管理器。因为，通过扫描大型磁带库中的每一张磁带来重建编目，会使恢复时间增加几个小时甚至几天。

（6）硬件支撑及其灵活性。任何大型企业都不大可能一次性更换它的磁带机和备份介质，因此备份管理器应当能够同时支持新旧设备。

（7）广泛的平台支持。大部分企业都用不同类型的服务器来管理企业的重要数据。

备份管理器应支持各种计算机体系结构的客户端功能，而且应能即时支持新型操作系统和设备。

（8）全面的介质管理。人工跟踪数万张磁带中的数百万个文件，这样的任务令人生畏。而人工追踪每个文件的存储时间、具体位置、使用情况、介质载体等详细信息更是不可思议。有效的介质管理包括磁带标注、条码管理、磁带存放位置追踪、自动控制以及共享介质的使用协调等。

（9）随写随拷贝快照。文件系统会占用连续的磁盘区块。有些磁盘区块包括描述其他区块的用户数据的特征和位置的元数据。快照技术能够拷贝用户数据和元数据修改以前的镜像。这些以前的镜像拷贝逻辑上可以与未修改的数据合并，使备份管理器（和其他应用程序）能够进行快照，就好像原始文件系统及其内容冻结在某个时间点一样。快照技术能够在应用程序更新数据时，对数据进行备份。

5．最小化备份窗口技术

（1）"热"备份

理想备份窗口的长度应该为零——该窗口不会使信息服务中断。这一功能可以在有些数据库备份中实现，在文件系统备份中能基本实现。

热备份的最大挑战是保证数据的一致性。由于备份操作通常会持续一段时间，而在这段时间内，应用程序通常又会更新数据。要使热备份产生数据的一致性镜像，就必须将数据和可能更新数据的应用程序完全隔离。

大多数商用备份管理器支持文件系统或数据库的在线备份或者热备份。要实现可靠的热备份，备份管理器必须集成数据管理器或数据正在被备份的文件系统。只有文件系统、数据库管理器，甚至可提供应用编程界面（API）的某些应用程序整合起来，才能让备份管理器冻结数据镜像，以便在数据使用时进行数据备份，获得某一时间点的一致性镜像。这种备多份技术针对每一个应用程序或数据管理器，并且备份管理器必须配置特殊支持，这种支持通常通过名为"代理"（Agent）的备份管理器组件来提供。

尽管热备份可以将应用程序者的窗口减小到零或趋近于零，但热备份对应用、系统和网络性能不可避免地会产生明显影响。采用热备份和前面所讲的增量备份或块级增量备份，可以最小化备份的持续时间和资源消耗

（2）减小数据备份影响的其他技术

除了增量备份以外，至少还有两种其他方法可以减少备份对信息服务的影响。

脱机备份（OfE-Host Backup）。在存储网络中，任何服务器都可以物理接入任何数据。某些备份管理器利用这一特点，在其他服务器上运行备份客户端软件接入数据，进行备份。这种备份方法通常叫做脱机备份。脱机备份消除了备份客户端处理负载引起的应用性能下降。通常，脱机备份会和某些形式的冻结镜像技术（随写随拷贝或分离镜像）合并使用，因此，脱机备份就是某个时间点的一致性数据镜像。

9.3　灾难和灾难恢复计划

本节介绍根据影响定义灾难的基本概念，灾难影响分析及灾难分类，制订灾难恢复计划和灾难恢复准备工作。

9.3.1　根据影响定义灾难

灾难可以定义为任何不可预知的影响企业正常运营的事件（预知事件产生不可预知的影响也符合灾难定义）。我们最关注的是灾难对企业正常运营造成的影响，而不是灾难的性质。对企业而言，灾难类型和根源微乎其微。从灾难恢复的角度来看，灾难发生原因和灾难类型并不重要，真正重要的是灾难对企业正常运营产生的影响。灾难影响的定义包括如下。

（1）范围——灾难影响到企业的哪些运营。

（2）持续时间——灾难造成的企业不能正常运营的时间长度。

（3）发生时间——企业不能正常运营与其他相关事件的时间关系。

灾难恢复旨在减轻灾难对企业运营带来的不良影响，而不管灾难发生的原因是什么。

1．范围

灾难对企业运营影响的范围可大可小，比如一个天文观测站，观测望远镜的调焦系统出现故障在某种意义上是一种灾难。如果这个观测站有两台或者更多的望远镜，由于具有冗余功能，观测工作仍能正常进行。然而，如果观测站仅有的一台望远镜或者调焦系统发生一定程度的故障，则该企业（天文观测站）的观测工作便不能正常进行。

2．持续时间

灾难对企业运营最明显的影响是停机时间，指整个或局部企业不能正常运营的时间。故障时间（图 9-11 中的 T_1）是指企业不能正常运营的开始时间。T_2 是指企业从灾难中完全恢复的时间，停机时间是指 T_1 和 T_2 之间的时间间隔。

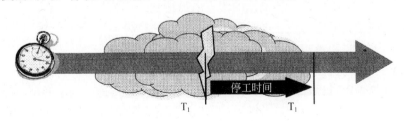

图 9-11　停机时间

3．发生时间

直观地，灾难造成的停机时间越短，企业的损失就越小。然而灾难的影响与灾难发生时间和灾难导致的停机时间有关。例如，在观测站的例子中，如果望远镜调焦系统发生故障的时间正好是彗星飞过地球的时间，则故障对观测站的影响要比白天或宇宙相对平静时发生故障的影响大得多。

4．灾难对信息服务的影响

灾难对企业信息服务的影响通常大于对企业运营其他方面的影响。举例来说，如果记录某些活动的服务器及其在线存储服务器同时在 T_1（图 9-12）时间遭到灾难破坏，灾难影响将从最近的日志备份时间 T_0（图 9-12）持续到系统完全恢复时间 T_2（图 9-12）。T_0 和 T_1 之间记录的活动与在线存储一旦丢失，T_1 和 T_2 之间的活动就未被记录，因为日志系统无法正常运行，生成日志。

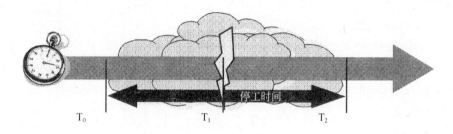

图 9-12　停机时间和数据丢失

灾难造成的影响还与企业所记录活动的程度密切相关。如果日志只是概念测试的部分记录，灾难影响可能无关紧要，因为测试还可以重新运行。然而，如果活动日志用来生成规范企业运作的报表或者用来处理客户订单，那么，灾难造成的损失将十分巨大。

9.3.2　灾难影响分析

灾难恢复计划应当从影响分析入手，影响分析的第一步是将企业运营分成不同的功能，然后分析每个功能不可用时的成本。因为在最不可能的时候发生了最糟糕的事情。因此进行灾难影响分析时，应当把影响假设成最糟糕的情况，例如，天文观测站的灾难影响分析应当假设天文望远镜在一起重大天象观测的夜晚不能正常工作，以此评估特定时刻发生故障的损失和影响。

以天文观测站为例，其灾难影响分析可以分成三大部分：管理、维护和天象观测。分析发现，尽管管理日程每天一变，但重大的天象观测通常提前几个月就安排妥当，所以即便管理功能有几个月不能正常运行，也不会影响天文望远镜用户。同样的分析显示，在重大观测项目上，天文望远镜即使只有一个晚上不能正常工作，整个研究项目就可能拖延数月。类似地，尽管不希望它发生，但如果不在观测期间取消长达两周的维护工作，就会严重影响整个观测项目的进展。

该影响分析说明，影响天象观测望远镜的任何灾难都必须尽快恢复。而妨碍维修工作的灾难，应在 1 或 2 周内恢复。灾难致使管理工作一个月或更长时间不能正常进行也可以接受。虽然这 3 个功能对于观测站的运行都是必需的，但每个功能具有不同的"停机时间敏感度"（downtime sensitivity）。

1．恢复的优先级

企业必须平衡弹性成本（包括恢复环境、基础设施和测试等）和必须恢复的功能成本。在有效运营的企业中，所有功能都应当处于同一水平。然而灾难发生后，只有最关键的功能才必须立即恢复，而其他功能则可以暂缓恢复。通常情况下，遭受灾难后，没有某种特定功能，企业能够活的时间越长，该功能的灾后恢复就越容易，恢复成本也越低。我们很少愿意延迟恢复某种功能，但由于快速恢复的成本十分昂贵，所以可以延迟恢复某些功能。

恢复的优先级应根据功能的时间敏感度，而不是根据功能的战略重要性或大小来划分。例如，处理资金收入的功能很显然对许多企业的长期生存非常关键，但绝大多数情况下，企业的这项功能被中断几天甚至几个星期，也不会危及到该企业的财政状况。因为灾难发生后，该功能的恢复可以延迟数天，因此，在资源有限的情况下，恢复团队应当注重恢复更具时效性的功能，诸如生产和产品交付等。

影响分析通常十分明显。

（1）灾难恢复期间，企业内部的时事通信必须按时出版，或可以推迟一个或两个月出版？

（2）灾难发生的当天，必须寄出发票，或者客户可以接受延迟付账？

（3）灾难发生后 4 小时内，企业内部的电子邮件系统必须正常运行，或者可以延迟 8 个小时甚至 8 天恢复？

（4）灾难发生时，呼入电话必须立即回复，或者电话系统可以停机 1 小时？

影响分析应当在回答上述问题之后再确定恢复的优先级。如果没有进行影响分析，灾难发生后企业就根据企业的政策和主观臆断确定应当首先恢复哪些功能、安排恢复的优先级，就可能浪费宝贵的资源。

2．灾难影响的类型

灾难导致的停机通常会对企业的功能产生 3 种不同类型的影响。

（1）财务影响。财务上的影响包括收入减少，开支增加和创收机会丢失。在销售、计费、脱收、贷款、募款及相关操作时的停机都可能导致企业收入的减少，某些损失实际上是递延收入，恢复之后可以重新获得，而某些损失则可能是永久性的。类似地，绝大多数停机会导致某些费用的增加。最后，由于某些功能的停机，如货币交易、风险投资营销、活动策划等功能的停机都会使企业丧失机会，机会丧失造成的损失很难量化，却十分惨重。

（2）企业声誉影响。当企业遭受灾难导致的停机影响到企业的客户，或新闻媒体就灾难事件对企业进行不利报道时，灾难就会影响企业声誉。灾难影响的最终结果通常是财务影响：客户丢失、公关费用产生、灾难恢复计划也需要出资等。

（3）法律和规章影响。灾难影响包括财政制裁（罚款、预算缩减等）、法律措施（诉讼等）、规章补救行政赔偿甚至勒令关闭企业。

3．时间范围

灾难影响也有时间范围。例如某些企业，一天丧失电话服务功能只意味着他们的客户会在第二天再打来电话，收入不会损失，只会延期。电话服务功能丧失一个月，则会导致客户转向竞争对手，电话服务收入永久损失，企业声誉受损。但有些企业的业务时效性更强，电话服务即使中断 30 分钟，都可能使企业登上新闻媒体的头版头条，将客户拱手送给竞争对手，甚至导致执法部门介入调查。

4．相互关系

企业某项功能的重要性也可能取决于它与企业其他功能的相互关系。例如，报表生成似乎不是特别具有时效性的功能，但如果企业的其他功能，如证券、货币交易等功能依赖于及时报表，那么报表生成功能在灾难恢复中的重要性就大大增加。

只有停机的所有影响被量化或被逐渐认知，企业才能确定某项功能可以中断多长时间而不会对企业造成重大影响。只有每一种功能的影响都被确定后，企业才能分析灾难造成的综合影响。

9.3.3　灾难分类

灾难可以根据它对企业的影响范围和它对企业运营环境的影响范围分成两类。一个灾难也许会影响某个企业的某种功能，或众多企业的同一种功能，或影响众多企业运营的整个环境。图 9-13 根据灾难对企业和对企业运营环境的影响做了分类。

举例来说，会计部门的计算机系统故障通常只会影响到该系统控制的该企业的会计部门，而网络故障或者数据库病毒则会影响到企业的各个部门，但不会影响到其他企业。相反，如果某个地区遭受台风侵袭，则该地区的所有企业都会受到影响。全国范围内的对方付费电话系统发生故障，则会影响使用该项服务的所有企业，无论这些企业处于什么位置，却丝毫不会影响不使用该项服务的用户。

灾难对企业和企业运营环境的影响如图 9-13 所示。不难看出，对灾难准备不充分的大部分企业可以承受左下角所描述的那些灾难，而对于其他 3 个部分显示的灾难，企业要在灾难中生存则需要重要的灾难恢复计划和充分的准备工作。

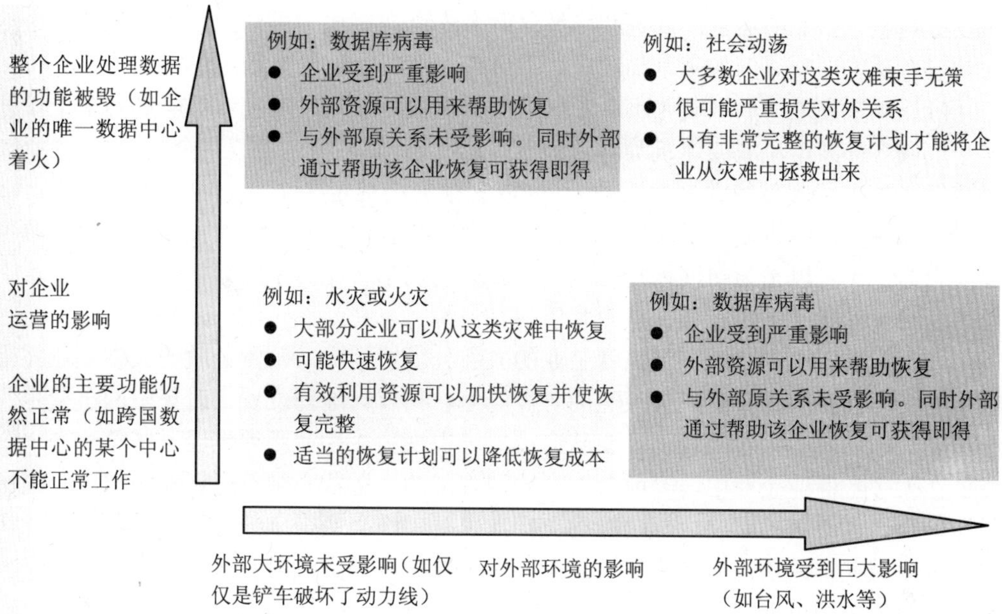

整个企业处理数据
的功能被毁（如企
业的唯一数据中心
着火）

例如：数据库病毒
- 企业受到严重影响
- 外部资源可以用来帮助恢复
- 与外部原关系未受影响。同时外部通过帮助该企业恢复可获得即得

例如：社会动荡
- 大多数企业对这类灾难束手无策
- 很可能严重损失对外关系
- 只有非常完整的恢复计划才能将企业从灾难中拯救出来

对企业
运营的影响

企业的主要功能仍
然正常（如跨国数
据中心的某个中心
不能正常工作）

例如：水灾或火灾
- 大部分企业可以从这类灾难中恢复
- 可能快速恢复
- 有效利用资源可以加快恢复并使恢复完整
- 适当的恢复计划可以降低恢复成本

例如：数据库病毒
- 企业受到严重影响
- 外部资源可以用来帮助恢复
- 与外部原关系未受影响。同时外部通过帮助该企业恢复可获得即得

外部大环境未受影响（如仅
仅是铲车破坏了动力线）

对外部环境的影响

外部环境受到巨大影响
（如台风、洪水等）

图 9-13　灾难分类

1. 企业和环境灾难

灾难恢复计划中的一个重要考虑因素是灾难对企业运营环境的影响。灾难造成的环境影响如下。

（1）较小的：例如火灾、楼内供水管破裂、计算机欺骗等灾难，在这些例子中，某个企业或者其数据中心可能无法正常工作，但整个运营环境和社会系统总体上未受任何影响。

在这类灾难的恢复计划中，通常假设外部机构、合作伙伴和设施都可以帮助企业进行恢复。遗憾的是，对于这种类型的灾难，企业一般很少期望规章或法规救助，而客户和业务合作伙伴一般也不会容忍服务水平的下降。

（2）较大的：例如大规模的洪水、飓风、支持系统瘫痪（如公用网络故障、城市断电事故）、市民暴动和恐怖袭击等。这些灾难会影响环境和社会支持系统，有时破坏是永久性的。灾难发生区域的所有企业都会受到影响，严重时，整个城市居民都会受到不利影响。

2. 企业和站点灾难

从环境的较大灾难中恢复，企业需要和其他同样受影响的企业争夺资源，而向公有或私有基础设施寻求帮助也几乎不可能。但合作伙伴、客户、供应商和法规制定者通常认为这类灾难的发生不是企业的过错，因此通常能够容忍企业在这种非常时期的服务功能下降。

大致来讲，灾难可能是局域的，只影响企业的某个区域或部分功能，也可能是广域的，影响整个企业的运营。局域和广域这两个术语在字面上可以把灾难影响理解为地域影响或者功能影响。例如某个计算机病毒致使企业的全球信息服务中断。

（1）局域灾难。局域灾难不会影响企业的重要功能。局域灾难可能影响某个设施、某个地域（如某个流域或建筑等）、某个行政区域（如某个城市或某个州），或企业的某种功能（如电子邮件或数据库服务）。局域灾难的关键定义是企业的大部分保持正常运营。从局域灾难中恢复一般注重恢复灾难中丧失的企业功能。用作灾难恢复的资源可以是专用的，也可以是为帮助恢复而从其他企业功能中转化而来的。能否从局域灾难中成功恢复很大程度上取决于能否有效利用现有资源。

（2）广域灾难。广域灾难致使企业的大部分功能丧失。位置分散的大型企业凭借其位置的多样性对广域灾难具有天然的防御能力。相反，地理位置相对集中的小型企业对广域灾难的防御能力自然较弱。要从广域灾难中恢复，企业必须按轻重缓急顺序逐渐恢复。在大多数商业企业中，"前台"（特别表层的）运营必须首先恢复。但有时候由于缺少前台运营必需的重要内部功能的支持，恢复工作会变得十分复杂。因此，企业在制订应对广域灾难的信息服务恢复计划时，一定要考虑到支持前台应用的后台功能在灾难发生时不可用的可能性。

很明显，灾难影响到的地域、企业数量和功能越多，进行恢复就越复杂、越困难。与恢复的优先级相比，资源不足和媒体关注都会扩大灾难的影响。为了避免灾难影响范围的扩大，现代企业有必要构建一个真正有弹性的企业系统。

3．灾难影响的改变因素

有 3 个因素可以扩大或减小灾难的影响。

（1）提前告警。对灾难的提前告警可以大大减小灾难的影响，如对台风路径和强度的预报，或对限电断电的提前通知都可以使实际的损失小于预期损失，原因是大大降低了意外情况的发生。特别是企业和整个社会可以对这类灾难做好准备，减小影响。 没有告警的突发灾难（如炸弹袭击、电缆中断等）其初始影响较大，主要原因是灾难带来紧张和混乱，一直到采取有序的管理措施。

（2）持续时间。持续性灾难（如连续数天的电源中断或外部供应停止等）会随着时间的推移而增大负面影响。某些情况下，其影响一直会延续到替代设施正常工作为止。例如，某个制造企业突然失去了一个主要供货商，合理的应对方案应该是对订单进行优先排序，将能够生产的产品尽量发货，同时通知客户有可能出现延误。随着时间的推移，越来越多的订单被延误，最后该企业不得不停止接受订单。固定成本的支出会连续地给企业财务施加压力，这种滚雪球似的成本负担一直会延续到该供货商恢复供货或被替换为止。

（3）公众反应。不管灾难影响到某个地区、某个行业或某个国家，公众的反应可能弱化或恶化这种影响。例如，2001 年 9 月 11 日世贸中心遭受空袭后的几个星期内，纽约金融证券公司的客户对交易的延误和出现的问题都报以宽容的态度。纽约市民也很少抱怨消防队和警察局。公众的理解和支持减缓了灾难的影响，从而帮助企业完全恢复。相反，当埃克森石油公司的油轮瓦尔迪兹号搁浅，并造成大量原油外泄事故时，公众对环境被破坏和埃克森公司的善后处理工作强烈不满，使事态扩大并严重损坏了埃克森公司的形象。

9.3.4　准备工作和恢复计划

灾难恢复计划和准备通常遵循以下两种方法。

1．全面灾难恢复计划

有些企业设计的全面灾难预防和恢复计划可以对任何可预见的灾难事件进行全部或部分的调用。这些计划与其说是灾难事件驱动，倒不如说是不得已而启动，它们一般根据能够预见的最坏灾难事件而设计。执行全面灾难恢复计划时，必须采取的第一步是评估灾难影响，从而确定应当调用哪些团队和哪些资源。正因为如此，灾难发生和开始恢复之间，通常会有一段延时。

2．特定灾难恢复计划

与上述办法相反，有些企业制订了几种特定灾难恢复计划。这些计划考虑了最可能发生的灾难和灾难的最大潜在影响。这些企业列出了可能发生影响的不同灾难，同时考虑了这种灾难对整个行业、地区、产品、服务和供应链的影响。他们会采用历史信息和最好的假设方法对每一种灾难进行量化分析，并计算出最坏的和最有可能的影响。通过最详细的计划，他们会高度重视最有可能发生的灾难和具有最大潜在影响的灾难。

例如，在加利福尼亚和日本，发生地震的几率很高，所以建筑都设计成抗震建筑。而在新英格兰和伦敦，地震发生的几率很小，因此人们在防震上投入的精力就较小（但不能忽略发生地震的可能）。另一个例子就是以上几个地区几乎都没有防御龙卷风侵袭的措施。因为龙卷风在上述地区十分罕见。有些灾难独立于自然环境因素，绝大多数企业都具有紧急恢复计划，以应对电源中断、火灾、洪水、网络故障和其他不可预知的灾难。

执行特定灾难恢复计划，应当遵循特定的步骤和流程。只要灾难的性质清楚，就不需要在恢复初期做太多决策。多数情况下，初始恢复步骤可以自动完成。但特定灾难恢复计划的主要缺点是不能预料灾难，比如企业有可能采用电源中断应急方案来进行火山爆发灾难恢复。

3．混合恢复计划

实际上，大多数企业采用上述两种偏激方法的组合方案。即制订一些针对常见灾难（如断电、暴风雪等）的特定计划，同时制订全面恢复计划，应对其他所有灾难。此外，也有一些企业拥有多个全面恢复计划，以应对不同影响类型的灾难。企业通常倾向于采用能满足自身要求的恢复策略。最佳的方案是一定要有一个可以应对各种灾难事件的全面恢复方案。随着时间的推移，不断检验和修改计划，加快初始决策速度，从而克服全面恢复方案的缺点。

9.4　存储网络与备份容灾

本节介绍存储网络与备份容灾的基本概念，存储网络互联技术、弹性存储网络技术及应用。

9.4.1　存储网络——数据访问的基础设施

一套可靠的基础设施能够提高任何复杂系统的弹性，无论系统是商务、楼宇还是计算机应用。企业信息服务需要多层级基础设施，包括 CASEl 工具、数据库、集群和存储网络。

企业需要信息服务具有弹性和可用性，并且其覆盖范围能够符合可扩展、高可用、经济高效的快速数据访问的要求。随着服务器端的应用功能越来越强大，数据访问技术也在不断地改进以保证同步发展。因此，了解弹性信息服务的不断变化的存储网络技术前景，对系统管理员来说越来越重要。

智能楼宇建筑是多种管道、线缆组成的网络，可以将服务传送到需要的各个位置。除了偶尔需要维护外，这些网络理应是透明的。为了支持弹性信息服务，企业存储网络必须同样卓越——稳定、可靠、高性能、可扩展并易于管理。

企业信息网络使用不同的传输介质（如 100Base-T 以太网、千兆以太网、ATM 和 FDDI）和不同的协议（如 TCP/IP、NFS、FTP 和 HTTP），以满足不同的需求。同样，存储网络也使用不同的介质（如光纤信道、千兆以太网和 InfiniBand）和协议（如 SCSI、FICON、VI、IP 和 iSCSI），以适应不同的环境和应用。

1.　存储互连

存储互连是指计算机 I/O 总线和存储设备（磁盘和磁带机）之间的物理连接，用来实现计算机与存储设备的数据交换。存储互连包括使用 SCSI 和光纤信道（主要用于 UNIX 和 Windows 系统）、ESCON 和 FICON（用于大型计算机）。除此之外，TCP/IP 还可用于存储互连，实现文件共享。

SCSI（小型计算机系统接口）可用于存储设备和计算机之间的直接连接（不使用中间设备）。SCSI 最早用于小型计算机的互连，在随后近二十年的使用过程中已经做过多次改进，以便支持更高速度的数据传输，SCSI 已经发展成为各种规模系统的存储设备的主要直接互连，然而设备选址和总线长度的限制制约了它在大型系统中的使用。

每个 SCSI 设备都拥有一个 ID 号（总线地址）。SCSI 启动器是发出读写命令的设备。SCSI 启动器通常由运行在名为主机总线适配器（HBA）模块上的 ASIC 充当。SCSI 的目标设备是存储数据并响应读写命令的磁盘或磁带机。

一个 SCSI 总线可以互连的设备不能超过 16 个（启动器或目标设备），因此限制了带有 SCSI 的存储网络的大小。而且，随着更多的计算机添加到 SCSI 存储网络，以便访问更多的数据，可以连接的存储设备的数量也会随之减少。

这并不意味着 SCSI 设备不能用于大型存储网络，新型基础设施设备——网关和路由器，可以将 SCSI 存储设备和服务器连接到采用新技术的大型存储网络。光纤信道到 SCSI 的路由器可以延长 SCSI 存储设备和带有 SCSI HBA 的服务器的使用寿命。这种存储设备和服务器的一种常见使用是部署到灾难恢复站点。另外，网关和路由器还能使基于 SCSI 的服务器实现所谓的"独立于 LAN（LAN-ke）"的备份，从而使这些服务器能够与其他服务器共享光纤信道存储设备。

2．存储网络互联

SCSI 总线长度和选址的限制制约了它在大型存储网络中的使用。为了让信息服务具有弹性，存储网络必须将企业信息网络的灵活性与存储互连的强韧性结合起来。存储网络化并不是一种新概念，在过去近二十年，存储网络一直可用于主机和其他供应商专属计算机系统。

存储网络所带来的好处如下。

（1）存储从服务器分离出来。

（2）提高了服务器的弹性。

（3）更大型更灵活的集群。

（4）共享存储资源。

（5）存储（和服务器）整合。

（6）更快速（独立于 LAN）的备份与恢复。

（7）服务器和存储设备更加独立。

（8）更高的系统 I/O 性能。

（9）简化管理。

（10）降低总投资成本（TCO）。

存储网络互联和协议技术已经从供应商专属模式，发展成为标准化光纤信道存储区域网（SAN）。新兴技术可让广域存储网络实现分布式数据访问和备份。IMiniBand 是另外一种新兴互连，其设计是为了取代 PCI 总线，支持高于 2Gbps 的数据传输速率，并能够为集群、分布式文件系统、锁定管理提供低延时计算机与计算机的互连。

存储网络工业联合会（SNIA）创建了共享存储模式，它是网络化存储的一种结构模式。这种模式强调持久存储和按需传输数据独立于互连。根据 SNIA 模式，所有技术都能够将持久保存的数据传输给应用。

9.4.2 数据块和文件访问

运行在服务器上的应用通常使用数据块访问或文件级访问协议来读写数据。如果组织数据以便应用的文件系统或数据库管理运行在应用程序服务器上，文件系统或数据库会使用 SCSI 或光纤信道协议（FCP），向存储设备发送数据块 UO 命令。如果文件系统运行在存储设备上，运行在应用程序服务器上的文件访问客户端会使用 CIFS 协议向存储设备发送 UO 命令。在这种情况下，存储子系统被称为文件服务器或网络附加存储（NAS）设备，它使用数据块 I/O 命令来访问与之相连的存储设备。

图 9-14 显示了一个复杂的存储网络，文件和数据块的访问存储设备同时存在。图 9-14 中的应用服务器被连接到一个交换式 SAN 结构，RAID 子系统也被连接到为所有应用服务器提供数据块访问存储设备的结构。除了数据块访问服务，图 9-14 左边的应用服务器经 LAN 连接到文件服务器（NAS 设备），NAS 设备可以为运行在该服务器上的应用提供文件访问服务。RAID 子系统和 NAS 设备都连接到磁盘，并组织磁盘上的存储，以便应用。RAID 子系统可以虚拟化磁盘的容量，然后提供更大容量、更高性能或更可靠的其他磁盘。NAS 设备将磁盘上的数据组织成文件，然后提供给它的客户端（应用服务器）。

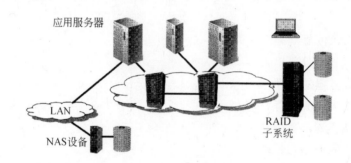

图 9-14　存储网络示例

1. 光纤信道

光纤信道是 2GB/每秒（每秒 200 兆字节）的存储网络互连。光纤信道 ASIC 可以自动调整传输速度，例如，将一个低速的 1GB 设备连接到 2GB 设备。

光纤信道 SAN 可以配置成 3 种网络拓扑结构。

（1）点对点。

（2）光纤信道仲裁环路（称为 FC-AL）。

（3）交换式结构（互连交换机的集合）。

点对点和交换式结构光纤信道网络可以配置为全双工模式（双向同时传输），数据传输的最高吞吐量每秒可达 400 兆字节。

光纤信道互连可同时支持多种高层协议，其中一个高层协议为 IP（互联网协议），有时用于集群式或独立于 LAN 的备份。大型计算机可以在光纤信道协议之上使用 FICON，以访问远达 100 千米以外的磁盘、磁带和打印机资源。IP、FICON 和光纤信道协议可以共享同一个物理互连。

光纤信道可以将存储总线的可预见性和可靠性，与网络的拓扑结构和配置的灵活性有机结合起来。光纤信道的主要用途是使用 SCSI 光纤信道协议（SCSI FCP）和高层协议访问开放式存储，开放式存储可以映射 SCSL3 命令集。

2. 主机总线适配器和存储设备

虚拟接口（Virtual Interface，VI）体系结构是另外一种光纤信道高层协议，VI 最适合低延迟信息处理，并且可用于集群以及分布式数据库和文件系统的日志管理。

服务器和存储设备都需要好的解决方案来解决存储网络连接、网络内部 I/O 命令转换、数据传输协议。将服务器连接到光纤信道 SAN 的设备叫 HBA，将服务器连接到基于 IP 的存储网络的设备叫 SNIC。HBA 和 SNIC 将服务器的内部 I/O 总线（如 PCI 或 Sbus）连接到网络。操作系统使用名为设备驱动器的软件组件来控制 HBA，通常由 HBA 开发商提供。大多数光纤信道 HBA 卡支持多种高层协议，包括 SCSL、FICON、TCP/IP 和 VI。

HBA 的购买和配置通常独立于服务器，不同的 HBA 具有不同的功能，HBA 模式的主要区别包括如下。

（1）上层协议支持-SAN 拓扑支持。

（2）操作系统支持。

（3）每个适配器的端口数量。

（4）物理介质和端口速度。

将冗余 HBA 连接到交换式结构中的单独交换机，可以确保存储网络不会因为 HBA、线缆和交换机故障而停止运行。大多数现代 HBA 可以在多种网络结构模式下运行，但许多旧的 HBA 则仅限于环路拓扑模式下运行。

端口适配器是存储设备的常见组成部件。光纤信道存储设备包括磁盘和磁带机，以及 RAID 子系统输出的逻辑存储单元（LUN）。光纤信道结构可让存储设备（不是数据）在主机（FICON）和开放系统（SCSI FCP）之间实现共享，数据共享则需要其他技术来处理数据格式化、选址和锁定。

3. 线缆和连接器

光纤信道标准规定传输介质必须是铜线和光纤（多数采用光纤）。铜线介质的传输距离可达 30 米。规定使用 625 和 50 微米的多模光纤（MMF）和 9 微米的单模光纤（SMF）。多模光纤的通信距离最远可达 1 千米，价格更昂贵的单模光纤则可以实现最远 100 千米的通信。

光纤信道标准还指定了几种不同的连接器。所谓的 Sc 和 ST 连接器可用于 lGB 设备的连接。小型可插拔连接器（SFP）可增加端口密度，用于 2GB 设备的连接。

4. 基础设施

存储网络的基础设施是指连接服务器和存储设备的互连组集。同局域网一样，早期的存储网络基础设施基于低成本的被动集线器。光纤信道集线器采用光纤信道仲裁环路（FC-AL）拓扑结构，最多可以连接 126 个设备。目前，集线器主要用来连接磁盘驱动器和 MID 控制器，还可以连接不支持仲裁环路拓扑结构的旧设备。

交换机是一种主动网络组件，可让多个互连设备共享高通信带宽。在基于集线器连接的基础设施中，任何时刻都只有一个设备在传输数据，而在交换机的基础设施中，许多设备可以同时接收和发送数据。在某些情况下，使用插入端口适配器，光纤通道指引器还能够进行光纤信道和其他协议之间的转换。

光纤信道结构是互连信道交换机的集合，因此在这种结构中，任何交换机上的任何端口都可以与其他端口通信。大多数新型 HBA 和存储设备都可以直接连接到光纤信道结构。而某些旧的设备只可能连接到环路，想让这些设备也可用于光纤信道结构，必须使用桥接设备（如集线器）。

交换机和指引器 SAN 结构的基本构件，为了让存储网络具有弹性，ISL 应当配置成对，一个弹性 ISL 至少占用所连接的每一台交换机的两个端口。

多交换机结构可增加互连端口的数量，比任何一台交换机所能提供的端口数量都多。多交换机结构的配置可以将特定流量与特殊 SAN 分段隔离，与 LAN 交换机隔离信息流量的方式类似。

并行 SCSI 设备可以借助各种桥接器、网关，或路由设备连接到光纤通道 SAN，如图 9-15 所示。桥接器的一端与使用其协议的光纤信道 SAN 连接，另一端则使用并行 SCSI，逻辑上，桥接器在两种协议之间起到转换作用。新型桥接设备能够实现光纤信道和其他互连之间的类似互连。

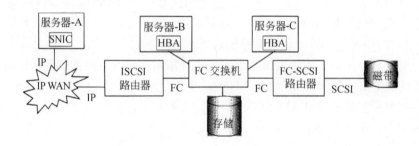

图 9-15　存储网络中的路由器

9.4.3　弹性存储网络

存储网络在满足应用需求的前提下应当尽可能简单，既要降低基础设施发生故障的几率又要提高容错性能。早期的 SAN 设计通常很复杂，这源于交换机端口的数量限制。带有更多端口的交换机目前可以建立拓扑结构更简单的更大型存储网络。目前，通过互连交换机或指引器建立的多结构存储网络可以支持数千个端口。第一代"SAN 孤岛"现在也可以并入大型网络，从而简化备份和资源共享。

或许对存储网络设计影响最强的因素是互连要求，互连要求表现在以下几个方面。

（1）所有服务器都可以访问所有设备（任意对任意）。

（2）某些服务器可以访问所有设备（多数对任意）。

（3）某些服务必须访问某些设备（多数对多数）。

1. 存储网络拓扑结构

存储网络的规模和结构各不相同。光纤通道标准指定了点对点的拓扑结构，如图 9-16 所示，这种拓扑结构中的单台服务器与单个存储设备相连。存储网络一般不采用这种拓扑结构，可以实现多台服务器访问共同存储设备的最简单的存储网络拓扑结构是环路结构，也如图 9-16 所示。

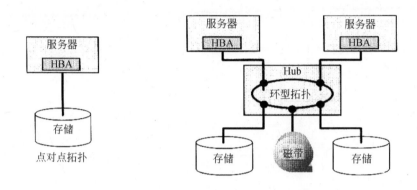

图 9-16　简单存储网络拓扑

在环路拓扑结构中，任何时刻一台存储设备只能与一台接收设备通信，要实现多台设备同时传输，则需要基于交换机的结构。最简单的交换式拓扑结构只有一台交换机，如图 9-16 所示。

通过交换机组合来构建各种存储网络拓扑，能够扩大 SAN 的规模和覆盖范围。最简单的组合是由两台或多台交换机以直连方式连接组成的级联网络，在层叠配置中，非冗余 ISL 是单点故障，可能导致设备隔离。

改进后的级联拓扑结构，三台或多台交换机连接成一个封闭环路。这种拓扑结构中的单个 ISL 发生故障会使网络变成级联结构，但所有端口仍保持互连状态，因此数据会继续流动，不会中断。

环路和级联结构的规模都受限于设备间访问所需的交换机到交换机的"跳跃"次数。随着级联或环路结构的增长，设备必须精心放置，以优化网络性能，最小化延时。

新的拓扑结构可让结构式网络的规模更大，弹性更好，并提供更高的性能。为提高网络性能和弹性，如图 9-17 左边部分所示，部分网状拓扑为每台交换机提供两条路径与其他交换机互连。虽然部分网状拓扑没有实现所有交换机之间的直连连接，但是它比级联和环路拓扑网络的弹性更高。

全网状存储网络，如图 9-18 右边部分所示，其结构更加复杂，但比部分网状存储网络的性能和弹性更高。全网状存储网络的管理十分复杂，特别是添加了新的交换机。重新配置后全网状结构中的问题隔离和错误检测会非常耗时。

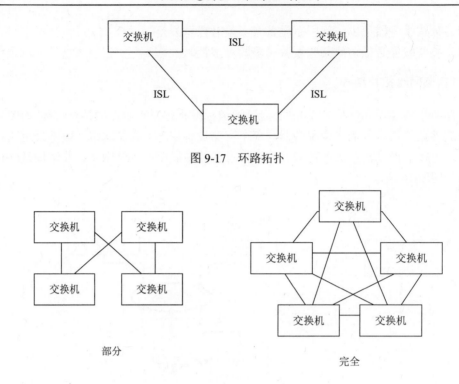

图 9-17　环路拓扑

部分

完全

图 9-18　部分网状和全网状拓扑

核心边缘拓扑结构，将某些交换机（核心）用于交换机的互连，将其他交换机（边缘）用于将设备连接到 SAN。核心边缘拓扑结构比前面所述的拓扑结构的级别更高。将小型交换机用作核心和边缘设备能够建立高达约 100 个端口的网络。在边缘使用小型交换机，或者将指引器或集成结构用作核心设备，则可以构建互连数千台设备的网络。核心边缘 SAN 设计与现代 LAN 设计相似，均把大型交换机用在星形配置的核心，把小型交换机用在边缘。

在任何一种拓扑结构中，交换机之间的多条 ISL 可提高网络性能，并减少拥塞。最小化网络复杂性的一个最好办法就是在网络核心配置一对带有许多端口的交换机。这样可以减少 ISL 的数量，提高本地性和安全性，并简化管理和故障检修。

对于真正有弹性的 SAN，应该在前面所述的任何一种拓扑中配置两个独立的结构，每台服务器应当安装两张 HBA，HBA 卡分别与不同结构中的对应交换机连接。这种配置，如图 9-19 所示案例，可以防止 HBA、线缆和交换机发生故障，并且还能够实现容错。尽管图 9-19 中的存储设备与两个交换机相连，但交换机之间没有互连，所以是两个独立的结构。

2．正扇形结构和倒扇形结构

SAN 的出现使人们不再需要对服务器和存储设备做物理绑定。因此，存储可以被更多设备访问，不再受限于设备自身的端口数量。例如，正扇形结构存储为 6 个服务器上的 8 个端口对应 1 个存储设备，存储设备本身只带有 4 个端口。倒扇形结构存储为 5 个存储设备端口（1 个磁带机带 1 个端口，1 个磁盘子系统带 4 个端口）对应 1 个服务器上的 1 个端口。说明存储网络带来了系统配置的灵活性，但不能提高性能。当存储网络配置采用正扇形结构或倒扇形结构时，设计者应当考虑端口数量较少的设备的稳定状态和峰值要求，并做相应的配置限制。

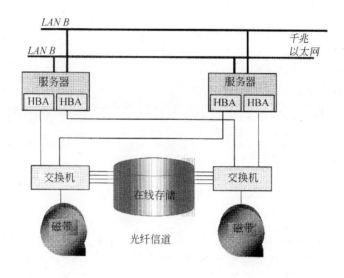

图 9-19　高可用性存储网络

3. 存储网络设计标准

在平面 SAN 中，所有服务器都可以访问所有存储设备。在分段 SAN 中，有 2 个或多个子网可以在物理上或逻辑上相互隔离。

虽然存储网络可让任何服务器访问任何存储设备，但我们通常会将特定的服务器和存储设备与其他设备隔离。存储网络可能出于安全考虑进行分段，也可能为了分离备份和恢复的数据流量与应用流量进行分段。

设计弹性存储网络需要考虑的主要因素如下。

（1）需要的访问类型（任意对任意、任意对多数、多数对多数）。

（2）服务器的数量和类型。

（3）服务器和存储设备的物理位置。

（4）服务器操作系统及版本。

（5）每台服务器上的 HBA 的数量和类型。

（6）每台服务器上的磁带或存储路径。

（7）卷管理工具。

（8）路径管理工具。

（9）应用类型。

（10）应用隔离要求。

（11）应用服务器的位置。

（12）服务器集群。

（13）性能要求。

（14）服务水平协议。

（15）网络增长计划。

（16）存储和磁带设备选择。

（17）数据访问模式。

（18）备份和数据保留策略。

（19）安全性要求。

（20）距离要求。

（21）协议要求。

（22）非结构化设备的沿用。

（23）设备共享要求。

4．SAN 性能

分析网络性能似乎很简单，而实际上非常复杂。除了诸如每条链路每秒接收或发送的帧数量和检测到的错误数量等基本度量指标以外，还有一些非常复杂的重要存储网络度量指标。过去几年里开发出来的一些工具和方法提供了便利的统计方法，如统计每个端口上每秒接收和发送的兆字节数。这些统计方法可以用来分析网络性能优化和问题隔离。

位置和本地性对弹性的影响。

在一个复杂的网络拓扑结构中，影响存储网络性能的一个重要因素是相互连接设备的位置。存储网络的弹性是指结构中的互连存储设备和连接到同一台交换机的服务器所占的百分率。单台交换机的结构具有100%本地性，而多台交换机组成的结构其本地性相对很低。

本地性高的存储网络，其性能最好。同一台交换机上的设备相互连接时，数据包不需要"跳越"ISL 上的交换机级联，因而消除了"跳次"带来的延时。在一个业务繁忙的结构中，本地性太低会导致 ISL 拥塞，数据包因排队等待可用 ISL 而出现延时。排队产生的延时会降低整个系统的 I/O 性能。

存储网络中交换机的端口数量无疑是限制本地性的可能因素。例如，要互连 90 台设备，网络结构至少需要 3 台 32 端口的交换机（每台交换机的两个端口用作 ISL）、6台 16 端口的交换机或 11 台 8 端口的交换机。使用的交换机数量越多，本地性也就越低。

5．分区和 SAN 安全

存储网络互连大量（可能不相关的）服务器、存储设备的功能引发了对 I/O 路径的安全需求。存储网络将设备组织到不同的分区，使服务器 HBA 和存储设备相互隔离，从而实现存储网络的安全性。

存储网络的分区可以根据主机、结构、设备的全球通用名称（WWN）、全球通用节点名称（WWNN）或全球通用端口名称（WWPN）、硬件或软件端口、存储设备来实现。使用基于主机的分区，若可以限制应用访问特定的存储设备。基于结构的分区在协同操作的交换机上执行，只有在相同区域内的设备可以相互通信。基于端口的分区可以将特定交换机端口与其他端口绑定在一起，无论与这些端口相连的设备是什么设备。存储分区，更多时候被称为 LUN 屏蔽或卷屏蔽，则在存储设备上执行，它可以限制特定服务器对逻辑单元的访问。

图 9-20 显示了通过协同操作的交换机来执行的 3 个分区。这些交换机上的端口可能是基于应用、功能、用户群，相似属性划分的较大 WWN 分区的组成部分。

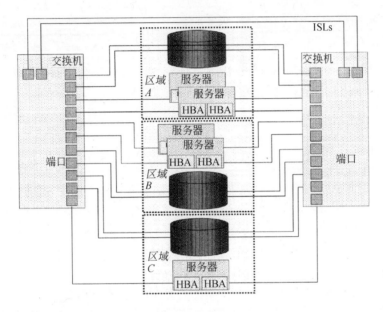

图 9-20   分区示例

分区可以在服务器、交换机或存储设备，或这 3 种设备上同时执行。存储网络的安全需求增加了 I/O 子系统的复杂性，需要直接附加存储不需要的管理技术支持。

早期的存储网络使用分区来隔离互不兼容的网络设备，并隔离运行无法并存的操作系统的主机。新的存储网络一般能够支持同一分区的不同类型的存储设备和 HBA。SNIA 解决方案论坛（SSF）测试通过并列举了多个供应商的弹性存储网络配置，可以运行其供应商支持的多种应用。

6．异构存储网络

为了实现更高的弹性和带宽，高可用集群通常配置多个结构。由于集群服务器运行的操作系统相同，所以不存在无法并存的问题。高可用集群通常包括共享光纤信道磁带机，以便进行独立于 LAN 的备份。

（1）SAN 互操作性的发展

大多数早期的存储网络使用单一供应商提供的集线器和交换机，这就导致了 SAN

障碍。当 SAN 互操作性还不是普遍问题时，不同供应商的存储设备无法并存在同一分区已经成为新的困扰。目前光纤信道工业联合会（FCIA）的 SANmark 项目组负责测试结构式组件的互操作性。SNIA 解决方案论坛促进了多个供应商组件的互操作配置。

（2）SAN 管理

SAN 管理的普遍方式是通过一个控制台来管理多个 SAN。图 9-21 显示了 3 个 SAN 通过一个控制台来管理，在这个示例中，SAN 之间没有互连。另外一种方法是通过分区创建 3 个 SAN 相互连接的矩阵，然后从一个控制台对 3 个 SAN 进行管理。

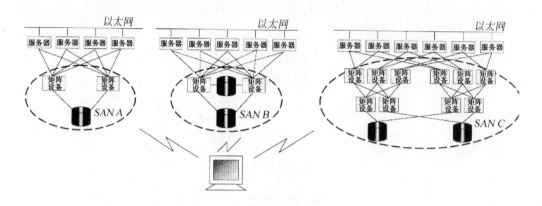

图 9-21　一个控制台管理多个 SAN

在图 9-21 中，SAN-A 是由两个不相连的 16 端口交换机组成，具有冗余性；SAN-B 由两个不相连的 128 端口指引器组成，128 可用端口具有完全冗余性；SAN-C 由两个不相连的部分网状结构组成，每一个结构带有多条内部 ISL。

异构存储网络可能包含运行不同操作系统的多个服务器、HBA、交换机、存储设备和管理工具。这种网络大概可以满足企业的需求，而不像单一供应商网络，其功能会受限于单一供应商提供的有限功能。异构网络需要标准化、互操作性测试，以及供应商的相互合作。

（3）巩固存储网络，加快恢复

SAN 的实施可以是单块集成电路，也可以是一些互不连接的 SAN 孤岛。一般情况下，企业的最佳选择介于这两种极端之间。完全互连的大型 SAN 很容易出现故障，而且容错能力差。许多互不相连的 SAN 的管理非常复杂，尤其是管理宕机恢复。

一种流行的折中办法是设计两个结构，所有设备都与这两个结构连接，即使其中的一个结构完全瘫痪，还可以通过另一个结构保持连通性。影响存储网络弹性的一个重要因素是结构的冗余性，这指结构可以在服务器和存储设备之间提供两条完全独立的路径。为保证网络弹性，并最小化网络拥塞，应尽量避免将所有设备全部互连。

当然，将设备连接到两个不同的结构需要两个连接端口。早期的光纤信道 HBA，每个模块上只有一个端口，因此连接两个结构需要占用两个内部总线插槽，这很快变成一种局限性，特别是对于带有较少内部总线插槽的小型服务器。新的 HBA 一个模块上带有两个或更多端口，因此这种 HBA 卡就可以在端口或路径故障中存活，并且还可以提高性能。但配置多端口 HBA 卡时需要特别小心，因为内部总线接口是单点故障。内部总线插槽充裕的大型服务器上，最好选用单口 HBA 卡，如果一台服务器带有多个内部总线，每张 HBA 卡则应当安装在单独总线上。

9.4.4　存储网络应用

1．备份

存储网络可以通过很多方式提高备份性能。最常见的方式就是将备份 I/O 流量从在企业局域网转移到光纤信道存储网络。从而释放局域网的容量。该存储网络将服务器与磁带机直接连接，增强了 I/O 性能，从而减少了备份时间（或者，像有些企业一样，为备份配置单独的基于以太网的存储网络）。

2．高可用性集群和弹性系统

由于不同的服务有不同的可用性要求，因此获得高可用性的策略有很多，从定期备份到采用集群服务器来杜绝单点故障都可以实现这个目的。对于要求建立集群的应用来说，存储网络互连服务器和存储设备的距离可以超过数百千米，这种存储网络应该配置冗余路径、交换机和 HBA 卡来防止 HBA 卡、线缆、交换机和 I/O 控制器发生故障。

3．广域存储网络

广域存储网络具有以下几个重要功能。

（1）广域集群可以保证不间断应用，甚至在灾难发生时。

（2）远距离镜像和复制可以进行灾后在线数据恢复。

（3）访问远程或分布式数据。

（4）远程备份、介质管理和存档。

镜像和复制技术可提供数据的实时访问，以便快速恢复数据，同时数据的异地备份也可以用来恢复意外删除或破坏的数据。

（1）光纤信道连接距离超过 10 千米

光纤信道标准定义了最远的连接距离为 10 千米，这种连接距离可以通过光纤连接来构建园区网和扩展本地存储网络。尽管这代表了直接附加存储设备之间的连接距离有了重大的进步，但是我们仍然需要更远的连接距离来支持城域和广域的互连。

目前，使用长波 GBIC，光纤信道的连接距离最远可达 80 千米。使用密集波分复用技术，光纤信道链路可以扩展到 100 千米以外。光纤信道链路还可以使用 ATM（OC3 和 OC12）、IP 网桥或扩展器进行扩展。增加的协议，包括光纤信道骨干网协议（FC-BB）、FCIP（IP 的光纤信道）和其他一些协议，也能够实现广域 SAN 的构建。

足够的缓存块加上长波 GBIC，可允许光纤信道链路扩展到 80 千米以外，而不会引起性能的重大损失。如果设备内的缓存没有扩充，数据传输距离达到 80 千米也是有可能的，但是性能却会受到影响，因为除非先前发送的数据帧已经确认到达，释放了所占用的缓存，否则以后的数据帧便无法发送。

（2）DWDM 城域光纤网络

把光纤信道存储网络的连接距离扩展到 10 千米以外的另一种技术是密集波分多路复用（DWDM）。DWDM 可将光纤信道和 FICON 链路扩展到 100 千米或更远。DWDM 也能够自己设置附加带宽，进行长距离备份、镜像和数据复制。

图 9-22 显示了两个完全分离的数据中心，都配有冗余光纤信道 SAN 和千兆以太网信息处理功能。在两个互连的站点之间，冗余 DWDM 设备在同一条光纤电缆上波分复用光纤信道和千兆以太网的数据，可以扩展这两个站点之间的最远连接距离，但却只需要耗费一条物理连接的成本。

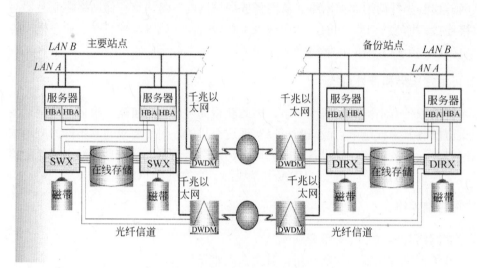

图 9-22　广域存储网络

9.4.5　存储网络管理

合理的管理可以简化灾难恢复，同时可让日常的信息服务操作稳定下来。合理的管理包括明确的策略和经过测试的程序，这需要适当的管理工具和文档支持。SAN 管理工具可以分为以下几类。

（1）组件管理器。组件管理器用以配置、监控、诊断和操作单个存储网络组件。组件管理器通常由该组件的供应商提供。

（2）存储网络构架。这些工具可以执行分区、报告、监控和其他一些网络任务。这些工具通常利用组件管理器提供的服务在组件上操作。

（3）数据管理工具。数据管理工具包括卷管理器和其他虚拟化备份、恢复、分级存储管理器。

1. 存储网络技术的最新发展成果

几种新兴的存储网络技术号称能够更进一步提高信息服务的弹性和灾难可恢复

性。使用 TCP/IP 网络的 I/O 技术可以让存储与服务器之间的相对位置距离达到数千千米。在计算机房内，人们期望 iElfiniBand 能够提高服务器间的通信速度，实更高性能，支持集群和分布式数据库系统。

2. 光纤信道技术的改进

像大多数计算机相关技术一样，光纤信道也迅速发展。近来光纤信道技术的改进如下。

（1）交换机、指引器、HBA 卡和存储设备的数据传输速率高达 2Gbps。

（2）新标准提高了交换机之间的路由、分区和 ISL 的互操作性。

预计光纤信道在未来会有以下改进。

（1）互操作性进一步增强。

（2）数据传输速度达到 10Gbps。

（3）自治区域建立。

（4）其他广域（如 ATM 和 SONET）互连的桥接设备。

这些改进将会提高光纤信道存储网络的基本性能，并在广域集群、远程备份、远程镜像与复制的设备之间实现更远距离的连接。

3. lnfiniBand

服务器 I/O 总线（如 PCI）一般位于服务器内部，I/O 互连和计算机内存控制器之间的"桥"距离为几英尺。InfiniBand 设计带有一个外接盒结构，可以取代内部服务器总线，使I/O总线最远可以扩展到距离服务器100米的位置。lnfiniBand是基本速率为25Gbps的连接，也可以配置l0Gbps 和 30Gbps 比特的速率，并且支持两个计算机内存之间的低耗传输。

lnfiniBand 的实施不采用 HBA 卡，而是通过服务器端的主机通道适配器（HCA），以及其他设备的目标通道适配器（TCA），可支持点对点和交换式结构拓扑。

我们并不希望 InfiniBand 取代光纤信道，而是愿意看到 InfiniBand 成为服务器之间的互连设备，以便可以连接光纤信道和千兆以太网络。InfiniBand 将在弹性基础设施中占有重要位置，因为它能够让分布式文件系统和数据库减少信息处理延时。

4. iSCSI（TCP/IP1 上的块存储）

新兴 iSCSI 协议（一种 TCP/IPULP）的开发目的是为了通过经过验证的 SCSI 指令集，在同样经过验证的 TCP/IP 网络上实现块数据访问。第一代 iSCSI 组件包括专用 HBA 卡、存储子系统和交换机。所有这些组件都可以实现服务器和存储设备的互连。iSCSI 协议对信息服务弹性的一个预期影响是能够让小型部门系统使用存储网络弹性。iSCSI 技术也可让远程服务器直接使用基于光纤信道的磁盘和磁带设备进行备份，而不需要采用备份服务器。

随着时间的推进，当 iSCSI 标准成熟，HBA 卡性能增强时，在异构数据访问应用（如在线交易处理、备份和任何一种远程数据访问）中使用 iSCSI 协议可能成为继 NAS 之后的又一选择。

5. FCIP

支持远距离存储网络的又一项新兴技术是通过 TCP/IP 网络建立光纤信道协议的隧道，被称为 FCIP。FCIP 使用 IP 隧道，将远距离的独立光纤信道 SAN 孤岛连接成一个 SAN，如图 9-23 所示。通过把光纤信道的数据帧封装在 IP 数据包内，FCIP 隧道可以实现光纤信道的数据帧在广域网的传输。存储网络的组件通过网关内执行的 FCIP 相互连接，共享光纤信道名称和地址空间。

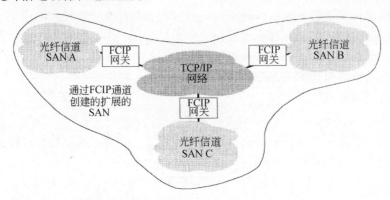

图 9-23   使用 FCIP 连接 SAN 孤岛的广域存储网络

FCIP 能够让光纤信道存储网络扩展到 100 千米以外，从而实现远程镜像、远程备份和恢复。FCIP 能够将局域网、园区网、城域网或全球的 SAN 孤岛互连到全球存储网络。

6. iFCP

建立 FCIP 隧道的另外一个选择就是将整个存储网络基础设施构建在 TCP/IP 协议之上。iFCP 网关能够用来将光纤信道服务器和存储设备连接入 TCP/IP 网络基础设施。而 iFCP 网关端口可让光纤信道服务器和设备连入现有的 TCP/IP 网络。

像 FCIP 技术一样，iFCP 能够将光纤信道存储网络扩展到 100 千米以外。这种技术也可用于部门级别的存储网络容量后向扩展。

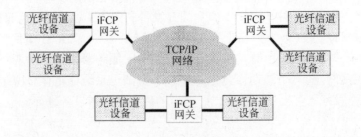

图 9-24   使用 iFCP 将光纤信道设备连入 TCP/IP 网络的广域存储网络

9.4.6　广域配置和性能问题

1. 衰减

尽管光速高得不可思议，但它也不是无限的。光从一个地方到另一个地方需要时间，路程越长，传输时间就越长。在将数据发送到更远的距离时，传输时间引起的延迟必然也会更长。

衰减这一名称就是指数据被发送到很远的距离时，它的可靠数据传输速率就会减小（和由此引起的延迟增加）。衰减在存储网络中比在消息传送网络中更重要，因为后者更适合处理数据包的不可靠和无序到达。存储网络协议假定"线上"有一种级别高得多的数据完整性。由于信号完整性会随距离的增加而降低，所以超过临界距离通常会导致存储网络性能降低。

一般而言，互连技术限制传输速度，而协议流控制机制则限制距离。图 9-25 显示了4 种常用存储网络协议的衰减特征。

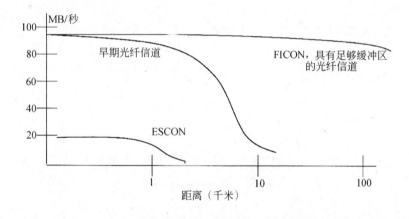

图 9-25　各种协议的数据传输速度衰减

从图 9-25 可以看出，采用 ESCON，在大约 1 千米的地方即发生显著衰减。这是因为 ESCON 是一种单向互连。当终端设备没有足够缓冲能力使光纤保持弹性时，光纤信道和 FICON 都会出现衰减。只有少数缓冲区的早期光纤信道组件在大约 5 千米的地方出现明显衰减，在 10 千米处出现严重衰减。现在，设备一般都带有大得多的缓冲容量，能在只有很少或无衰减的情况下，进行长达 100 千米范围的长距离通信。缓冲并不能消除衰减，它只是允许连续性传输，更完整地占用互连，从而推迟衰减的出现。

2. DWDM 和城域网

DWDM 在运营商网络和企业网络中都得到了应用，另外还被运营商和骨干网络提供商用来提高光缆的可用带宽。对于大型企业，DWDM 可以实现通路的自配置，以支持一条暗光纤上的多条互连，从而简化网络管理。在图 9-26 所示的例子中，光纤信道、

FICON、ESCON 和千兆以太网都使用一条光纤，通过 DWDM 设备连接到其他站点。

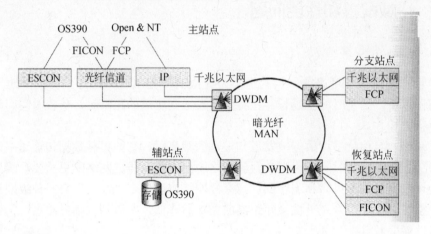

图 9-26　DWDM 城域网

使用 DWDM 的优点如下。

（1）提高性能和带宽。

（2）在一条暗光纤互连上，支持多种网络技术。

（3）用户自行设置网络容量，可缩短应用程序的前置时间。

（4）通过企业控制网络，增加安全性。

（5）需要管理的光纤互连更少。

3．DWDM 的工作原理

光网络通过迅速打开和关闭光源而连续发送数据。与电子数据传输方式一样，数据被编码进光脉冲的序列和时限中。光数据传输与通过以不同方式打开和关闭光源来发送莫尔斯代码的闪光信号灯非常相似。

DWDM 的工作方式是，将这些不同颜色的调制光复用到一条暗光纤上。为了进行传输，不同信道的不同颜色信号被复制到一起。图 9-27 显示了 DWDM 设备的接收器通过功能类似于棱镜的光分离器来发送接收到的光，将色带分成名为 Lambda 的独立信道。

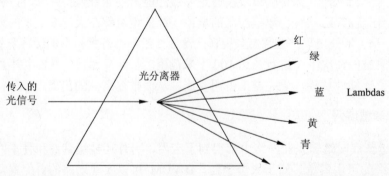

图 9-27　将光分成 Lambda 以创建虚拟信道

在图 9-27 中，每一个独立的颜色信号（Lambda）代表一个不同的虚拟信道，等同于支持一条网络互连的专用光纤。使用合适的信号转换器、FDDI、千兆以太网、ATM、光纤信道、FICON 和 ESCON 都可以在一条光纤的不同 Lambda 上运行。每条互连的功能都像使用了专用光纤一样。在一条互连上的通信不会影响其他互连的性能，通过增加端口卡，可以对物理光纤上的额外带宽加以利用。DWDM 设备有两类，分别称为企业级设备和运营商级设备。企业级 DWDM 设备一般支持 16 到 64 个端口，并具有一些内置弹性。运营商级设备往往具有更多的端口和特别高的弹性，成本也更高。

4．SONET

同步光网络（SONET）和同步数字分级系统（SDH）一起形成了全球网络的骨干。后者主要在美国以外的地区使用。SONET 和 SDH 本质上是相同的。SONET 提供 OC-1、OC-3、OC-12 等各种固定带宽连接，并使多个会话共享同一光缆。

SONET 具有城域和广域网第二层互连的作用，其带宽取决于拓扑结构。它可以在同一物理线缆的不同信道上传送话音和数据通信。可以根据使用服务的类型，将带宽分配给不同用户和工作负载。光纤信道骨干网（FCBB）网关设备可以用 SONET 取代 TCP/IP，将存储网络的传输距离扩展到 100～200 千米以上。

5．信道扩展

基于磁盘子系统的远距离镜像成为一种广泛使用的数据灾难防护技术。基于磁盘子系统的镜像需要在每个位置都支持该功能的类似存储设备，以及合适的互连。有些实施方案还需要名为信道扩展器的专用设备，在网络间移动数据。信道扩展器执行多种重要功能。

（1）特定设备互连和运营商网络之间的界面连接。

（2）动态分配带宽，并通过压缩传输数据来实现带宽的最优化使用。

（3）网络间的故障切换。

6．扩展存储网络

建立在信道扩展技术之上的存储网络路由器能使广域存储网络扩展到比 MAN 更远的距离。存储网络路由器不同于信道扩展器，因为它们是设备，而且独立于协议。存储网络路由器本质上以隧道形式让 SAN 通信通过广域网络，而不管服务器、HBA、存储设备和应用类型如何。一种隧道设备是 FCIP，它使用 TCP/IP 网络，在 SAN 之间发送光纤信道帧。

TCP/IP 协议假定物理互连不可靠，数据包可能在传输中丢失。这个假定是在用软件克服链路不可靠性的情况下，使用廉价硬件成为可能，从而有助于降低网络成本。低成本硬件使 TCP/IP 网络得到普及，并使其成为存储网络界面的一种颇具吸引力的选择。

TCP/IP 由于要消耗大量处理功能而大受批评，特别是在存储访问等需求高的应用中。为了克服这个缺点，有人开发出了 TCP 减载引擎（TOE）。TOE 可将网络协议处理转移到专用外部处理器。除了在 TCP/IP 网络上实现存储网络之外，TOE 还有可能提高消息传送网络的性能。

7. 距离与冗余性

要使企业信息服务具有弹性，距离和冗余性是两个关键因素。一般情况下，提高任何一个因素都将带来更高的成本和更低的性能。成本效率显而易见，冗余需要更多硬件，更长的距离需要更多的通信设施，这都会增加成本。距离的增加最终会产生衰减，衰减会降低性能。同样，监控冗余组件，以及在镜像或复制存储情况下的重复操作等，都将使系统不得不处理更多工作，这都会对性能造成不良影响。但是，企业愿意付出所有这些成本，因为伴随这些成本的是更高的信息服务可用性。

许多信息服务者即可能归结于非冗余重要通信组件故障。尽管弹性系统设计应当包括组件之间的冗余连接，但是企业必须确保冗余链路实际上具有真正的冗余性，而不是要在其路径上的任何地方进行融合。如边栏所示，在使用运营商提供的远距离连接中，这种保障特别困难（但很重要）。例如，如果在某一点将两条外部网络链路连接到一条共享光纤，这条光纤就是一个单故障点，它的故障会导致网络连通性完全丧失，即使系统具有明显的冗余性也不例外。

8. 客户机访问问题

无论企业信息服务远程用户是在主站点还是在恢复站点进行操作，它们都必须有充足的带宽和访问能力，才能在灾难恢复过程中与服务通信。

网络带宽的增加，为逐渐增加的"虚拟办公室"工作人员提供支持。但是，企业还必须对网络和防火墙进行设计，使其能在灾难恢复过程中，远程办公人员比平常多的情况下，安全处理更多的远程通信；通常，复制通常在企业内部网或由服务提供商托管的站点上内部使用的重要信息是有用的。无论采用哪种解决方案，在发生任何灾难（包括拒绝服务攻击）前，重要信息都必须便于使用。

9. 安全

当远程用户通过互联网（本身就不安全）连接到企业信息服务时，安全考虑因素会不可避免地浮出水面。对提高远程用户的安全性来说，配置可以通过互联网创建安全隧道的虚拟专用网（VPN）和保证终端安全性的物理设备是两种有用的方法。

在正常时段和服务中断期间，网络和系统的安全都是至关重要的。一个尤其险恶的新兴威胁是分布拒绝服务攻击。在这种攻击中，一个自繁殖程序会在整个互联网上扩散，并以数千个虚假请求淹没服务器，从而阻挡合法请求。

网络安全应当覆盖企业网络本身和所有站点（包括家庭办公室），从企业网络的所有站点对信息服务的远程访问是有效的。保证家庭办公室安全需要诸如 VPN、定期更新的病毒检测器、系统化备份、仅限员工使用计算机的策略等机制。

9.4.7　弹性网络的设计原则

让企业网络具备弹性的总原则与信息服务系统其他部分的弹性原则有许多共同之处。

（1）将冗余光缆彼此分开。光缆与其他电缆一样容易受到物理破坏（如锄耕机的破坏）。

（2）记录网络配置、参数和历史，并将记录与其他恢复文档存储在一起，以便灾难恢复时易于访问。

（3）将防火墙、网络连接和网路基础设施电源与冷却考虑进冗余性规划和配置中，以最大限度地减少故障的易发性。

（4）提供充足的网络容量，以处理通常会在灾难恢复过程中发生的大量远程通信。

（5）使用积极的病毒扫描和严格的访问控制，保护企业网络和信息服务免遭服务攻击拒绝。

（6）保护网络设备和线缆连接，使其免受物理损坏。尽管光纤不会被水破坏，但是放大器和其他电子设备却依然会受到水的影响。

9.5　辽宁电力数据备份及灾难恢复系统应用实例

本节介绍辽宁电力数据备份及灾难恢复系统建设历程，主要功能包括：覆盖全部操作系统平台的应用及数据库备份系统，实现全省数据中心各主要系统的自动数据备份和14 个地市的主要系统的自动备份和恢复，以及省中心对各地市数据的远程灾难备份和恢复。

9.5.1　现状分析及系统建设目标

1. 现状及存在的问题

辽宁电力现在运行的系统包括营销数据系统、MIS 管理系统、客户服务系统、OA系统、GIS 管理系统、发行系统等。这些系统的数据已经成为辽宁电力公司最宝贵的财富之一，因此应及早建立科学、有效的数据备份措施和观念，防患于未然。这就要求对企业的核心业务数据有一套完整的备份方案，以保证企业中最重要的资源——各业务系统数据的安全。保证一旦发生不可预知的系统灾难时，能够保证数据资料不会丢失，同时能在最短的时间内恢复系统运行，将企业的损失减少到最小程度。另外，如何实现全省各子系统与省中心系统的统一规划以及全省的集中和高效率的数据管理，体现全省一盘棋的思想，也是备份系统建设的重要方面。

辽宁电力现有的信息应用系统均采用传统的存储管理模式，具有结构简单，配置灵活的特点。但其不足之处也是显而易见的。

（1）数据备份的结构为网络备份，大量数据要通过网络传输到备份服务器的存储设备上，当备份数据量较大时，会严重占用网络带宽，影响网络上服务器的正常应用。并经常出现备份服务器连接不到客户端的情况。

（2）备份设备容量及性能远远不能满足大量数据及应用系统备份的要求，备份空间紧张、备份速度慢。

（3）备份服务器和磁带库通过 SCSI 电缆相连，当从网络传送来的数据量过大时，SCSI 接口带宽有限，会形成瓶颈，影响备份任务的完成。

（4）备份任务繁重，每个带库一个驱动器满足不了大量数据备份的要求，需要增加速度更快、容量更大的带库及驱动器。

（5）Legato 数据备份软件客户端数量支持有限，难于满足应用系统扩展的需要。

（6）备份设备已过保修期，设备故障率增高。

（7）系统、数据备份过多依赖人工操作，对工作人员的素质要求高，耗费人力资源。

（8）数据安全性差，管理难度大，很容易造成无序管理。

根据辽宁电力信息化建设的规划，在近年内辽宁电力将陆续开发十几个信息应用系统，辽宁电力对信息系统的依赖程度将大大提高，保障数据的安全，对辽宁电力运营将起到决定性作用。对几十个系统的存储进行单独、人工管理，工作量将是巨大的，其难度也可想而知。它需要十几甚至是几十位高素质的技术和管理人员，复杂细致的管理规定和工作流程，高标准的介质存放场地。关键问题是一切依靠人，而人是很容易出错的。一旦造成数据遗失，或是需要恢复时数据却不可用，损失难以挽回。

2．系统建设的目标

根据辽宁电力信息化建设对数据存储备份的需求和存储技术可能提供的解决方案，备份系统建设目标定义如下。

数据信息存储集中管理系统建设，为辽宁电力信息化建设搭建数据存储备份、管理平台。具体为 3 个方面的问题：第一，为辽宁电力所有重要信息系统的在线存储整合提供规划方案，实现在线存储资源的统一管理和调度；第二，对所有重要应用系统实行统一的自动备份/恢复管理。包括系统级备份与恢复和数据级备份与恢复；第三，在高于上述两点的层面上，将存储相关资源，数据、介质、设备作为一种企业资源进行管理，分析其使用趋势，价值，为公司的信息技术投资提供参考。

数据信息存储集中管理，既不是存储介质物理上的集中，也不是数据的集中存放，而是存储资源、数据逻辑上的统一管理。尽管从系统的某个局部看起来存在数据物理上的集中，但并不反映存储集中管理的本质。项目的关键不是数据的集中存储，而是存储的集中管理。

数据信息存储集中管理系统，不是一个简单的系统，而是整个信息系统的存储管理平台。它将取代由各应用系统独立管理存储资源的存储模式，将应用系统中管理存储资源的任务大部分交给存储管理平台去完成。比如，应用系统不需要有自己的盘阵和磁带机，应用系统的管理人员无需人工对数据进行备份和恢复。所有这些功能都由存储管理平台去完成。

　　根据辽宁电力业务系统存储状况的需求分析，辽宁电力备份系统最终目标是为辽宁电力系统提供一套高效和安全的灾难备份系统，即建立一个覆盖全部操作系统平台的应用及数据库备份系统，实现全省数据中心各主要系统的自动化数据备份和各地市的主要系统的自动化备份和恢复，以及省中心对各地市数据的远程灾难备份和恢复，备份的管理采用内部备份管理和全省远程集中管理相结合的方式。具体实现如下要点。

　　（1）在辽宁省电力公司信息中心建立起辽宁电力数据信息存储集中管理中心。

　　（2）部署存储备份及资源管理软件。

　　（3）实现省中心对各地市局关键业务数据的远程备份。

　　（4）实现各地市数据中心本地全备份和恢复。

　　（5）省公司与沈阳局建立全省的数据信息存储灾备中心，实现同城异地应用级的备份。

　　（6）实现全省数据备份和恢复的统一集中管理、监控。

　　（7）简单、友好的管理操作方式。

　　（8）数据库在线备份。

　　（9）系统文件在线备份。

　　（10）数据和操作系统的快速灾难恢复。

　　（11）数据库的备份采用全备份方式以及归档，提供一个合理的备份策略，获得较好的备份恢复效果。

　　（12）建立适用于辽宁电力全省范围的数据信息存储管理模式、规章和制度。

　　（13）对辽宁电力数据信息存储集中管理系统在线及二级存储进行扩容，不断接入新的应用系统，满足辽宁电力 IT 系统五年规划建设的需要。

　　（14）这种备份系统既要求采用先进的备份技术又要求具有很高的稳定性和可靠性，这就要求对系统的各个环节进行深入的技术分析，使系统的各个环节均能够有机地形成整体，充分发挥系统的整体效能。

　　（15）全省统一的集中管理和监控。

　　由于备份系统在维护、管理技术上具有极强的专业性，对于管理人员的素质和专业知识要求较高。如果缺少专业人员的维护，系统有可能无法有效地运行，备份系统可能无法为应用系统提供良好的服务。如果各地市数据中心均建立自身的备份管理体系和管理队伍，管理成本较高。建立省中心的备份管理中心可以有效地解决这个问题。

　　备份管理软件 NetBackup 是面向企业级的多层次备份体系。在各中心的备份体系之上（Backup Master Server），还提供了 Global Data Manager 的高层次管理机制（master of masters），此备份管理中心可以建立在省中心，专业的备份管理人员通过备份管理中心对全省的各备份作业和策略进行远程调度和控制，实现统一和集中的监控。各地市数据中心的管理人员只需对备份系统的硬件设备进行常规定期维护，确保畅通。VERITAS 软件的这一有效机制大大提高了备份系统的可管理能力，提高了备份系统的管理效率。

　　（16）远程灾难备份。要实现远程数据灾难备份，就是为了保证本地数据的安全性，建立一个异地的数据备份系统，该备份系统是本地关键应用数据的一个复制。在本地数据及整个应用系统出现灾难时，至少在异地保存有一份可用的关键业务的数据。

（17）在辽宁电力备份系统中，省中心和各地市数据中心备份系统设计有所不同。省中心作为全局备份的核心，一方面实现对省中心应用数据的备份，另一方面，也要实现与沈阳数据中心互为100%备份，达到异地灾难备份的目的。除此以外，省中心还要实现对其他地市数据中心关键数据的远程备份。因此，省中心要解决海量数据备份的性能问题。

（18）在各地市数据中心，沈阳市数据中心与省中心互为灾备中心，除了备份本身的数据外，还要实现与省中心互为100%备份，因此数据量很大，也存在保证海量数据备份的性能问题。而其他市数据中心仅需要备份或归档本市数据中心的数据，数据量相对较小，采用网络备份系统可以减少系统复杂度、降低开销。

（19）快速可靠的灾难恢复。业务数据是电力公司业务运营的基石，因此，离线数据的安全性和可用性是非常重要的。在发生故障时，无论灾难是小到磁盘阵列出错，还是大到整个机房受损，NetBackup 都能根据主备份进行完全恢复或部分恢复，而且还能恢复灾难现场外的应用或服务器。

首先，NetBackup 能自动对主备份进行复制。这些复制的辅助磁带可以保存在另外的地方。

其次，NetBackup 将把多路分散的数据合并起来，这样数据就可以共存在相同的磁带上。这样做的原因是大多数软件安装时都有必须要首先运行起来的关键任务应用，必须要首先运行起来，如果数据共存在一起，进行选择性恢复的过程就会大大加快。

第三，NetBackup 建立的备份文件符合 TAR 格式。NetBackup 用自己的方法把数据转移或写到磁带上，以确保数据的可靠性，同时这些磁带也可以由基本的 UNIX 设备读出。

第四，要实现故障恢复的完全自动化，NetBackup 提供了全面的库管理。这一选项包括取出复制的磁带，放到磁带库的 I/O 槽，查看打印各种格式的报告等。另外，磁带可以从异地的磁带库中自动取出或放入。

9.5.2　备份系统架构选择

综合考虑当前辽宁电力系统全省的数据存储状况，我们采用 LAN-Base 与 LAN-Free 相结合的混合备份方式。即在省中心和沈阳市数据中心构造 SAN，对数据量大的关键业务数据采用 LAN-Free 备份方式，而在其他业务数据和其他地市数据中心采用 LAN-Base 备份方式。这种备份方式的选择，既可以满足辽宁电力近阶段数据备份的要求，又利于备份系统以后全部平滑过渡到 LAN-Free 备份结构（见图 9-28）。

1．备份系统总体方案

（1）根据用户需求和备份软件特点，网络备份系统使用 SAN 和 LAN。

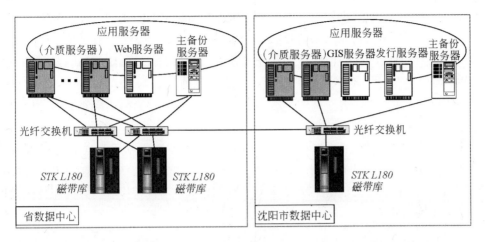

图 9-28　省中心和沈阳市数据中心备份系统框架图

（2）在省中心和沈阳市数据中心分别构造基于光纤交换机的存储区域网。

（3）其他地市数据中心通过本地局域网实现本地数据的网络化备份。

（4）省中心与沈阳市数据中心通过 SAN 共享磁带库，利用备份软件多重复制功能，实现互为 100% 备份。

（5）铁岭、抚顺、阜新、营口和两锦等地市的数据中心通过在省中心配置一台备份介质服务器和另外一台 L180 磁带库，实现在省中心的远程异地备份。

（6）省中心和沈阳市数据中心运行关键业务的服务器，通过连接到光纤交换机，实现 LAN-Free 备份。

（7）利用 StorageTek ACSLS 磁带库管理软件将备份数据和迁移归档数据存入一台磁带库。

3. 省中心灾难备份系统

根据具体的需求分析和高性价比的设计原则，省中心和各地市数据中心备份系统设计有所不同。省中心一方面实现对省中心应用系统数据的备份，另一方面，也要实现与沈阳市数据中心互为100%备份；除此以外，省中心还要实现对其他地市数据中心关键业务数据的远程备份，因此属于海量数据备份问题。如果只采用 LAN-Base 网络备份结构，磁带库连接在个别服务器上，其他系统通过局域网络将数据送到该服务器连接的磁带库上。这样一来，将有大于 TB 级的数据在网络上传送，且服务器要花额外的时间处理这 TB 级的数据。显然备份效率不高，且会降低服务器和网络性能，因此，采用 LAN-Base 与 LAN-Free 混合方式。鉴于全省的备份管理任务十分繁重，单独设立备份主服务器（也可以与其他的应用共用一台服务器）。该主服务器承担全省电力公司的灾难备份管理，如省中心各客户机系统备份、磁带库管理、备份策略设定、各市中心关键业务系统数据的备份。

（1）运行关键业务系统的服务器通过连接到光线交换机实现对 StorageTek L180 高性能磁带库的共享，实现 LAN-Free 备份。

（2）其他各台应用服务器配置 VERITAS NBU Client 和 database agent（数据库备份模块），通过本地局域网实现 LAN-Base 备份。

（3）省中心通过广域网对其他地市中心的数据进行远程备份，保证各地发生灾难时，省中心存有一份数据副本；同时省中心数据也复制一份到沈阳数据中心，实现省中心的数据容灾。

磁带库产品的选择及配置。

根据前述的需求分析，磁带库产品的选择要解决海量数据存储的容量和性能问题。

备份和归档数据容量的估算。

（1）如果数据保存期限为 1 年，1 年后数据归档，每天数据增量 45GB（按每台机器5GB/天，9 台主机）。

（2）在线备份数据总量：45GB×30×12=16.2TB。

（3）每年归档数据总量：45GB×30×12=16.2TB。

（4）磁带库产品容量：16.2TB×2=32.4TB。

（5）根据当前对备份和归档数据容量的估算以及备份窗口的要求，采用 StorageTek L180 高性能磁带库（总容量 34.8TB），配置 5 台 LTO2 驱动器。

4. 各地市灾难备份系统

采用网络化备份结构，各台业务应用服务器作为客户端通过备份网络进入备份介质服务器进行备份。建议设立专用备份介质服务器（也可与其他的应用共用一台服务器），该服务器连接磁带库。备份服务器安装 VERITAS NBU Master server。

网络化备份机制为（采用 VERITAS NetBackup）：在网络上选择一台服务器（当然也可以在网络中另配一台服务器作为专用的备份服务器）作为网络数据存储管理服务器，安装网络数据存储管理服务器端软件，作为整个网络的备份服务器。在备份服务器上连接一台大容量存储设备（如磁带库）。在网络中其他需要进行数据备份管理的应用服务器上安装备份客户端软件，通过网络将数据集中备份管理到与备份服务器连接的存储设备上。我们称连接磁带库或存储介质并提供数据通路的服务器为 Backup Server，具有备份要求并送到 Backup Server 端进行备份的站点为 Backup Client。备份系统均自动对所有的备份作业进行管理，数据通过客户端流向备份服务器和磁带库。

各业务服务器均安装 VERITAS NBU Client，配置数据库备份模块。

各地市中心业务数据除在本地备份主服务器备份或归档外，还要在省中心安装一台介质服务器，实现本地数据经过广域网备份到省中心磁带库，达到了远程数据容灾备份的目的。

其他城市选用 StorageTek L80 磁带库，配置两台 IBM LTO ULTRIUM2 磁带机，磁带机速率为 35Mbps。

5. 沈阳市灾难备份系统

由于沈阳市数据中心与省中心互为100%备份，所以与省中心都属海量存储，对磁带库容量和性能要求与省中心基本一致。因此，备份服务器连接的磁带库系统采用

StorageTek L180 磁带库（具体参照选型说明），最大容量 34.8TB，配置 4 台 IBM LTO ULTRIUM2 磁带机，磁带机速率为 35Mbps。

辽宁电力信息网广域网络数据备份系统辽电一期备份项目自 2003 年开始建设，采用 Veritas NetBackup 备份管理软件和 STK 企业级磁带库设备，已完成了以下工作。

（1）在省公司和沈阳电业公司内部分别建设 SAN 网络，数据服务器和大容量磁带库 STK L180 接入 SAN，实现基于 LAN-Free 方式的数据备份。

（2）在省公司和沈阳电业公司的 SAN 网络通过 CWDM 互联，双方数据 100%相互备份，实现同城数据容灾。

（3）铁岭、抚顺、阜新、营口、朝阳和两锦共 6 地市电业公司建设本地备份系统，安装 STK L80 企业级磁带库，通过本地局域网实现本地数据的网络化备份。

（4）铁岭、抚顺、阜新、营口、朝阳和两锦共 6 地市电业公司通过在省中心配置一台备份介质服务器，将本地重要数据经过广域网备份到省公司的专用磁带库中，实现在省中心的远程异地备份。

（5）采用 StorageTek ACSLS 磁带库管理软件对备份数据和迁移归档数据进行统一管理。

（6）省公司利用 Veritas 公司的全局备份管理软件 GDM，统一管理本地的数据备份、容灾备份和地市电业公司远程异地备份。

6. 网络拓扑图见备份系统一期网络结构

备份系统一期网络结构图如图 9-29 所示。

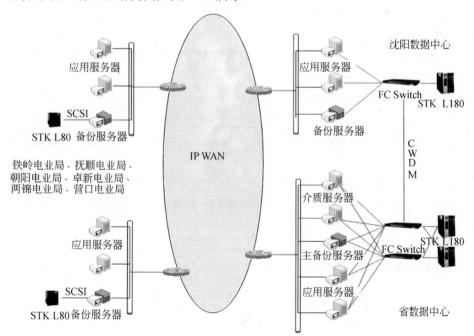

图 9-29　备份系统一期网络结构图

7. 系统实施内容

（1）公司和沈阳数据中心建设 SAN 存储网络，实现通过本地 SAN 完成本地数据的备份。

（2）省公司和沈阳数据中心通过 CWDM 互联各自的 SAN 存储网络，共享 SAN 备份资源，实现同城数据的容灾备份功能。

（3）铁岭、抚顺、阜新、营口、朝阳和两锦共 6 个地市的数据中心通过本地局域网实现本地数据的网络化备份。

（4）铁岭、抚顺、阜新、营口、朝阳和两锦共 6 个地市的数据中心通过在省中心各配置一台备份介质服务器，共享省中心的 STK L180 磁带库，实现在省中心的远程异地备份。

（5）利用 StorageTek ACSLS 磁带库管理软件将备份数据和迁移归档数据存入一台磁带库。

（6）采用网络化备份结构，各台业务应用服务器作为客户端通过备份网络进入备份介质服务器进行备份。设立专用备份介质服务器（也可与其他的应用共用一台服务器），该服务器连接磁带库。备份服务器安装 VERITAS NBU Master server。

（7）网络化备份机制为（采用 VERITAS NetBackup）：在网络上选择一台专用的备份服务器作为网络数据存储管理服务器，安装网络数据存储管理服务器端软件，作为整个网络的备份服务器。在备份服务器上连接一台大容量存储设备（STKL80 磁带库）。在网络中其他需要进行数据备份管理的应用服务器上安装备份客户端软件，通过网络将数据集中备份管理到与备份服务器连接的存储设备上。我们称连接磁带库或存储介质并提供数据通路的服务器为 Backup Server，具有备份要求并送到 Backup Server 端进行备份的站点为 Backup Client。备份系统均自动对所有的备份作业进行管理，数据通过客户端流向备份服务器和磁带库。

（8）各业务服务器均安装 VERITAS NBU Client，配置数据库备份模块。

（9）各地市中心业务数据除在本地备份主服务器备份或归档外，还在省中心安装一台介质服务器，实现本地数据经过广域网备份到省中心磁带库，达到了远程数据容灾备份的目的。

（10）磁带库系统的配置：省公司和沈阳公司分别设置海量存储设备，铁岭、抚顺、阜新、营口、朝阳和两锦共 6 个地市的数据中心各配置一台大容量磁带库，满足数据备份和容灾的需求。

9.5.3　备份系统实施进度

2003 年 10 月 8 日提交了《备份系统实施准备》文档，并得到了各供电公司的信息反馈。

2003 年 10 月 21 日 STK 磁带库、Tape Drive、SCSI 卡、介质等主要设备陆续到货。10 月 23 日设备到达各市供电公司。

2003 年 11 月 7 日锦州供电公司备份系统安装完成,11 月 13 日朝阳供电公司备份系统安装完成,11 月 27 日阜新供电公司备份系统安装完成,12 月 3 日抚顺供电公司备份系统安装完成,12 月 6 日营口供电公司备份系统安装完成,12 月 10 日铁岭供电公司备份系统安装完成。

2004 年 3 月 10 日省公司备份系统具备了与各市供电公司联调的条件。3 月 10 日安装完毕了省公司侧提供给两锦供电公司 master server(主备份服务器)使用的 media server(介质服务器),同时安装完成了灾难恢复系统,并进行了相应的测试。3 月 16 日安装完毕了省公司侧提供给朝阳供电公司 master server(主备份服务器)使用的 media server(介质服务器),同时基于朝阳供电公司的要求,未进行灾难恢复系统的安装。3 月 25 日安装完毕了省公司侧提供给抚顺供电公司 master server(主备份服务器)使用的 media server(介质服务器),同时安装完成了灾难恢复系统,并进行了相应的测试。5 月 15 日安装完毕了省公司侧提供给阜新供电公司 master server(主备份服务器)使用的 media server(介质服务器),同时安装完成了灾难恢复系统,并进行了相应的测试。至 5 月 15 日止,系统安装完毕。

1. 二期备份系统建设目标

建设大连、鞍山、辽阳、盘锦、丹东、本溪共 6 个市电业公司的数据备份系统,实现 6 个市电力系统多种系统平台下各种业务子系统大容量数据的存储和共享、各业务系统的联机、实时、高速备份、系统的高可用性、系统的灾难恢复;满足 6 市电业公司两年信息应用系统数据信息存储的需要;实现省公司与 6 市电业公司数据的异地备份;完成辽宁电力全省数据信息存储集中管理框架的基础建设。

充分考虑全面管理辽宁电力数据信息存储的需求,满足今后系统功能及性能扩展的要求。

2. 辽电数据备份系统全部建成实现的功能

① 省公司和沈阳市数据中心建设 SAN 存储网络,实现通过本地 SAN 完成本地数据的备份。

② 省公司和沈阳市数据中心通过 CWDM 互联各自的 SAN 存储网络,共享 SAN 备份资源,实现同城数据的容灾备份功能。

③ 铁岭、抚顺、阜新、营口、朝阳和两锦等 12 个地市的数据中心通过本地局域网实现本地数据的网络化备份。

④ 铁岭、抚顺、阜新、营口、朝阳和两锦等 12 个地市的数据中心通过在省中心各配置一台备份介质服务器,共享省中心的 STK L180 磁带库,实现在省中心的远程异地备份。

⑤ 利用 StorageTek ACSLS 磁带库管理软件将备份数据和迁移归档数据存入一台磁带库。

⑥ 采用网络化备份结构,各台业务应用服务器作为客户端通过备份网络进入备份介质服务器进行备份。设立专用备份介质服务器(也可与其他的应用共用一台服务器),该服务器连接磁带库。备份服务器安装 VERITAS NBU Master server。

二期完成数据备份系统网络结构如图 9-30 所示。

⑦ 网络化备份机制为（采用 VERITAS NetBackup）：在网络上选择一台专用的备份服务器作为网络数据存储管理服务器，安装网络数据存储管理服务器端软件，作为整个网络的备份服务器。在备份服务器上连接一台大容量存储设备（STKL80 磁带库）。在网络中其他需要进行数据备份管理的应用服务器上安装备份客户端软件，通过网络将数据集中备份管理到与备份服务器连接的存储设备上。我们称连接磁带库或存储介质并提供数据通路的服务器为 Backup Server，具有备份要求并送到 Backup Server 端进行备份的站点为 Backup Client。备份系统均自动对所有的备份作业进行管理，数据通过客户端流向备份服务器和磁带库。

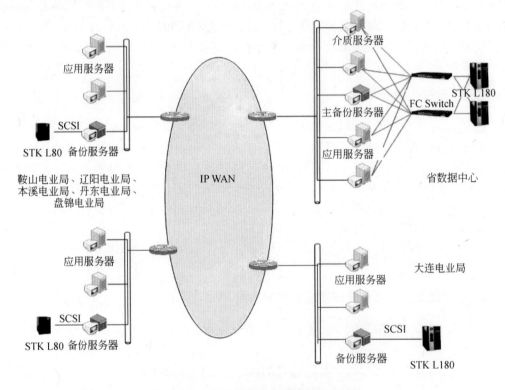

图 9-30　二期完成数据备份系统网络结构

⑧ 各业务服务器均安装 VERITAS NBU Client，配置数据库备份模块。

⑨ 各地市中心业务数据除在本地备份主服务器备份或归档外，还在省中心安装一台介质服务器，实现本地数据经过广域网备份到省中心磁带库，达到了远程数据容灾备份的目的。

⑩ 示意图中红线部分为控制信号传送示意。STK 磁带库分别为 12 个市各提供一个驱动器，提供了 2 个机械手。共享机械手的功能，由 STK ACS 系统提供。

⑪ 磁带库系统的配置：省公司和沈阳公司分别设置海量存储设备，铁岭、抚顺、阜新、营口、朝阳和两锦等 12 个地市的地市数据中心各配置一台大容量磁带库，满足数据备份和容灾的需求。

3. 辽电备份系统的主要特点

可归结为十六个字 "一个平台，两个中心，三种功能，集中管理"。

一个平台就是建立了一个满足辽宁电力信息应用系统需求的数据信息存储管理平台。这个平台覆盖了辽宁电力所有数据存储资源，包括本地和所属电业局的数据资源。

两个中心是建立了一个数据信息存储集中管理中心和一个数据信息存储中心。前者建在省公司，作为整个数据存储集中管理系统的核心，它兼有存储和管理两种职能。后者建在沈阳电业局，主要承担数据存储、灾难备份职能。

三种功能指系统三个方面的功能。第一，为辽宁电力所有重要信息系统的在线存储整合提供服务，实现在线存储资源的统一管理和调度；第二，对所有重要应用系统实行统一的自动备份/恢复管理，包括系统级备份与恢复和数据级备份与恢复，第三，在高于上述两点的层面上，将存储相关资源，数据、介质、设备作为一种企业资源进行管理，分析其使用趋势，价值，为公司的信息技术投资提供参考。

4. 数据备份和恢复的统一集中管理、监控

通过 Veritas Global Data Manager（GDM）实现全省数据备份和恢复的统一集中管理。数据备份系统网络覆盖范围如图 9-31 所示。

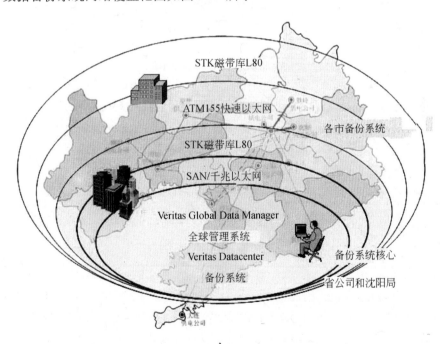

图 9-31　数据备份系统网络覆盖范围

在各市 NetBackup Master Server 上分别安装 Global DataManager，Managed Master Server 选件。在省公司 NetBackup Master Server 上安装 Global DataManager 选件。这样就可能通过省公司统一管理、监控各地市备份系统的运行情况了。

参 考 文 献

[1] 吕新奎. 中国信息化[M]. 北京：电子工业出版社，2002.

[2] [美] Andrew Nash, William Duana, Celia Joseph, Derek Brink 著，张玉清，陈建清，杨波，薛伟，等译. 公钥基础设施（PKI）实现和管理电子安全[M]. 北京：清华大学出版社，2002.

[3] 潘明惠. 信息化工程原理与应用[M]. 北京：清华大学出版社，2004.

[4] 阙喜戎，孙锐，龚向阳，王纯. 信息安全原理与应用[M]. 北京：清华大学出版社，2002.

[5] 张立云，马皓，孙辩华. 计算机网络基础教程[M]. 北京：清华大学出版社，2003.

[6] 曲成义，陈若兰. 信息安全技术概览及探索[M]. 贵阳：贵州科技出版社，2003.

[7] 袁家政. 计算机网络安全与应用技术[M]. 北京：清华大学出版社，2002.

[8] 卿斯汉. 密码学与计算机网络安全[M]. 北京：清华大学出版社，2001.

[9] 王要武. 管理信息系统[M]. 北京：电子工业出版社，2003.

[10] 李海全，李健. 计算机网络安全与加密技术[M]. 北京：清华大学出版社，2001.

[11] 潘明惠，李志民，偏瑞琪. 电力系统信息安全应用研究[M]. 北京：中国电力出版社，2001.

[12] 蔡立军. 计算机网络安全与技术[M]. 北京：中国水利水电出版社，2002.

[13] James Martin 著，李东贤，等译. 生存之路——计算机技术引发的全新经营革命[M]. 北京：清华大学出版社，1997.

[14] 周坤. 企业规范化管理务实[M]. 北京：北京大学出版社，2005.

[15] 潘明惠. 大型企业自动化与信息化应用研究[M]. 博士学位论文，2002.

[16] 倪建民. 信息化发展与我国信息安全[M]. 北京：清华大学学报（哲学社会科学版），2000（4）.

[17] 龚海虹. 计算机网络系统的安全问题及安全策略[M]. 北京：现代计算机，2000.

[18] 杨学山. 企业信息化建设与管理[M]. 北京：北京出版社，2001.

[19] 潘明惠. 信息化工程技术问答 200 题[M]. 北京：中国电力出版社，2005.

[20] 乌家培. 信息经济与知识经济[M]. 北京：经济科学出版社，1999.

[21] （美）Raymond Mcleod，Jr，George Schell，张成洪，等译. 管理信息系统[M]. 大连：东北财经大学出版社，2000.

[22] 潘明惠. 计算机及信息网络基础知识[M]. 沈阳：东北大学出版社，2003 .

[23] [美] Mohan Atreye，等著，贺军，等译. 数字签名[M]. 北京：清华大学出版社，2003.

[24] [美] Christopher M.King Curtis E.Dalton T.Ertem Osmanoglu 著，常晓波，杨剑峰，译. 安全体系结构的设计、部署与操作[M]. 北京：清华大学出版社，2003.

[25] 孙强. 信息系统审计-安全、风险管理与控制[M]. 北京：北京机械出版社，2002.

[26] 潘明惠. 电力信息化工程理论与应用研究[M]. 北京：中国电机工程学报，2005.

[27] 潘明惠. 电力信息安全工程技术三大支柱[M]. 北京：电力信息化，2005.

[28] 潘明惠. 企业网络系统信息服务的可用性[M]. 北京：电力信息化，2005.